Zu diesem Buch

Seit ihrem Anbeginn als wissenschaftliche Disziplin
steht die Soziologie im Schnittpunkt wissenschaftstheoretischer Auseinandersetzungen über ihren Standort.
Strittig ist, ob Soziologie gegenüber der (älteren)
Psychologie eigenständig bleiben oder auf sie zurückgeführt werden kann; bestritten wird, daß Soziologie nach
dem Muster der Naturwissenschaften verfahren könne:Als
Geisteswissenschaft bedürfe sie eigener Verfahren und
Methoden;umstritten ist schließlich die Möglichkeit oder
die Notwendigkeit einer wertfreien Soziologie , da sie
ihrem Wesen nach eine Oppositions- und Emanzipations-
wissenschaft sei.

Das vorliegende Buch zeichnet auf einführendem Niveau
die wichtigsten Argumentationslinien dieser Auseinandersetzungen nach und unterzieht sie einer inhaltlichen,
logischen und methodologischen Kritik. Hierbei setzt es
keine besonderen Vorkenntnisse voraus, wenngleich Grund-
kenntnisse in soziologischer Theorie hilfreich sein
dürften. Informationen über die an einigen Stellen
benutzte formale Sprache der Logik findet der Leser im
Begleitband (" Grundlagen und Analytische Wissenschaftstheorie") oder in jedem einschlägigen Lehrbuch der Logik.

Über den Kreis der Soziologen hinaus wendet sich das
Buch auch an Pädagogen, Politologen, Historiker, Sozial-
politiker und Sozialpsychologen.

D1720491

Studienskripten zur Soziologie

Herausgeber: Prof. Dr. Erwin K. Scheuch
              Dr. Heinz Sahner

Teubner Studienskripten zur Soziologie sind als in
sich abgeschlossene Bausteine für das Grund- und
Hauptstudium konzipiert. Sie umfassen sowohl Bände
zu den Methoden der empirischen Sozialforschung,
Darstellungen der Grundlagen der Soziologie, als
auch Arbeiten zu sogenannten Bindestrich-Soziologien,
in denen verschiedene theoretische Ansätze, die Entwicklung eines Themas und wichtige empirische Studien
und Ergebnisse dargestellt und diskutiert werden.
Diese Studienskripten sind in erster Linie für
Anfangssemester gedacht, sollen aber auch dem
Examenskandidaten und dem Praktiker eine rasch
zugängliche Informationsquelle sein.

Wissenschaftstheorie

2 Funktionalanalyse und hermeneutisch-dialektische Ansätze

Von Dr. rer. pol. H. Esser
Ruhr-Universität Bochum

Dr. rer. pol. K. Klenovits
Ruhr-Universität Bochum

und Dipl.-Volksw. H. Zehnpfennig
Universität Düsseldorf

B. G. Teubner Stuttgart 1977

Dr. rer. pol. Hartmut Esser

Nach dem Studium der Wirtschafts- und Sozialwissenschaften
an der Universität Köln Assistent am Soziologischen Seminar
der Universität Köln. Seit 1974 Akademischer Rat an der
Sektion Methodenlehre und Sozialstatistik der Ruhr-Universität Bochum.

Dr. rer. pol. Klaus Klenovits

Nach dem Studium der Wirtschafts- und Sozialwissenschaften
an der Universität Köln Assistent am Soziologischen Seminar
der Universität Köln. Seit 1975 Assistent an der Ruhr-Universität Bochum.

Dipl.-Volksw. Helmut Zehnpfennig

Nach einem Studium der Germanistik, Philosophie und Anglistik
an der Universität Köln Studium der Wirtschafts- und Sozialwissenschaften daselbst. Danach Assistent am Soziologischen
Forschungsinstitut der Universität Köln und an der Universität Düsseldorf.

CIP-Kurztitelaufnahme der Deutschen Bibliothek

Esser, Hartmut
Wissenschaftstheorie / von H. Esser, K. Klenovits
u. H. Zehnpfennig. - Stuttgart : Teubner.

NE: Klenovits, Klaus:; Zehnpfennig, Helmut:

2. Funktionalanalyse und hermeneutisch-dialektische
Ansätze. - 1. Aufl. - 1977.
    (Teubner-Studienskripten ; 29 : Studienskripten
    zur Soziologie)
    ISBN 3-519-00029-6

Vorwort

Der vorliegende Teil 2 'Funktionalanalysis und hermeneutisch-
dialektische Ansätze' des Gesamtbandes 'Wissenschaftstheorie'
innerhalb der Reihe 'Studienskripten zur Soziologie' ist als
Fortführung der Darlegungen in Teil 1 'Grundlagen und Analytische Wissenschaftstheorie' gedacht. Es sollen hier die beiden wichtigsten methodologischen Grundkonzeptionen diskutiert
werden, die sich teilweise als alternative Programme zur
Analytischen Wissenschaftstheorie innerhalb der methodologischen Ausrichtungen der Soziologie verstehen.

Die behandelten Themengebiete sind einerseits die Vorgehensweise, Grundannahmen und Probleme der funktionalen Analyse,
wie sie vor allem bei der Diskussion des sogenannten Struktur-Funktionalismus und den Begründungsversuchen für eine
eigenständige soziologische Methode bedeutsam gewesen sind,
und andererseits die Ansätze, die am deutlichsten von der
Übertragung einheitswissenschaftlicher Vorstellungen auf
die Sozialwissenschaften abrücken: die sogenannten hermeneutisch-dialektischen Ansätze.

Die Darstellung zielt darauf ab, einerseits die typischen
Grundannahmen der einzelnen Richtungen herauszuarbeiten;
dabei wird gelegentlich eine geringe Überpointierung aus
Gründen der Verdeutlichung der Grunddifferenzen nicht zu um-
gehen sein. Anschließend werden dann die Ansätze jeweils vom
Blickwinkel eines (stark liberalisierten) analytischen
Methodenverständnisses rekonstruiert und kritisiert. Das
Ziel dieser Vorgehensweise sei nicht verschwiegen: Es sollen
nach Möglichkeit die versteckten Übereinstimmungen bzw.
unhaltbaren Annahmen aufgewiesen werden, damit die Basis-
differenz um so deutlicher wird: die Unterschiedlichkeit
in der Wertbasis und in den Konzeptionen der Theorierelevanz
für sozialwissenschaftliche Theoriebildung und Theoriever-
wertung. Damit soll schließlich ein Aspekt noch besonders
betont werden, der allerdings eine Relativierung

wissenschaftstheoretischer Analysen bedeutet: Die zentralen
Probleme der Sozialwissenschaften sind unterdessen weniger
methodologischer Art, sondern konzentrieren sich auf die
Bemühungen zur Fortentwicklung auf der objektsprachlichen
und empirischen Ebene; die Ähnlichkeit der Vorgehensweise
von Vertretern der verschiedenen Richtungen beim praktischen
Forschungsprozeß scheint hierfür ein Beleg zu sein.

Den Herausgebern der Reihe sei auch an dieser Stelle für
ihre Geduld gedankt; ebenso wie Herrn Thomas Voss, der das
Register erstellte, und Frau Gülicher für die nicht leichte
Schreibarbeit. Die fachlichen und nichtfachlichen Kontroversen mit den Studenten der Abteilung für Sozialwissenschaften der Ruhr-Universität Bochum sorgten schließlich für
die nötige Motivation, das Skriptum zu Ende zu führen.
Diesen Kontrahenten gilt daher auch unser Dank.

Bochum, Düsseldorf, im Juli 1977   Die Verfasser

Inhaltsverzeichnis

	Vorwort	5
	Inhaltsverzeichnis	7
1.	Der funktional-analytische Ansatz	9
1.1	Der Grundansatz einer funktionalen Analyse	10
1.2	Funktionale Analyse in den Sozialwissenschaften	14
1.2.1	Die Begriffe "Struktur" und "Funktion"	14
1.2.1.1	Der Strukturbegriff in den Sozialwissenschaften	15
1.2.1.2	Der Begriff der Funktion	17
1.2.1.2.1	Funktion als Systembeitrag	17
1.2.1.2.2	Hintergrundannahmen des Funktionsbegriffs in den Sozialwissenschaften	22
1.2.2	Zur dogmengeschichtlichen Entwicklung des Struktur-Funktionalismus in der Soziologie	25
1.3	Die logische Analyse der funktionalen Analyse	31
1.3.1	Die logische Struktur funktionaler Argumentation	31
1.3.2	System, Selbstregulation und Evolution	34
1.4	Zur Kritik der funktionalen Analyse	46
1.4.1	Die allgemeine Kritik der funktionalen Methode	46
1.4.2	Funktionalanalyse als "funktional-strukturelle" Systemtheorie?	53
2.	Der hermeneutisch-dialektische Ansatz	65
2.1	Versuche der Radikalisierung des Methodendualismus: Phänomenologie und historische Methodologie	80
2.1.1	Einzelaspekte der These des Methodendualismus	81
2.1.2	Phänomenologische Ansätze in den Sozialwissenschaften	84
2.1.2.1	Die klassische Phänomenologie	87

2.1.2.2	Symbolischer Interaktionismus und Ethnomethodologie	97
2.1.3	Soziologie und Geschichte	104
2.1.3.1	Das Verhältnis von Soziologie und Geschichte	105
2.1.3.2	Zum Eigenständigkeitsanspruch der Geschichtswissenschaften	115
2.1.4	Der methodologische Status hermeneutisch-historischer Ansätze	121
2.1.4.1	Teleologie und Mentalismus	121
2.1.4.2	Zum Problem historischer Erklärungen	140
2.2	Dialektische Ansätze in der Methodologie der Sozialwissenschaften	159
2.2.1	Grundprämissen des dialektischen Methodenverständnisses	162
2.2.2	Dialektik und Kritische Gesellschaftstheorie	176
2.2.2.1	Negative Dialektik und Kritische Theorie	177
2.2.2.2	Der Positivismusstreit in der deutschen Soziologie	188
2.2.2.3	Wertbasis und Wertrelevanz der Sozialwissenschaften: kritisch-emanzipatorische Lösungsversuche	203
2.2.2.3.1	Konsensus und Legitimität	204
2.2.2.3.2	Konstruktion und Kritik	209
2.2.3	Die szientistisch-technokratische Version der dialektischen Methodologie	216
2.2.4	Zur methodologischen Beurteilung der Dialektik	224
	Literaturverzeichnis	242
	Register	254

1. Der funktional-analytische Ansatz

Die Bemühungen, die Soziologie als eine eigenständige sozialwissenschaftliche Disziplin zu begründen - wie sie Beginn
und Verlauf der Entwicklung der Soziologie in beinahe pa-
thologischer Art begleiten - sind bei Übernahme des analytisch-nomologischen Ansatzes natürlich zum Scheitern verurteilt. Von daher kann es nicht verwundern, daß die Soziologie mit einem methodischen Verfahren beginnt und sich auch
heute noch weitgehend darauf stützt, das den "emergenten"
Charakter des Sozialen beläßt bzw. als unerläßliche Aus-
gangsprämisse unterstellt. Und dieses Verfahren ist die
sog. struktur-funktionale Analyse, in der - grob gesagt -
dauerhaftere soziale Prozesse ("Strukturen") aus ihrer Bedeutung ("Funktion") für das Funktionieren einer emergenten
Entität ("System") erklärt werden sollen.

Die struktur-funktionale Analyse grenzt sich damit einmal
von nomologischen Ansätzen durch ihren radikal anti-reduk-
tionistischen Anspruch ab; und es wird ein Hauptpunkt der
folgenden Darstellung sein zu zeigen, daß dieser Anspruch
nur um den Preis der Tautologisierung bzw. des Einbringens
metaphysischer apriorischer Konzepte (wie "Entelechie" und
"Teleologie") aufrecht zu erhalten ist. Anders gesagt: die
struktur-funktionale Analyse ist im Grunde eine - meist unvollständige - Unterart der nomologischen Erklärung nach
dem HEMPEL-OPPENHEIM-Schema. Andererseits werden im funktionalen Ansatz jedoch auch Konzepte entwickelt, die starke
Affinitäten zu den hermeneutisch-dialektischen Ansätzen haben, so z.B. die Vorstellung holistischer Systeme als "Totalitäten", die Idee der unauflösbaren Interdependenz der
Einzelelemente eines Systems (vgl. Emergenz), die Vorstellung, daß systeminterne Prozesse neben selbstregulativem
Gleichgewicht auch eruptives Ungleichgewicht und Systemver-
änderung bewirken können und schließlich, daß ein Einzel-
element eines Systems seinen "Sinn" (Funktion")nicht "an

sich" - apriorisch hat, sondern jeweils "dialektisch im
Gesamtzusammenhang erst zugewiesen bekommt"; d.h.: identische
Elemente können unterschiedliche Funktionen, und unterschied-
liche Elemente identische Funktionen wahrnehmen.

Die folgende Darstellung wird wegen der Bedeutung der
struktur-funktionalen Analyse sehr weitgehend auch auf die
inhaltlich-soziologische Problematik Bezug nehmen. Zunächst
wird der Grundansatz einer struktur-funktionalen Analyse erläutert, dann die wichtigsten Einzelheiten zur Funktional-
Analyse in der Soziologie dargestellt, dann eine logische
Analyse der struktur-funktionalen Analyse vorgenommen, um
abschließend den funktionalen Ansatz noch einmal kritisch
in Bezug auf das Gesamtsystem der sozialwissenschaftlichen
Methodologie zu diskutieren.

1.1 Der Grundansatz einer funktionalen Analyse

Wie bei der nomologischen Erklärung geht auch die funktionale Analyse von der Frage aus, "warum" ein bestimmtes Explanandum vorhanden ist. Im "Unterschied"[1] zur nomologischen
Erklärung wird nun versucht, die Existenz dieses Explanan-
dums damit zu erklären, daß dieses Element D für das "Überleben" eines Systems S "unentbehrlich" ist; d.h.,wenn D
nicht vorhanden wäre, müßte sich das System S auflösen.

Um zu zeigen, wie verbreitet funktionalistisches Denken auch
im Alltag ist, sei eine populäre funktionalistische Erklärung der Existenz einer methodischen Ausbildung für So-
zialwissenschaftler so gegeben, wie sie sich in mannigfalti-
gen "Reflexionen" über die "Funktion der empirischen Sozialforschung im Kapitalismus"gelegentlich auf Flugblättern wie-
derfindet.

Das Explanandum sei die Existenz einer Methodenausbildung in
den Sozialwissenschaften. "Warum" existiert diese Methodenausbildung? Die funktionalistische Antwort: Eine Methodenausbildung führt dazu, daß Studenten ihre Denk- und Kritik-
fähigkeit verlieren und damit nicht mehr in der Lage sind,
über ihre Unterdrückung nachzusinnen bzw. schließlich

- wenn sie über fundierte Methodenkenntnisse verfügen und
so leichter eine berufliche Anstellung finden - sich be-
denkenlos vom "System" bestechen lassen; kurz: die Ausbildung in sozialwissenschaftlicher Methodenlehre bedient offenbar eine Bedingung für das "Überleben" des kapitalistischen Systems: nämlich "Spannungsabsorption" und "Integration" durch die Schaffung apathischer Loyalität. Damit erfüllt die Methodenausbildung eine "Funktion", nämlich, daß
sie die Erfüllung einer "Systemnotwendigkeit" (hier: "Integration") gewährleistet, ohne deren Bedienung das System
nicht (unverändert) weiter bestehen könnte. Wenn diese funktionale Erklärung "richtig" wäre, müßte das System mit dem
Absetzen der Methodenausbildung zusammenbrechen (oder: sich
umorganisieren und z.B. "Integration" nicht durch Freiwillig-
keit, sondern durch Zwang - "Nun ist es an der Zeit, daß die
Solidarität aller Demokraten ..." usw. - gewährleisten; auf
das Problem der "funktionalen Äquivalente" wird noch ausführlich einzugehen sein).

Bei einer funktionalen Analyse wird also offenbar von einem
System von Einzelelementen, die in dauerhaften Beziehungen
zueinander stehen, ausgegangen. Dieses System (als Denkhilfe
sei eine vielbemühte Analogie genannt: ein biologischer
Organismus) "neige" dazu, sich in einem Gleichgewicht zu
halten; d.h. es gebe selbstregulative Mechanismen[(2)], die
das System in der Zeit erhielten. Die Erklärung der Existenz
eines spezifischen Merkmals dieses Systems erfolgt nun durch
die Angabe des Beitrages, den dieses Merkmal für das (gleich-
gewichtige) Überleben des Systems leistet (vgl. hierzu
HEMPEL 1968, 179-210; STEGMÜLLER 1969).

Eine funktionale Analyse kann sich dabei auf eine Vielzahl
von "Systemelementen" beziehen, z.B. auf die Existenz von
Systemteilen (Funktion der Leukozyten im Körper; Funktion
der Religion in Sozialsystemen; Funktion des Geldes in Industriegesellschaften). Dann auf Merkmale von Systemteilen
(Funktion der Farbigkeit von Schmetterlingsflügeln; Funktion der restringierten Soziabilität von Unterschichten in
Industriegesellschaften). Schließlich auf Tätigkeitsweisen
und Prozesse (z.B. "der Herzschlag hat die Funktion der
Blutzirkulation"; "Initiationsriten haben die Funktion der
Unsicherheitsreduktion bei Positionswechseln im Lebenszyk-
lus").

Die wichtigere Zusatzbedingung für eine funktionale Analyse
ist, daß man nicht jede "Wirkung" eines Einzelelementes als
funktional interpretieren kann, sondern diese "Wirkung" muß

auch für das Überleben des Systems "von Bedeutung" sein.
So hat der Herzschlag zwar auch die Wirkung "Pochen",
funktional scheint aber nur die Wirkung "Blutzirkulation"
zu sein. Somit muß man den erst so einfach scheinenden
Grundansatz der Funktionalanalyse etwas präzisieren (vgl.
STEGMÜLLER 1969, 561):

Den Gegenstand der Analyse bildet das Auftreten eines relativ dauerhaften Zustandes oder Merkmals, einer permanenten
Tätigkeit oder Disposition D in einem System S. Die Analyse
zielt nun darauf ab, zu zeigen, daß S sich in einem inneren
Zustand Z_i sowie unter äußeren Bedingungen Z_u befindet, die
so geartet sind, daß unter diesen Bedingungen $(Z=Z_i, Z_u)$ das
Merkmal D Wirkungen hat, die gewisse "Aufgaben", "Bedürfnisse" und "funktionale Erfordernisse" von S erfüllen.
Nennt man diese Erfordernisse N, dann kann auch gesagt
werden, D hat als Wirkung die Erfüllung einer Bedingung N,
die für das adäquate und normale Funktionieren von S notwendig ist.

Damit sind die wichtigsten Probleme einer funktionalen Analyse angesprochen: Einmal müssen bestimmte, für das "Überleben" notwendige Systemerfordernisse ("prerequisites")
nachgewiesen werden; zweitens muß nachgewiesen werden, daß
die Elemente D überhaupt die Wirkung einer Bedienung von N
haben (vgl.: dies wäre eine nomologische Aussage!); drittens
muß gezeigt werden, daß die Z_i das Element D noch nicht
einschließen; und viertens muß ausgeschlossen werden, daß
die Erfordernisse N nicht durch andere Elemente als D erfüllt werden bzw. erfüllt werden könnten. Wie problematisch
dieser Nachweis besonders für "soziale Systeme" ist, soll
nun erläutert werden; und dies vor allem deshalb, um zu
zeigen, daß   in funktionalistischen Erklärungen in der
Soziologie häufig auf nicht begründbare teleologische und
finalistische Auffassungen (unbemerkt!) zurückgegriffen
wird.

Teleologie und Finalismus bedeuten die Annahme, daß für das
Überleben des Systems eine dem System innewohnende Zweckbestimmung die "sinnvolle" Strukturierung der Systemteile be-
wirkt: Eine Erklärung erfolgt also nicht in Bezug auf "Ur-

sachen", sondern auf "Ziele". Die beiden wichtigsten Formen teleologischer Erklärung sind die motivationale und die
entelechetische Erklärung. Bei der motivationalen Erklärung
wird für das Überleben des Systems auf die Motive der Einzelpersonen Bezug genommen (vgl. auch Kap. 2.1.4.1). Die
Probleme dabei sind zweifach: Erstens wird die Frage der
unbeabsichtigten Folgen beabsichtigter Handlungen für irrelevant erklärt, und zweitens zerrinnt bei der Annahme des
Wirkens individueller Motive der emergente Grundansatz der
Funktionalanalyse. Einziger Ausweg bleibt dann die Annahme
eines unabhängig von dem Bewußtsein der Einzelpersonen
existierenden und gedachten "Systemzwecks": nicht-mensch-
liche ("dämonologische") Kräfte sorgen für die zielstrebige
Durchführung der fraglichen Prozesse.

Bei der entelechetischen Erklärung wird für das Überleben
auf die Annahme einer dem System innewohnenden "Lebenskraft"
zurückgegriffen ("Vitalismus"). Dies führt natürlich zu
einer Tautologisierung: Warum "lebt" ein System? Weil es
die "vis vitae" besitzt! Ähnlich tautologisch ist eine beliebte Unterart dieses vitalistischen Fehlschlusses: "Das
Systemelement D existiert, weil es einen Zweck erfüllt." -
"Woran sieht man denn, daß es einen Zweck erfüllt?" - "Ja
siehst Du denn nicht, daß es existiert?"

Diese und ähnliche logisch unhaltbaren (Früh-) Formen der
Funktionalanalyse sind allerdings zuweilen heuristisch ausgesprochen fruchtbar, weil die Aufmerksamkeit auch auf die
Erklärungsbedürftigkeit scheinbar irrelevanter Einzelpro-
zesse gelenkt wird, und außerdem kann die genannte Teleologie in eine (zulässige) evolutionistische ex-post-Deutung
umgewandelt werden: Ein System (z.B. Organismus oder Sozialsystem) ist nicht deshalb so "sinnhaft" oder "kunstvoll"
oder "vernünftig" aufgebaut, weil eine höhere Vernunft dafür
gesorgt hat, sondern alle Systeme, die diese Elemente (im
Verlauf einer rein zufälligen genetischen Entwicklung) nicht

entwickelt haben, waren in einer "überkomplexen" Umwelt
nicht überlebensfähig (vgl. RAPOPORT 1967, 126 f.) und
stehen so auch heute nicht zur Funktionalanalyse zur Ver-
fügung. Aber daß bisher sich noch eine Vielzahl überlebens-
fähiger Systeme herausgebildet hat, muß keineswegs heißen,
daß eine "Geschichtsdialektik" oder eine wohltätige,
Homöostase fördernde "hidden hand" dies auch für die Zukunft verheißen oder ausschließen kann.

1.2 Funktionale Analyse in den Sozialwissenschaften

Nach einer ersten Erläuterung der Vorgehensweise bei einer
funktionalen Analyse sollen nun die Besonderheiten der
Funktionalanalyse in den Sozialwissenschaften benannt werden, und zwar insbesondere in Hinsicht auf die beiden zentralen Konzepte der "Struktur" und "Funktion". Anschließend
soll ein (kurzer) Überblick über die wichtigsten Ergebnisse
und Entwicklungen in der struktur-funktionalen Soziologie
gegeben werden.

1.2.1 Die Begriffe "Struktur" und "Funktion"

Die engen Beziehungen zwischen der Funktionalanalyse als
Methode und dem Entstehen der Soziologie als eigenständige
Disziplin hängen u.a. damit zusammen, daß Soziologie als
Wissenschaft von der Entdeckung ausgeht, daß soziale Prozesse nicht sämtlich chaotisch, spontan und unvorhersehbar,
sondern - insbesondere als Kollektiverscheinungen - von
einer oft beeindruckenden Regelmäßigkeit sind (z.B. kann man
fast auf 100 Personen genau vorhersagen, wieviele Selbstmorde im nächsten Jahr in der BRD verübt werden, obwohl Selbst-
mord vielerorts als Prototyp psychischer und sozialer Para-
lyse gilt). Die Frage, die die frühe Soziologie (etwa bei
SPENCER) in unmittelbarer Analogie zum biologischen Organismus zu beantworten sucht, ist, welche Bedeutung ("Funktion")

diese (zunächst unverständlichen) Regelhaftigkeiten ("Strukturen") für den "sozialen Körper", für die Existenz von Gesellschaften insgesamt haben. DURKHEIM beispielsweise interpretierte die beobachtbare Konstanz eines Mindestmaßes an abweichendem Verhalten so, daß (ein Mindestmaß an) Abweichung für die Erhaltung der Normenkonformität der Mitglieder eines Sozialsystems geradezu notwendig sei; erst das regelhafte Auftreten eines (nicht zu hohen, nicht zu niedrigen!) Maßes an Abweichung führe den Mitgliedern eines Sozialsystems immer wieder die Sinnhaftigkeit der Normenbefolgung vor Augen und befördere so die Integration des Gesamtsystems.

1.2.1.1 Der Strukturbegriff in den Sozialwissenschaften

Unter "Struktur" versteht man in der soziologischen Theorie dauerhafte, regelmäßige und vorhersehbare Eigenschaften (vor allem relationaler Art) von sozialen Objekten, insbesondere regelhafte soziale Beziehungen und andere Relationen, sowie stabile Handlungssequenzen und Handlungsdispositionen (Normen, Werte). Die soziologische Theorie versteht sich als eine Theorie, die die systematische, d.h. erkennbar nichtzufällige, Verbundenheit von Strukturelementen als interdependente und wechselseitig rückwirkende Teile eines Gesamtsystems beschreiben und erklären will (CANCIAN 1968, 29). Besondere Bedeutung haben dabei in der Soziologie drei Arten von "Verfestigungen": Erstens die sog. Institutionalisierungen als (kontrollierte und sozialisierte) Verfestigung von Handlungssequenzen, deren Abfolge sich als Ergebnis eines kollektivähnlichen Lernprozesses von Individuen bei der sozialen Bewältigung von allgemein empfundenen Problemen einstellt. Dann zweitens "Traditionen", als vollständig routinisierte und nicht mehr als Problemlösung, sondern als eigenständige, legitim empfundene Handlungssequenzen und Wertmuster; und schließlich Verhaltensabläufe, wie sie nicht bloß sozial vorgeschrieben, sondern in der Auseinandersetzung

mit der physischen Natur vorgeschrieben oder als "rational"
erscheinen können.

Das Besondere am Strukturbegriff in den Sozialwissenschaften
ist nun, daß soziale Strukturen nicht "von sich aus" oder
"natürlich" existieren, sondern soziale Konstruktionen sind,
die ständig neu geschaffen und verfestigt werden müssen. Die
Konzepte der Sozialisation und der sozialen Kontrolle dienen dabei dazu, die Dauerhaftigkeit der Strukturen zu erklären, ohne diese Strukturen zu "Naturgesetzen" hochzustili-
sieren. Sozialisationsmuster und Formen der sozialen Kontrolle sind andererseits selbst wieder als "Strukturen"
denkbar. Der Ansatzpunkt der struktur-funktionalen Analyse
ist dann die Frage, welchen Beitrag ein bestimmtes Strukturelement für die Aufrechterhaltung des gesamten Netzwerkes
der relational verbundenen Strukturelemente ("System") liefert. Je nachdem, ob ein Strukturelement einen "positiven
Beitrag" liefert oder nicht, nennt man es dann auch eustruk-
turell oder disstrukturell.

Daß die einzelnen Strukturelemente in einer funktionalen
Analyse offenkundig selbst als erklärungsbedürftig angesehen werden, verweist auf die kaum zu überschätzende heuristische (nicht: erklärende!) Kraft der Funktionalanalyse
von Strukturen gegenüber einer einfachen nomologischen
Analyse: Strukturelemente bekommen einen "Sinn" erst in
einem weiteren Zusammenhang, dem des Systems; und wenn man
den Gedanken nur einen Schritt erweitert: das "System" kann
seinerseits wieder als erklärungsbedürftige "Struktur" angesehen werden in Hinsicht auf die Bedeutung, die es für
die Bedürfniserfüllung ihrer individuellen Mitglieder hat.
Struktur-funktionale Analyse kann somit auch als ein Ansatz
angesehen werden, der die (gedankliche) Unterordnung
("Funktionalität") von "sozialen Konstruktionen der Wirklichkeit" (Strukturen) unter die Entfaltungsmöglichkeiten
und Bedürfnisse der Individuen prinzipiell ermöglicht, wenn

nicht notwendig macht; insofern treffen Vorwürfe, die
Funktionalanalyse reifiziere Sozialsysteme zu eigenen
Entitäten und stelle die funktionale Bedienung von Systembedürfnissen über die Erfüllung von individuell erlebten
Bedürfnissen, vielleicht einige bisher vorliegende inhaltliche Ergebnisse der strukturfunktionalen Soziologie, nicht
aber die Methode prinzipiell. Dann aber gäbe es keinerlei
Grund,die Funktionsanalyse zugunsten einer individualistischen Methodologie aufzugeben.

1.2.1.2 Der Begriff der Funktion

Der Begriff der Funktion hat in der soziologischen Theorie
- zunächst implizit, dann explizit bei MERTON (1967, 19-84) -
eine ganz spezifische Konnotation erhalten, der ihn einerseits scharf von anderen Designata des Wortes "Funktion" ab-
setzt, andererseits aber auch eine Reihe von Problemen für
den soziologischen Strukturbegriff aufwirft und zudem
einige - nicht undiskutiert haltbare - Hintergrundannahmen
in die funktional orientierte soziologische Theorie ein-
bringt.

1.2.1.2.1 Funktion als Systembeitrag

Unter dem Begriff "Funktion" versteht man in der struktur-
funktionalen soziologischen Theorie - in Analogie zu seiner
Verwendung in der Biologie und der allgemeinen Systemtheorie
- den Beitrag, den ein Systemteil für einen bestimmten Zustand des Gesamtsystems (Organismus, Sozialsystem) leistet.
Daß dabei meist auf einen Zustand des Systemgleichgewichts
bzw. des "Überlebens" eines Systems Bezug genommen wird
(vgl. REX 1970, 90 ff.), ist nicht notwendig für diese Verständnis von "Funktion"; dennoch hilft der analytisch ge-
dachte "Normalzustand" eines Systems oft, eine funktionale
Analyse auf die wirklich "funktionalen" Elemente eines

Systems zu lenken.

Bei diesem Verständnis von "Funktion" treten nun zwei Problembereiche auf. Einmal wird es notwendig, den Begriff des
"Normalzustandes" (bzw.: wann befindet sich ein System
nicht in einem Normalzustand?)zu präzisieren und (möglichst)
zu operationalisieren, bevor man eine konkrete funktionale
Analyse beginnt. Ansonsten könnte man nach Belieben jedem
Element "funktionale Bedeutung" zuweisen oder absprechen,
weil soziale Systeme sich ja ständig wandeln und somit niemals völlig "identisch" sind, also in einem strengen Sinn
nie "überleben". Zweitens wird etwas näher auf die Unterscheidung des Begriffs "Funktion" von den Begriffen "Motiv"
und "Intention" einzugehen sein.

Genaugenommen muß die obige Definition noch um ein Element
erweitert werden (vgl. auch Kap. 1.3.1) "Funktion" als Beitrag eines Elements zur Erfüllung eines Erfordernisses des
(gedachten) Systemzustandes. D.h.,es wird vorausgesetzt,
daß man einige (Minimal-) Erfordernisse kennt, ohne deren
Erfüllung das System nicht (so) bestünde. Diese Erfordernisse nennt man auch funktionale Requisiten und es ist eines
der (bisher) ungelösten Probleme der Funktionalanalyse, für
soziale Systeme einen erschöpfenden und nicht redundanten
Satz der funktionalen Requisiten anzugeben. Die wichtigsten
Vorschläge stammen von PARSONS, von BALES und von ABERLE
u.a. Für PARSONS muß jedes soziale System vier Grunderfordernisse erfüllen: Anpassung ("adaptation"), Zielerreichung ("goal attainment"), Integration ("integration")
und Spannungsbewältigung ("latency"). Dieses sog. AGIL-Schema ist der Kern der PARSONSschen struktur-funktionalen
Theorie. BALES unterscheidet zwei Grunderfordernisse: Anpassung (als "instrumentelle" Bewältigung von Problemen, die
von außen an das System gestellt werden) und Integration
(als "expressive" Bewältigung von Binnenproblemen). ABERLE
u.a. (von denen PARSONS seine Klassifikation übernimmt)

unterscheiden folgende Requisiten: Anpassung an das Außen-
system (einschl. sexuelle Reproduktion). Rollendifferen-
zierung und Rollenzuweisung, Kommunikation, Gemeinsamkeit
kognitiver Orientierungen, normative Regulierung des Mittel-
einsatzes, Regulation affektiver Ausbrüche, Sozialisation
und Kontrolle disruptiven Verhaltens (vgl. insgesamt DEME-
RATH und PETERSON 1967).

Es lassen sich zwar einige zentrale Gemeinsamkeiten bei diesen Vorschlägen ausmachen; dennoch wird die Schwierigkeit
deutlich: solange keine feste Definition von Systemgleichgewicht oder "Überleben" vorliegt, kann man Requisiten annehmen, solange die Phantasie reicht. Die Hauptschwierigkeit
ist natürlich, daß man die "Unentbehrlichkeit" der Requisiten bei sozialen Systemen nicht empirisch testen kann. Sind
die Requisiten einmal definiert, dann können die funktionalen Beiträge von Systemteilen als Bedienung dieser Erfordernisse interpretiert und ermittelt werden. Meist wird dann
von einem "positiven" Beitrag ausgegangen: ein Strukturelement ist dann eufunktional. Natürlich kann die Analyse auch
ergeben, daß ein Strukturelement keinen Beitrag für ein Requisit leistet, dann ist es afunktional. Und schließlich
kann ein Element die Bedienung von Requisiten sogar er-
schweren bzw. verhindern; es ist dann dysfunktional. Voraussetzung ist aber jeweils die genaue und erschöpfende
Kenntnis der Requisiten (vgl. auch Kap. 1.2.1.2.1).

Damit wird die Frage der Definition von "Überleben" zum
zentralen Ausgangsproblem der funktionalen Analysen. Die Besonderheit von Sozialsystemen ist nämlich, daß sie keinen
"Tod" kennen, der das Problem des "Normalzustandes" für
organische Systeme so leicht entscheidbar werden ließ;
anders gesagt: die "Identität" sozialer Systeme ist "un-
scharf". Eine neuere, einstweilen aber auch noch kaum opera-
tionalisierbare und damit: unbrauchbare Lösung der Frage,
welche Eigenschaft und welche Relation als Kriterium für

die Identitätserhaltung eines Systems heranzuziehen ist,
scheint der Vorschlag zu sein, den MÜNCH (1974, 681-714)
gewissen Ausführungen bei LUHMANN und bei HABERMAS ent-
nimmt: Systemidentität wird als Konstanz des "Sinnes"
definiert, der Interaktionen und Institutionalisierungen
von den Mitgliedern eines Systems unterlegt wird. "Sinn"
heißen dabei die (kollektiv gleichförmigen) Interpretationen und Überschuß-Assoziationen, die mit bestimmten Situa-
tionsstimuli jeweils (systematisch) verbunden werden. Ein
System verändert sich z.B. dann, wenn dem (physikalisch
identischen) Akt "Gerichtsverhandlung" etwa, zum Zeitpunkt
t_1 die Interpretation "egalitäres Austragen von Konflikten
bei Grundkonsensus über bestimmte, vorher festgelegte formale Regeln" zugewiesen wird, und zum Zeitpunkt t_2 die
Interpretation "Klassenjustiz" bekommen hat. Damit heißt
die Zentralfrage bei der Funktionalanalyse für soziale
Systeme: welche Erfordernisse müssen für die "Sinnerhaltung"
erfüllt sein und was leistet ein Element D hierzu?

An dieser Stelle wird nun ein Übergang der strukturfunktionalen Soziologie zur hermeneutisch verfahrenden Sinn-Ana-
lyse überdeutlich. Was der naiven analytisch-nomologischen
Richtung metaphysisch und der organismisch orientierten
Funktionalanalyse irrelevant erscheint, wird für die soziologische Funktionalanalyse sozialer Systeme eine Voraussetzung: die hermeneutische Ermittlung von Sinn, der den
beobachtbaren Strukturelementen unterlegt wird, als Voraussetzung für die unerläßliche Definition eines "Systemzustandes". Nach dieser Definition kann allerdings wieder so
verfahren werden, wie es auch für nicht-soziale Systeme
üblich geworden ist; nämlich die (u.U. an keiner Stelle
des Systems mehr gewußte und reflektierte) Funktion von
Teilelementen für die Erhaltung eines jeweils festgestellten
Sinnzustandes zu ermitteln. Und da dies nach den Regeln der
nomologisch-analytischen Erklärung verläuft, kann man diese
zuletzt benannte Interpretation soziologischer Funktional-

analyse als die Verfahrensform ansehen, die Max WEBER als
einzig für den sozialen Bereich adäquat ansah: soziale Prozesse "deutend (zu) verstehen" und dann (kausal) zu erklären. Das um die Kategorie "Sinn" erweiterte Programm einer
struktur-funktionalen Analyse scheint so gesehen das Verfahren zu sein, in dem der kennzeichnenden Spannung im
soziologischen Objektbereich systematisch Rechnung getragen
wird, nämlich daß Soziales subjektiv "konstruiert" und sinnhaft gedeutet ist, gleichzeitig aber auch - als "Wirklichkeit" - ungewußte und unbeabsichtigte Folgen haben kann,
die zu kennen eine der wichtigsten Voraussetzungen zur
Emanzipation des Menschen auch aus selbstgeschaffenen Zwängen ist. Erneut wird gleichzeitig deutlich, daß jeder Bezug
auf "Sinn" Aussagen über individuelle (mentale) Zustände
macht. Eine individualistische Auflösung sowohl der Funktionsanalyse wie der "hermeneutischen" Methode scheint jedenfalls nicht prinzipiell ausgeschlossen zu sein.

Diese letzteren Überlegungen führten einen Begriff ein, an
dem deutlich wird, daß mit der Sinnermittlung (einer rein
hermeneutisch verfahrenden Soziologie) eben nur ein Teil des
erstrebten emanzipatorischen Wissens über Gesellschaft zu
erlangen ist. MERTON (1967) benennt dieses Problem mit der
Unterscheidung von manifesten und latenten Funktionen. Ausgangspunkt der Unterscheidung ist, daß sich der Terminus
"Funktion" nicht auf die subjektive Überzeugung oder Absicht
der Akteure bezieht, sondern auf die "objektiven", d.h. auch
unbeabsichtigten Folgen von vielleicht ganz anders intendierten Handlungen. Handlungsintentionen und -motive müssen
keineswegs identisch sein mit den "objektiven" Handlungs-
folgen, und diese systematische Unterscheidung steht programmatisch am Beginn einer wissenschaftlich-nomologisch betriebenen Soziologie: Subjektives Wollen kann "hinter dem
Rücken der Akteure" in völlig gegenteilige Konsequenzen
münden, und diese unbeabsichtigten Konsequenzen intendier-
ter Handlungen wieder transparent zu machen, ist das "eman-

zipatorische" Potential jeder nomologisch betriebenen Soziologie. Hermeneutik muß sich mit der Idiographie der
Intentionen begnügen und kann so nur ein sehr idealistisches
Bild von Gesellschaft entwerfen. Im übrigen schließt sich
die genannte Unterscheidung an die DURKHEIMsche Konzeption
des "soziologischen Tatbestandes" an, der - als "objektive
Folge" - methodisch als eigene, d.h. von allen Subjekten
ablösbare, Analyseeinheit aufzufassen ist und den genuinen
Gegenstand einer systematischen und professionellen "erklärenden" Soziologie bildet. Zu beachten bleibt aber, daß
die Existenz solcher nichtbeabsichtigten Folgen individueller Handlungen durchaus auch nicht-funktionalistisch, d.h.
individualistisch erklärt werden kann (vgl. HUMMELL 1973).
Auch von hierher verfällt dann die Notwendigkeit für die
Annahme einer genuin "soziologischen Methode" (vgl. VAN-
BERG 1975).

1.2.1.2.2 Hintergrundannahmen des Funktionsbegriffs
          in den Sozialwissenschaften

In den früheren Ansätzen soziologischer Funktionalanalyse und
in den Arbeiten der angelsächsischen Kulturanthropologie
(insbesondere bei MALINOWSKI und RADCLIFFE-BROWN) wurden
eine Reihe von impliziten Hintergrundannahmen gemacht, die
einerseits eine sehr eindeutige Konzeption von Gesellschaft
reifizierten und andererseits für lange Zeit (z.T. bis heute
in einer naiv-konservativistisch betriebenen Soziologie)
das analytische Potential des struktur-funktionalen Ansatzes
verstellt haben. Diese Hintergrundannahmen hat Robert K.
MERTON (1967, 25-37) systematisiert und auf drei "Postulate"
reduziert: Das Postulat der funktionalen Einheit von Gesellschaften, das Postulat des funktionalen Universalismus und
das Postulat der funktionalen Unentbehrlichkeit.

Das Postulat der funktionalen Einheit von Gesellschaften besagt, daß (langfristig) alle in einem Sozialsystem vorfind-

baren Strukturelemente eufunktionale Wirkungen für den Bestand des Sozialsystems haben, so daß längerfristige Sozialsysteme dazu neigen, zumindest die disfunktionalen Elemente
auszuscheiden und somit prinzipiell zu Stabilität, Gleichgewicht und Integration neigen. Diese implizite Annahme erklärt MERTON aus einer Besonderheit der Sozialsysteme, die
die frühe funktionalistische Anthropologie um MALINOWSKI,
RADCLIFFE-BROWN und KLUCKHOHN untersucht hatte: es waren
fast ausschließlich autarke ("primitive") Segmentärgesellschaften mit extrem hohen Integrationsgraden und "mechanischer Solidarität". Mit dem Transfer der Methoden der funktionalen Analyse auf nun etwas komplexere Sozialsysteme
wird deutlich, daß die Möglichkeit von Afunktionalität und
Dysfunktionalität systematisch mit bedacht werden muß;
"modernisierte" Sozialsysteme sind ja gerade als solche mit
einem Mindestmaß an internen "Widersprüchen" und Loyalitäts-
diskrepanzen definierbar. Außerdem kann "Integration" auch
für Segmentärgesellschaften in variierenden Intensitätsgra-
den vorkommen. Verhängnisvoll ist an der (impliziten) Übernahme dieses Postulats jedoch ein bei Funktionalanalysen
gern begangener logischer Fehler, nämlich die mitvollzogene
Entelechie-Annahme: Sozialsysteme existieren, weil sie "aus
sich heraus" zur Integration neigen. Und diese Annahme ist
- wie gezeigt - tautologisch.

Mit dem Postulat des funktionalen Universalismus ist im
Grunde die beim obigen Postulat als Ursache für die Inte-
grationsneigung von Sozialsystemen genannte Bedingung gemeint: daß alle Strukturelemente ausschließlich positive
Funktionen haben. Das heißt mit anderen Worten, daß man
von der Existenz eines Elements auf dessen eufunktionalen
Beitrag schließen könne. Die Problematik ist ähnlich wie
beim Postulat der entelechetischen Integration von Sozialsystemen: Funktionalität kann nicht postuliert werden,
sondern muß jeweils gesondert empirisch nachgewiesen werden, weil ansonsten erneut teleologische Fehlschlüsse

("alles hat einen Sinn, weil es existiert") unvermeidlich
sind.

Das bekannteste Beispiel für das Postulat des funktionalen
Universalismus ist die Interpretation der Ärmelknöpfe an
Anzügen, die zwar einmal eine Funktion erfüllten, nun aber
diese Funktion verloren haben, dafür jetzt aber eine andere
Funktion haben, nämlich dem Träger eines solchen Anzuges das
Gefühl der Vertrautheit und Konformität zu vermitteln und
so die Systemintegration zu fördern. So wenig haltbar eine
solche Verwässerung des Funktionsbegriffes ist, so muß doch
bedacht werden, daß das Postulat des funktionalen Universalismus eine wichtige Rolle in der "Überlebsel"-Debatte
der angelsächsischen Anthropologie gespielt hat. Gegen die
These der evolutionären Kulturtheorie, die die Ansicht ver-
trat, daß gegenwärtige Elemente nicht aus ihrem gegenwärtigen Nutzen, sondern erst aus ihrer geschichtlichen Entstehung verständlich gemacht werden können, setzten die Funktionalisten die Überbetonung der jetzigen Funktionalität
auch scheinbar funktionsloser "Überlebsel", und dies vor
allem um den ihrer Ansicht nach zu fragmentarischen Deutungen der Evolutionisten programmatisch entgegenzutreten.

Das Postulat der funktionalen Unentbehrlichkeit schließlich
lautet, daß die Existenz eines Strukturelementes bereits
auf seine Unverzichtbarkeit für den Systemerhalt hindeutet.
Auch dieses Postulat enthält eine entelechetische Tautologie,
verweist aber auch auf zwei wichtige Präzisierungen der
Funktionalanalyse. Einmal darauf, daß zwar nicht Strukturelemente a priori als unentbehrlich gesehen werden können,
dann aber vorher eine Definition der zu erfüllenden funktionalen Requisiten erfolgt sein muß. Und diese Requisiten
sind ja als "unentbehrlich" definiert. Zweitens wird eine
wichtige Eigenart verdeutlicht: daß nämlich identische
Strukturelemente verschiedene Funktionen wahrnehmen können
und verschiedene Strukturelemente identische Funktionen.

Der letztere Fall wird auch mit dem Begriff der Existenz "funktionaler Äquivalente" bezeichnet (auch: Alternativen, Substitute). Die Möglichkeit, daß Struktur und Funktion prinzipiell unabhängig voneinander variieren, bedeutet einerseits eine - nahezu unüberwindbare - Komplikation in der Durchführung einer logisch korrekten und empirisch abgesicherten funktionalen Analyse (vgl. Kap. 1.3). Andererseits wird daran jedoch auch eines der wichtigsten methodischen Postulate empirisch betriebener Soziologie noch einmal deutlich: daß es keine ontologisch festliegende, "a-historische" Bedeutung bestimmter Strukturelemente gibt, sondern daß diese jeweils im "Gesamtzusammenhang" neu zu ermitteln sind. Insofern ist Funktionsanalyse gewiß auch "dialektisch".

Dennoch bleibt die Möglichkeit einer überhistorischen soziologischen Theorie prinzipiell vorgesehen: Die Ermittlung universaler Requisiten für den Bestand sinnstabiler Sozialsysteme ist der analytische Ausgangspunkt für den Entwurf einer allgemeinen (und dann vielleicht auch reduktionistischen und nomologischen) Gesellschaftstheorie, in der die jeweilige funktionale Bedeutung der Strukturelemente aus den "historischen" Randbedingungen ermittelt werden kann. So gesehen kann der struktur-funktionale Ansatz als einer der (analytisch, noch lange nicht faktisch) fruchtbarsten Verfahrensweisen in der Soziologie angesehen werden, sofern von seiner logischen Struktur her die Möglichkeit offen gelassen wird, Terme wie "Systembedürfnis" auf individuelle Zustände zu beziehen. Dann aber verlöre der Strukturfunktionalismus seine Eigenständigkeit. Diese Konsequenz wird jedoch nicht überall als gangbar angesehen.

1.2.2 Zur dogmengeschichtlichen Entwicklung des Struktur-Funktionalismus in der Soziologie

Wegen der überragenden Bedeutung der funktionalen Methode in der Entwicklung der theoretischen Soziologie und - vor allem-,

um die Problematik einfacher Organismus-Analogien zu Sozialsystemen aufzuzeigen, sei (kurz) auf die geschichtliche
Entwicklung funktionaler Soziologie bis zu PARSONS eingegangen (vgl. insgesamt auch TURNER 1974).

Der historisch-wissenschaftssoziologische Hintergrund des
Funktionalismus ist die Problematisierung liberalistischer
und utilitaristischer Strömungen im Verlauf der bürgerlichen
Revolutionen und der mit Industrialisierung und Urbanisie-
rung aufkommenden Ordnungsprobleme. Die alte HOBBESsche
Frage der Möglichkeit einer sozialen Ordnung steht am An-
fang der Soziologie. Gleichzeitig entwickelt sich die evolutionistische Biologie um LINNÉE und DARWIN zu einem allgemeinen Paradigma, und so verwundert es kaum, daß der
"erste Soziologe" COMTE Gesellschaft als Organismus konzipiert und dessen "Glieder", "Zellen" und "Organe" in Begriffen von Struktur und Funktion behandelt. Bei SPENCER
wird diese Idee ausgebaut und gipfelt in einer konkreten
Benennung der Analogien: Organismen und Sozialsysteme sind
beide organischer Natur und wachsen und entwickeln sich;
Größenwachstum bedeutet für beide Differenzierung; Struktur-
differenzierung führt bei beiden zu Funktionsdifferenzierung;
Veränderungen des Gesamts bewirken Veränderungen bei anderen
Teilen; jedes Teilsystem ist seinerseits wieder ein voll-
ständiges System mit eigenen Grenzen; das Gesamtsystem kann
zerfallen und dennoch leben die Teilsysteme (eine zeitlang)
weiter. Diese Vorstellungen - bei SPENCER noch explizit als
Analogie angelegt - werden dann z.B. von René WORMS und Paul
v. LILIENFELD in eine direkte Analogie radikalisiert: Gesellschaften sind die phylogenetisch höchste Entwicklungs-
stufe von Organismen.

Aus diesen Basisannahmen vor allem stammen die für den
Funktionalismus auch heute noch kennzeichnenden Implikatio-
nen: Soziale Beziehungen werden als Systeme aufgefaßt;
Systemprozesse sind nur als Interdependenzen der Systemele-

mente denkbar; soziale Systeme neigen prinzipiell zur Erhaltung ihrer Systemgrenzen und internen Struktur: stabile
Integration. Daraus ergeben sich dann die - o. bereits angesprochenen - Homöostaseannahmen für Systeme, die Idee von
Systembedürfnissen und der Begriff von Funktion als Erfüllung der Systembedürfnisse. Und auf diesen Annahmen beruhen
auch die Analysen der Klassiker des Funktionalismus DURKHEIM,
MALINOWSKI und RADCLIFFE-BROWN.

Den Übergang zu einer "soziologistischen" Soziologie (die
nach René KÖNIG "nichts als Soziologie ist") vollzieht
DURKHEIM, indem er in den SPENCERschen Vorstellungen die
utilitaristischen Prämissen ("jedes Handeln von Individuen
ist durch das Prinzip der Maximierung des Eigennutzes bestimmt") aufzulösen versucht. SPENCER hatte die Organismus-
Analogie noch als Ausformulierung frühliberalistischer
"hidden hand"-Ideen verstanden; und an beiden Prämissen
setzt DURKHEIM an: Menschen handeln auch in Konformität zu
Normen, die verinnerlicht sind bzw. extern kontrolliert werden, und eine soziale Ordnung ist nur denkbar über die Annahme eines gesamtgesellschaftlichen Orientierungsrahmens für
"Solidarität". Die wichtigste methodische Folge ist die Ablehnung jeder Art von Teleologie und Utilitarismus wenngleich in den DURKHEIMschen Arbeiten häufig teleologisch
klingende Argumente vorkommen (z.B. in der "Arbeitsteilung") sowie die Benennung "latenter Funktionen" und von den
Individuen abgelöste soziale Wirkgrößen in der Idee des soziologischen Tatbestandes. Mit DURKHEIM erlangt die Soziologie als Wissenschaft ihre professionelle Eigenständigkeit
als Spezialdisziplin der Analyse objektiver Folgen der sozialen Konstruktion der Wirklichkeit und wirkt bis heute in
den verschiedenen kollektivistischen Versionen der soziologischen Theorie weiter (vgl. BOHNEN 1975; VANBERG 1975).

Der DURKHEIMsche Funktionalismus hat seinerseits die angelsächsische Kulturanthropologie stark beeinflußt. Die Einzel-

heiten der Ergebnisse bei MALINOWSKI und RADCLIFFE-BROWN
interessieren hier weniger, außer daß hier alle Grundfehler
des naiven Funktionalismus: Teleologie und apriorische
Homöostase-Annahme - besonders bei MALINOWSKI - wiederholt
werden[3]. Wichtiger ist eine wissenschaftssoziologische
Anmerkung, die auch heute noch für die funktionale Interpretation fremder Kulturen (bzw. innerkultureller Subkulturen)
gilt: Die systematische Entdeckung der Geregeltheit und
sinnvollen Organisation auch der exotischsten Kulturen
nimmt don kulturellen Kontakten die Befürchtung der Unbere-
chenbarkeit, und nicht zufällig ist die angelsächsische Kulturanthropologie ein direktes Nebenprodukt des englischen
Imperialismus im späten 19. Jahrhundert (GOULDNER 1974,
163-173). Die Entdeckung der integrativen Kraft der Magie
beispielsweise ließ über solches kulturanthropologische
Wissen (als "Herrschaftswissen") die konfliktfreie Verwal-
tung der kolonisierten Gebiete möglich werden. Andererseits
bewahrte das gleichzeitig aufkommende Verständnis um die
Rationalität der stammesspezifischen kulturellen Leistungen
die Stämme vor den plumpsten administrativ-imperialistischen
Eingriffen (jedenfalls solange keine ökonomischen Interessen
auf dem Spiel standen).

Das Ergebnis der Kulturanthropologie einerseits,wie auch der
Subkulturforschung der Chicago-Schule um PARK, BURGESS und
WHYTE aus der Analyse delinquenter Subkulturen und Jugend-
lichenbanden in den Einwanderungsghettos in den USA, war
vor allem die Entdeckung, daß "Kultur" aufzufassen ist als
die jeweils - nach den materiellen Randbedingungen nur zu-
gelassene - unterschiedliche, aber funktional äquivalente
Regelung identischer Probleme (wie z.B. Spannungsbewältigung,
Integration, Erfüllung physischer Bedürfnisse). Damit wird
Kulturanthropologie und Soziologie allgemein möglich, ohne
apriorisch "ideale" oder "historisch notwendige" Zielzu-
stände von Gesellschaft deuten zu müssen und hat so auch
ihre ausgesprochen emanzipatorische, weil anti-ethnozentris-

tische Bedeutung.

Seinen Höhepunkt und seine (vorläufige) Endfassung erlangt
der soziologische Strukturfunktionalismus in dem (Lebens-)
Werk von PARSONS. PARSONS versucht, die soziologische Theorie von den letzten Resten des atomistischen Utilitarismus
("SPENCER ist tot") und eines naiven soziologischen Positivismus zu befreien. Die PARSONSsche Theorie ist eine
Mischung aus voluntaristischen Annahmen (Handeln ist individuell motiviertes Handeln), aus idealistischen Annahmen
(Normen und Werte haben eine autonome Stellung), nicht-phy-
sikalistischen Annahmen (Sozialbeziehungen beruhen auf symbolischen Interpretationen) unter Beibehaltung der grundsätzlichen Annahme einer materiellen Determination auch aller sozialen Prozesse. Jeder, der sich im Verlauf der ideologischen Grabenkämpfe in der Soziologie ein wenig die Un-
voreingenommenheit bewahrt hat, wird die Parallelitäten zu
MARX bemerken können.

PARSONS' Struktur-Funktionalismus besteht im Groben aus zwei
Annahmebündeln: Erstens wird die Gesamtheit aller Einzelakte
(als Grundeinheit der Analyse) als ein von den Individuen
abgelöstes System sozialer Interaktionen (Sozialsystem) aufgefaßt. Da Verhalten von individuellen Akteuren emittiert
wird, muß systematisch ein vom Sozialsystem autonomes Persönlichkeitssystem (der Akteure) eingeführt werden. Dieses
Persönlichkeitssystem spaltet sich auf in ein organismisches
System (biologische Bedürfnisse) und ein normatives System
(internalisierte Bedürfnisse und erworbene Eigenschaften).
Zwischen Sozialsystem und Persönlichkeitssystem steht ver-
mittelnd das (selbst wieder autonome) kulturelle System der
jeweiligen sozialen Normen, Institutionalisierungen und
kulturellen Artefakten.

Für das soziale System nimmt nun PARSONS zweitens an, daß
für seine Existenz vier Requisiten erfüllt sein müssen: An-

passung, Zielerreichung, Integration und Spannungsbewältigung (das bekannte AGIL-Schema). Das heißt konkret, daß in
jedem Sozialsystem sich Teilsysteme ausdifferenzieren müssen,
die diese vier Requisiten erfüllen; besonders zu bemerken
ist noch, daß die Erfüllung der vier Requisiten wieder für
jedes Teilsystem erforderlich ist[4]. Das wichtigste Problem
ist dabei die Gewährleistung des Austauschs der Teilsysteme;
und dies geschieht nach PARSONS über generalisierte Medien
des Austauschs, die trans-systemar eine stabile Information
bzw. unveränderte Legitimation übertragen können: Geld,
Macht, Anerkennung, empirisch wahre Aussagen, Einfluß usw
(vgl. PARSONS 1967). Mit dieser Konzeption - die hier nicht
weiter ausgebaut werden kann - hat PARSONS den Grundstein
für eine - auch dynamisierbare - Konzeption soziologischer
Theorie gelegt, die den säkularen Prozess der evolutionären
Modernisierung und Ausdifferenzierung der "Weltgesellschaft"
erfassen kann (vgl. PARSONS 1964; 1965, 3o-79) und andererseits auf allgemein geltende Requisiten für Gesellschaft
Bezug nimmt[5]. Die evolutionistische Deutung des Struktur-
Funktionalismus scheint den bisherigen Ergebnissen einiges vor
ihrer Homöostaselastigkeit zu nehmen und ist so gesehen einer
der vielversprechenden Ansätze in der Gegenwartssoziologie.
Und wenn schließlich aus den evolutionistischen Deutungen
die - etwa über HEGEL bei MARX mit übernommenen - eschato-
logischen und teleologischen Irrtümer programmatisch ausge-
schaltet werden, dann kann dieser Ansatz sowohl das analytische Potential des Kritischen Rationalismus wie den anti-
ethnozentristischen und emergenten Ansatz des Funktionalismus, wie die Berücksichtigung (historischer) Sinndeutungen
sozialer Relationen, wie den nomologischen Anspruch allgemeiner überhistorischer Aussagen in sich vereinigen (vgl.
RAPOPORT 1967, 129 f.).

Andererseits verbleiben alle diese Ansätze noch in der kollek
tivistischen Tradition der soziologischen Theorie, die von de
Autonomie sozialer Tatbestände vor individuellen Zuständen

ausgehen. Es zeichnet sich aber ab, daß diese derart postulierte Autonomie kaum begründet werden kann; z.B. haben
nicht Systeme Absichten und Bedürfnisse, sondern individuelle Personen; oder:Normen sind nichts den Menschen Äußerli-
ches, sondern bestimmte Handlungsdispositionen von Personen,
die natürlich gelernt und sanktioniert werden, aber auch
dies i.d.R. durch andere Personen und deren individuelles
Verhalten. Von daher besteht kaum Anlaß, die in den Ansätzen
angelegten historischen und "holistischen" Ideen nicht auch
individualistisch aufzufassen und damit auch den Funktionalismus als eigene Methode der Soziologie einheitswissenschaftlich aufzulösen. Dies hätte - wie ersichtlich - nichts
zu tun mit der Vernachlässigung historischer oder "gesamt-
gesellschaftlicher" Vorgänge.

1.3 Die logische Analyse der funktionalen Analyse

Die enge Verbindung der Funktionsanalyse mit einer sich ent-
wickelnden und auf Eigenständigkeit bedachten Soziologie hat
lange Zeit den Blick dafür verstellt, daß es sich bei der
funktionalen Analyse im Grunde um eine Sonderform der nomologischen Erklärung handelt (vgl. HEMPEL 1968; STEGMÜLLER
1969). Um diese fundamentale Besonderheit näher zu erläutern,
sei zunächst die logische Struktur einer funktionalen Analyse expliziert; anschließend wird dann noch auf die lo-
gisch-analytischen Voraussetzungen einer (logisch korrekten)
Funktion sanalyse bzw. (anschließend) einer Analyse von Evo-
lutionsprozessen selbstregulierter Systeme eingegangen.

1.3.1 Die logische Struktur funktionaler Argumentation

Nach HEMPEL besteht das "Explanandum" aus dem Element D,
dessen Existenz "funktional" nachzuweisen ist. Und dieser
Nachweis verlaufe - in den vorliegenden Funktionsanalysen
mehr oder weniger explizit - über drei Prämissen: Der singu-

lären Aussage, daß das System S (zur Zeit t unter den Bedingungen $Z=Z_i$ Z_u) normal funktioniert (formal:S), dem Gesetz, daß für das (normale) Funktionieren von S das Requisit N notwendig ist bzw. daß S hinreichend für N ist
(formal: $S \rightarrow N$), und dem Gesetz, daß, wenn das Element D
in S vorhanden ist, die Bedingung N erfüllt sei, d.h.: D
ist hinreichend für N (formal: $D \rightarrow N$).

In einer funktionalen Analyse wird also behauptet, daß der
Schluß von den Prämissen auf D ein gültiges Argument sei:

(1) S
(2) $S \rightarrow N$
(3) $D \rightarrow N$
_____
$$\text{(4) D bzw. } S \wedge (S \rightarrow N) \wedge (D \rightarrow N) \rightarrow D \overset{(?)}{\leftrightarrow} W$$

Eine Prüfung des Arguments würde jedoch ergeben, daß der
genannte Schluß nicht gültig ist. Dies ist auch leicht ein-
zusehen: Aus der Prämisse (3) folgt ja nicht, daß D eine
notwendige Bedingung für N ist (sondern eine hinreichende),
das heißt, daß auch andere Elemente als D die Bedingung N
erfüllen können. Die prinzipielle Möglichkeit funktionaler
Äquivalente ist also der Grund für die Ungültigkeit dieses
(häufig in funktionalen Analysen gezogenen) Schlusses.

Prinzipiell ergeben sich zwei Möglichkeiten, eine funktionale Analyse logisch korrekt durchzuführen. Entweder werden
die Prämissen verstärkt oder die Konklusion wird allgemeiner,
d.h. ungenauer. Die Verstärkung der Prämisse bezieht sich
auf die Prämisse (3). Die Subjunktion $D \rightarrow N$ wird zur Bi-Sub-
junktion $D \leftrightarrow N$ verstärkt. Damit lautet das Argument:

(1) S
(2) $S \rightarrow N$
(3) $D \leftrightarrow N$
_____
$$\text{(4) D bzw. } S \wedge (S \rightarrow N) \wedge (D \leftrightarrow N) \rightarrow D \leftrightarrow W$$

Dieser Schluß ist logisch korrekt; praktisch ist aber eine
so verstärkte funktionale Analyse nicht durchführbar, weil
sie (in der Aussage: N dann und nur dann, wenn D) einen vollständigen und endgültigen Ausschluß funktionaler Äquivalente
voraussetzt. Und dies wäre eine kaum zu verifizierende empirische Aussage.

Die deshalb notwendige Abschwächung der Konklusion erfolgt
so, daß statt eines einzelnen Elementes D eine Klasse J an
Elementen $\{D_1, D_2, \ldots, D_n\}$ angenommen wird; J sei
die Klasse der funktionalen Äquivalente für die Erfüllung
von N, und J sei eine vollständige Enumeration aller funktionalen Äquivalente und nicht leer. Dann lautet das Argument: wenn die Prämissen (1) bis (3) erfüllt sind, liegt
eines der Elemente aus $\{D_1, D_2, \ldots, D_n\}$ vor.

(1) S

(2) $S \rightarrow N$

(3) $(D_1 \lor D_2 \ldots \lor D_n) \leftrightarrow N$

---

(4) $(D_1 \lor D_2 \ldots \lor D_n)$

bzw. $\left[S \land (S \rightarrow N) \land [(D_1 \lor D_2 \ldots \lor D_n) \leftrightarrow N] \right]$
$\rightarrow (D_1 \lor D_2 \ldots \lor D_n) \Longleftrightarrow W$

Das Problem für die Durchführbarkeit auch dieser (nicht sehr
informationshaltigen!) Form der funktionalen Analyse liegt
einmal in der Ungewißheit über die Vollständigkeit der Klasse J und darin, daß nun nur noch die Existenz einer Klasse
funktionaler Äquivalente erklärt werden kann.

Die Verminderung des Informationsgehaltes läßt sich somit
nur durch eine (empirisch nur sehr schwer begründbare) Zu-
satzprämisse (3) aufheben: Die singuläre Aussage, daß alle
D_i nicht vorliegen, die zu dem zu erklärenden Element D_n
äquivalent sind. Als Explanandum gilt dann natürlich wieder
ein einzelnes D_n.

(1) S

(2) $S \rightarrow N$

(3) $(D_1 \vee D_2 \vee \cdots \quad D_i \vee D_n) \leftrightarrow N$

(3) $(\neg \wedge D_1 \wedge \neg \quad D_2 \wedge \cdots \wedge \neg \quad D_i)$

---

(4) $\hspace{6cm} D_n$

bzw. $\left[S \wedge (S \rightarrow N) \wedge [(D_1 \vee D_2 \vee \cdots \vee D_i \vee \cdots \vee D_n) \leftrightarrow N] \right.$

$\left. \wedge (\neg D_1 \wedge \neg D_2 \wedge \cdots \wedge \neg D_i) \right] \rightarrow D_n \Longleftrightarrow W$

1.3.2 System, Selbstregulation und Evolution

Die logische Analyse der funtkionalen Argumentation verdeutlicht somit, daß Funktionalanalysen prinzipiell als
Sonderfälle einer nomologischen Erklärung gelten können, sofern sie nur logisch korrekt durchgeführt werden (können);
alle Bestrebungen, eine von der Logik der Kausalanalyse
prinzipiell verschiedene Methode der Erklärung der Existenz
von Strukturelementen zu begründen, waren teleologische,
entelechetische und/oder tautologische Aussagen - mithin
für eine gehaltvolle empirische Theorie logisch unzuläs-
sig[6]. Auf der anderen Seite ist die traditionelle (oder
neu erworbene) Neigung, die Soziologie aus der kausalanalytischen Einheitsmethode herauszunehmen, so stark, daß es
nicht verwundern kann, wenn die Versuche nicht abreißen,
auch nach dem Scheitern des funktionalistischen Eigenständigkeitsanspruchs eine genuin soziologische Methode zu begründen[7]. Um diese (neueren) Versuche beurteilen zu können, wird es über das einfache logische Schema hinaus notwendig, die weiteren (oben nur implizit angesprochenen)
Voraussetzungen einer korrekten kausalanalytischen Funktionsanalyse zu benennen. Dies betrifft vor allem die Probleme
der Benennung des Objektbereichs einer Funktionalanalyse und
der Präzision der Begriffe des funktionalen Requisits und
des "Überlebens" eines Systems. Die logische Analyse der

Selbstregulation und die kurze Darstellung der Logik einer
Evolutionsanalyse sollen schließlich die Voraussetzungen an-
deuten, unter denen eine (auch evolutionäre) Funktionsanalyse prinzipiell empirisch und prognostisch gehaltvoll konstruiert werden kann.

Unter einem System versteht man allgemein - in einiger Abweichung zum in der soziologischen Funktionsanalyse gebräuch-
lichen Begriff - lediglich eine Menge von Objekten (Systemteile) und einige Relationen zwischen verschiedenen möglichen Zuständen von Eigenschaften dieser Objekte (vgl. HALL
und FAGEN 1968; BERTALANFFY 1967; HAGEN 1961; GROSS 1960).
Relationen zwischen solchen variablen Eigenschaften der
Systemteile (die z.B. auch deren physische Existenz als
Variable: Überleben versus Nichtüberleben, sein kann) sind
dabei (kausale) Abhängigkeiten und somit natürlich in Systemen von Gleichungen ausdrückbar, in denen die Relationen
der Variablen in Funktionen von numerischen Größen benannt
sind. Man unterscheidet statische Systeme ohne Zeitvariable
und dynamische Systeme mit Angaben über die Veränderung der
Variablenwerte in Abhängigkeit des "Faktors" Zeit.

Die wichtigsten formalen Voraussetzungen für die Erstellung
solcher Systeme sind einmal die Quantifizierbarkeit der
Variablenausprägungen und die Endlichkeit der Anzahl der
Systemvariablen (d.h. der aufgenommenen Objekte und deren
relationaler Eigenschaften). Die Annahme, daß ein System von
den Zuständen anderer als der im Systemmodell aufgenommenen
Variablen unbeeinflußt sei - die Annahme der Geschlossenheit
des Systems - wird dabei meist aus heuristischen und for-
schungsökonomischen Mitteln gemacht. Dennoch schließt dies
nicht aus, Einwirkungen einer "Umwelt" (als Zusatzvariable)
mit in das Modell aufzunehmen bzw. ein einmal erstelltes
System entsprechend umzuändern. "Umwelt" ist dabei jeweils
immer alles, was nicht als System explizit definiert wurde.
Schließlich kann dann, bei Kenntnis der entsprechenden empirischen Relationen,eine Klasse von Variablenzuständen (der
im System aufgeführten Variablen) benannt werden, die man
als Normalzustand des Systems betrachtet. Wie diese Klasse
von Zuständen (als Angabe der Variationsgrenzen der Variablen) ausgewählt wird, ist damit (zunächst) eine reine Konvention dessen, was man als "normal" ansieht. Stabil sei ein
(dynamisches) System dann, wenn bei einer Veränderung eines
Variablenwertes an einer (beliebigen) Stelle des Systems
Veränderungen in den Werten der anderen Variablen induziert
werden, die ihrerseits wieder zu Veränderungen an der
"gestörten" Variable führen und dort den ursprünglichen Wert
(bzw. einen als "normal" geltenden Wert) wieder herstellen,
was seinerseits zur Rückkehr der anderen Variablen auf ihre
Ausgangswerte führt (bzw. auch dort als "normal" geltende
Werte sich einstellen). Instabil ist ein System dann, wenn

es über solche Rückkopplungsprozesse nicht wieder zum Ausgangspunkt zurückfindet. Selbstregulativ ist ein System,
das bei solchen Störungen (z.B. durch eine Umwelt) in einen
Zustand einmündet, der als der Klasse von Zuständen zugehörig definiert worden war, die man als Gleichgewichtszustand
benannt hatte. Dieser Zustand kann, muß aber nicht mit dem
Ausgangszustand identisch sein. Selbstregulative Systeme
(s. näheres unten) müssen also nicht unbedingt stabil im
obigen Sinne sein, daß sie zum Ausgangszustand zurückkehren.

Systeme können selbst sehr verschiedenen zeitlichen Wandlungsprozessen unterliegen. Die wichtigsten sind die Zunahme oder Abnahme der Stärke der Relationen, denen die Systemteile unterliegen. Vergrößern sich die Abhängigkeiten, dann
bildet das System eine immer deutlicher werdende "Ganzheit"
aus; der Zustand des Systems kann immer weniger als bloße
Addition der nicht-relationalen Zustände der Systemteile
beschrieben werden. Genau das ist gemeint, wenn man von
Emergenz spricht. Diese Ausbildung von Interdependenz kann
dabei über die Verstärkung bereits bestehender Abhängigkeiten oder über die Neuentwicklung von Relationen erfolgen.
Bei Verringerung der Abhängigkeiten der Systemteile voneinander (in der Zeit) spricht man von Segregation oder Zerfall
des Systems: Die Werte der Variablen sind mit der Zeit immer
weniger von den Werten der anderen Variablen determiniert,
d.h. der Zustand des Gesamtsystems wird immer mehr als bloße
"Summe der Teile" beschreibbar. Bei solchen Segregationen
sind zwei Unterarten zu unterscheiden: einmal der bloße Ver-
lust jeder Interdependenz (Systemzerfall) und die Ausbildung
von Teilsystemen unter Beibehaltung bzw. Neubildung von
Interdependenzen bezüglich einiger (auch anderer) Variablen.
Dieser Prozeß ist auch immer bei "Evolutionen" von Systemen
gemeint und wird z.B. bei GOULDNER (1959) mit "Reciprocity
and Autonomy" bezeichnet. Wenn Ausdifferenzierung nicht den
Zerfall des Systems bedeuten soll, dann müssen die weiter
relational verbundenen Variablen benannt werden können: auch
differenzierte Systeme verlangen ein Mindestmaß an Interdependenz per definitionem.

Für soziale Systeme werden als Einheiten typischerweise
handelnde Individuen genommen, und als (variable) Relationen
die Muster wechselseitiger interaktiver Verflechtung von
Rolleninhabern bzw. Mengen von Rolleninhabern. Wichtigste
Formen dieser Muster sind die Erwartungsstrukturen über Handeln, wie sie als "Werte" (allgemein für alle Bereiche des
Systems geltend) und als Normen (für spezifische Teilbereiche geltend, also z.B. auch als "widersprüchliche" Normen
denkbar) bei den Handelnden internalisiert bzw. über soziale
Kontrolle stabilisiert sind. Die Stabilität eines sozialen
Systems betrifft vor allem drei Aspekte eines so definierten
Systems: Die Stabilität der Inhalte der normativen Muster
selbst, die Stabilität eines Minimalgrades an Konsensus über
einen Satz angemessenen Verhaltens und die stabile Akzeptierung von Mustern der "Definition einer Situation", d.h.

darüber, welche Situationsvariablen welche (dispostionellen)
normativen Handlungs- und Erwartungsneigungen aktualisieren.
Dieser Begriff des "Gleichgewichts" sozialer Systeme impliziert die Beschränkung interner und auch exogen verursach-
ter Schwankungen der genannten Systemvariablen innerhalb
definierter Variationsbereiche (PARSONS 1961, 223 ff.) von
institutionalisierten und als "sinnhaft" empfundenen Er-
wartungsmustern.

Es wird deutlich, daß ein "System" prinzipiell über (rela-
tionelle) Eigenschaften von Individuen definierbar ist, und
die Annahme einer Autonomie z.B. des "Interaktionssystems"
(vgl. PARSONS) auch für die Erklärung von "Systemstabilität"
überflüssig ist.

Zur Sicherung der empirischen Signifikanz einer (logisch
korrekten) Funktionalanalyse wird es zunächst notwendig,
das Problem der Abgrenzung des Objektbereichs (d.h. der
Benennung der gemeinten Systemvariablen) zu lösen. Diese
Frage kann deshalb nicht ungelöst bleiben, weil ohne eine
Angabe der gemeinten Klasse (von Systemen) eine entsprechende funktionalistische Hypothese immunisiert würde: Bei einem
Hinweis, daß das Element D für das System S ja gar nicht
eufunktional, sondern disfunktional sei, könne ohne weiteres
darauf hingewiesen werden, man habe eine andere Klasse von
Systemen gemeint.

Die Frage nach dem Individuenbereich einer Funktionalanalyse
berührt weiterhin unmittelbar das Problem der Angabe einer
Klasse funktionaler Äquivalente. Wenn man nämlich die Klasse
der gemeinten Systeme entsprechend einengt (z.B. statt von
Sozialsystemen generell nur noch von Großgesellschaften, und
hier von "komplexen" Sozialsystemen spricht), dann verringert
sich (empirisch mit einiger Wahrscheinlichkeit, wenngleich
keineswegs logisch) die Klasse der möglichen Alternativen
für die Erfüllung eines funktionalen Requisits; es sei denn,
daß man z.B. "komplexe Sozialsysteme über die Angabe bestimmter, genau bezeichneter und konjunktiv verbundener
(funktionaler) Elemente definiert, für die es dann - per
Definition! - keine Äquivalente geben kann. Ein solches Vorgehen löst aber das _empirische_ Problem der funktionalen

Äquivalente nicht, sondern definiert es hinweg. Außerdem
wird dann erneut deutlich: die Verstärkung des empirischen
und prognostischen Gehalts einer Funktionalanalyse wird
unter dem Preis ihrer Allgemeinheit, d.h. unter Verringerung des Informationsgehalts erkauft, bzw. zu ihrer logisch
korrekten Durchführbarkeit sind Zusatzgesetze erforderlich
- hier z.B. über die Zuordnung bestimmter funktionaler
Äquivalente zu spezifischen Klassen von Systemen.

Das Hauptproblem ist dabei dann, daß die jeweiligen Systeme
unabhängig von ihren jeweils spezifischen funktionalen Elementen definiert werden müssen. Und dies ist in vielen Fällen nicht möglich: Die Klasse der definierten Systeme ist
oft extensional identisch mit der Klasse der Systeme, die
die spezifischen (funktional unentbehrlichen) Strukturmerkmale aufweisen. Funktionsanalyse wäre in diesem Fall nichts
anderes als eine definitorische Tautologie: Man definiert
ein Sozialsystem als "Konstituierung von Sinn" und "leitet"
daraus ab, daß "Sinn" die Funktion der Systemkonstituierung,
der "Reduktion von Komplexität" habe (so LUHMANN 1970, 115f.,
1971, 28f.), oder: man definiert Sozialsystem als eine qua
Regel- und Sprachkompetenz sinnhaft erfaßte Welt und "leitet"
dann daraus ab, daß jedes Sozialsystem den Begriff einer
"entfalteten" Kompetenz bereits impliziere (so HABERMAS 1971,
188f.).

Das logische Schema der Funktionalanalyse enthielt weiterhin
die Angabe von Bedingungen ($Z = Z_i + Z_u$), unter denen sich das
System zur Zeit t befindet. Da diese Bedingungen, wenn sie
als singuläre Aussagen formuliert wären, eine Funktionalanalyse nur zu einem Zeit-Raum-Punkt anwendbar werden lies-
sen, müssen Variationsbereiche der (äußeren und inneren) Bedingungen von möglichst allgemeiner Art (als empirische Gesetze!) angegeben werden, unter denen das System funktioniert. Auch diese Bedingung wird oft nur schwer zu erfüllen
sein.

Das wichtigste Problem bezieht sich jedoch auf das Kriterium des "normalen Funktionierens" eines Systems. Der erste Aspekt dieser Frage berührt die Ausgrenzung von (universalen) funktionalen Requisiten; dieses Problem ist für Sozialsysteme bislang nicht gelöst (und wohl auch unlösbar). Der zweite Aspekt spricht die Notwendigkeit an, den Begriff des "Überlebens" auch für soziale Systeme (operational) zu definieren.

Formal kann man den Begriff des Überlebens folgendermaßen formulieren (nach STEGMÜLLER 1969, 575): Es sei ein System S gegeben, und Z sei die Klasse aller Zustände, in denen sich S befinden könnte, ohne zugrunde zu gehen. Damit nun der Begriff der "Normalität" nicht einfach jedes - auch noch so gefährdete oder krisenhafte - "Überleben" impliziert, müssen aus Z noch die Zustände ausgesondert werden, die als "krisenhaft", "krank" etc. gelten. Damit muß eine Klasse $R \subseteq Z$ ausgegrenzt werden, die diese Zustände nicht mehr enthält. "Normal" funktioniere dann ein System (zum Zeitpunkt t), wenn es sich (zum Zeitpunkt t) in einem Zustand der Klasse R befindet. Mit anderen Worten: die Aussonderung der Zustandsklasse R (aus Z) setzt einmal voraus, daß der Begriff der System-Identität operational definiert wurde (etwa: als Sinn-Identität bestimmter, als typisch empfundener Strukturmerkmale; die Variablen wären dann also bestimmte mentale Zustände bei Personen). Und zweitens, daß die Zustände Z experimentell (bzw. quasi-experimentell) variiert wurden und der davon unabhängig definierte Zustand: "Systemidentität" als bestimmter Wert angebbarer Variablen, auf sein Vorliegen empirisch überprüft wurde. Auch dies wären dann selbstverständlich empirische Feststellungen.

Damit Funktionalanalysen (nach dem logischen Schema) auch prognostische Relevanz haben können, muß in das Prämissensystem zusätzlich noch eine Gesetzmäßigkeit aufgenommen sein, die den "Normalzustand" der Systemklasse über längere Zeit-

räume hinweg empirisch gültig behauptet. Nach STEGMÜLLER
(1969, 594) impliziert diese Bedingung, daß für die prognostische Verwendbarkeit des Schemas der Nachweis geführt werden muß, daß die in Frage stehende Klasse von Systemen zu
den Selbstregulationssystemen gehört und zweitens, daß der
Selbstregulationsmechnismus über die Zeit erhalten bleibt[8].

Da der Begriff (bzw. das empirische Ereignis) der Selbstregulation eine ständige Quelle von teleologischen Spekulatio-
nen ist, soll hier etwas ausführlicher gezeigt werden, daß
"Homöostase", "Gleichgewicht" und "Entelechie" keine metaphysischen Erstaunlichkeiten sind, sondern ebenfalls auf
das Wirken einer (prinzipiell auch zufällig zustande gekom-
menen) Ursachen-Randbedingungs-Kombination zurückführbar
ist.

Unter Selbstregulation versteht man das Phänomen, daß Systeme in der Lage sind, einen bestimmten Zustand ("Gleichgewicht") zu erhalten, trotz äußerer Einwirkungen, die diesen
Zustand zu stören drohen. Die "entelechetische" Gegenreak-
tion und Beseitigung der Störung sieht dann so aus, als sor-
ge eine "höhere Vernunft", "die Vorsehung", "der Weltenlen-
ker", eine "Geschichtsdialektik" oder eine geheimnisvolle
"Systemkomplexität" für diese wundersame Fügung. Das ist
keineswegs so.

Zur allgemeinen Beschreibung der Selbstregulation (nach
STEGMÜLLER 1969, 6oo) sei ein System S in einer Umgebung U
angenommen. S befinde sich zum Zeitpunkt t in einem (Gleich-
gewichts-)Zustand G (aus der Klasse Z der möglichen Zustände
von S). Als eine Störung werde nun jedes Ereignis verstanden, durch das der G-Zustand von S in einen Zustand $\neg$ G
("G-fremder" Zustand) übergeht. Zur Erklärung der Selbstregulation sei weiter angenommen, daß S eine innere Struktur
aufweise, so daß S solche Teile enthalte, die in (relativer)
Unabhängigkeit voneinander zu eigenen Zuständen fähig sind,

und deren Zustandsbeschaffenheit für den G-Zustand von S
von "kausaler Relevanz" (Wirksamkeit für S) ist. S bestehe
also aus den Teilen S_1, S_2, ... S_n, wobei jedes S_i zu eigenen
(Teil-)Zuständen fähig ist. Eine bestimmte Kombination von
n Teilzuständen der Teile S_n konstituiere einen Gesamtzu-
stand Z des Systems S. Für jedes Systemteil S_k sei die Menge
seiner möglichen Zustände mit J_k bezeichnet. Und für jedes
Teil S_k gebe es eine Variable X_k, die den Variationsbereich
aller Teilzustände enthält, die S_k annehmen kann. Die n
Klassen J_1, J_2, ..., J_n sind damit also die Wertebereiche der
n Variablen X_1, X_2, ..., X_n, die die Systemteile (potentiell)
annehmen können. Die konkrete Benennung der X_k-Werte für alle Teilsysteme zum Zeitpunkt t werde die Zustandsmatrix von
S genannt: $(X^1_{i1}, ..., X^k_{ik}, ... X^n_{in}, t)$; X^k_j ist dabei der
Zustand j der Variablen X des Teils S_k. Der Zustand G werde
nun durch eine besondere Zustandsmatrix beschrieben:
G $(X^1_{i1}, ..., X^k_{ik}, ..., X^n_{in}, t)$. Wenn für S diese G-Matrix
nicht vorliegt, dann befinde sich S in einem "G-fremden"
Zustand.

Das besondere an einem selbstregulierten System ist nun, daß
bei Störungen eines Teilzustandes von S (das sich in einem
G-Zustand befindet) und bei Übergehen von S in einem G-fremden Zustand, die anderen Teilzustände sich so lange ändern,
bis S wieder in einem G-Zustand ist. Es werde nun angenommen,
daß S sich solange in G befinde, wie aus U keine "kausalre-
levanten" Einflüsse auf S einwirken: Zum Zeitpunkt t_o befinde
sich S in einem G-Zustand $Z_o = (X^1_{io}, ..., X^n_{io}, t_o)$, so daß
G (Z_o). Nun erfolge aus U eine kausal relevante Einwirkung,
die Z_o in einen G-fremden Zustand Z_1 überführe; etwa: daß
die Variable X^1_o in X^1_1 (etwa bei Konstanz der übrigen X_i)
überführt werde, und dieser Zustand $Z_1 = (X^1_{11}, X^2_{io} ..., X^n_{io}, t_1)$
sei G-fremd. Wenn S nun so konstruiert ist, daß Z_1 entweder
wieder in Z_o zurückgeführt wird ("G-Eigenkompensation"),
oder Z_1 in einen Zustand Z_2 überführt wird, der zur G-Klasse
der Z von S gehört ("G-Fremdkompensation"), dann spricht man

von Selbstregulation. Das Besondere an einer solchen Selbst-
regulationsanalyse ist, daß an keiner Stelle auf "Ziele"
oder andere empirische Annahmen Bezug genommen werden muß.
Es ist eine (genetische) nomologische Erklärung über empirische Gesetze und keine teleologische Erklärung, was insgesamt freilich eine Vielzahl von empirisch gültigen Gesetzen
und Randbedingungen voraussetzt.

Mit einer solchen Analyse selbstregulativer Vorgänge ist
weiterhin keineswegs impliziert, daß Systeme überleben müssen. Neben den möglichen Zuständen, aus denen wieder ein
G-Zustand erreicht wird, müssen nämlich solche Zustände unterschieden werden, bei deren Vorliegen "keine wie immer geartete Variation der Teilzustände der übrigen Systemteile
wieder einen G-Zustand herstellen" kann. Die Klasse dieser
Zustände nennt man die G-K-Ausschlußklasse. Wenn es zusätzlich keinen Mechanismus gibt, der S in einen Zustand Z', der
ein G(Z')-Zustand ist, aus einem solchen G-K-Ausschlußzu-
stand überführt (wozu mindestens ein Teilzustand der G-K-Ausschlußklasse geändert werden müßte), dann ist dieser Zustand
ein G-K-Vernichtungszustand. Und die Klasse der Zustände,
bei denen S nicht "überlebt", ist die G-K-Vernichtungsklasse.

Unter Evolution könnte man nun verstehen, daß eine Klasse von
Systemen solche (Zusatz-)Mechanismen entwickelt, die entweder die Eigen- oder Fremdkompensation für mehr G-fremde Zustände (bei beliebiger Umwelt) erhöht und/oder die Menge
der Zusatzmechanismen zur Verringerung der G-K-Vernichtungsklasse erhöht. Systeme, die in einer - beliebig "komplexer"
werdenden - Umwelt, aus der also beliebig "kausal relevante"
Störungen auf S einwirken, überleben wollen, müssen somit
solche Zusatz-Kapazitäten entwickeln unter der Gefahr der
Vernichtung bei Unterlassung.

Formal könnte man diese Überlebensbedingung so fassen: S sei
ein (soziales) System; U sei die Umwelt des Systems; P be-

zeichne eine (latente) Zunahme der Anzahl der kausal relevanten Umweltstörungen; R bezeichne die Tatsache, daß S
überlebt (also: bei einer Störung irgendwie wieder zu einem
G-Zustand zurückkehrt), und Q bezeichne die Tatsache, daß S
die o.a. Zusatzmechanismen entwickelt habe[9]. Dann lautet
die evolutionstheoretische Aussage: Für alle Systeme und deren Umwelten gilt: wenn Systeme in Umwelten mit hohem Potential an kausal relevanten Störungen leben, dann gilt: nur
wenn die Systeme die selbstregulativen Zusatzmechanismen Q
entwickelt haben, dann geraten sie (langfristig) nicht in
einen Zustand aus der G-K-Vernichtungsklasse (sie "überleben
in derselben Umwelt").

Formal: $\bigwedge (S) \, (U) \quad [P \, (S,U) \to \{R \, (S,U) - Q \, (S)\}]$

oder $\quad\;\;\; \bigwedge (S) \, (U) \quad [P \, (S,U) \wedge R(S,U) \to Q \, (S)]$

oder $\quad\;\;\; \bigwedge (S) \, (U) \; \neg \, [P \, (S,U) \wedge R(S,U) \wedge \neg Q \, (S)]$

Mit dieser Aussage ist keineswegs impliziert, daß nun alle
(sozialen) Systeme überleben müssen. Es wird lediglich ausgesagt, daß bei Steigerung der kausal relevanten Umweltstörungen (Umwelt-"Komplexität") und bei Überleben des
Systems, dieses System diese Zusatzmechanismen ("Eigenkomplexität") entwickelt haben muß. Auch daß bei Vorliegen hoher Umgebungskomplexität und Nichtvorliegen der Kompensationsmechanismen entweder das Überleben gefährdet ist oder
die kausal relevanten Störungen reduziert werden müssen. Und
drittens, daß ohne Kenntnis des "Überlebens" nichts über die
Ausbildung der Merkmale Q ausgesagt ist. Damit wird deutlich,
daß systemtheoretische und evolutionstheoretische Aussagen
als Unterfälle funktional-analytischer Aussagen, und damit:
als Unterfälle analytisch-nomologischer Erklärungen aufzufassen sind.

Abschließend ist noch ein inhaltliches caveat anzumerken:
die genannten Zusatzmechanismen bedeuten nicht, daß hiermit
"Differenzierung" des Systems in Teilsysteme (Zunahme der
"Eigenkomplexität") impliziert sei. Differenzierung als

"evolutionstheoretisches Universal" ist zwar ein empirisch
vorkommender (und häufiger) Mechanismus zur Ausbildung dieser Zusatzmechanismen der Selbstregulation (für soziale
Systeme). Dieses ist aber eine empirische Aussage und keine
logische Implikation. Evolutionäres Überleben könnte sehr
wohl durch "funktionale Äquivalente" zum Systemrequisit
"Anpassung" (als Abstraktor für die "Zusatzmechanismen")
gewährleistet werden, die nicht Differenzierung bedeuten.
Und die Variabilität von Sozialorganisation läßt sicher
eine Vielzahl (vielleicht effizienterer!) Äquivalente hierfür zu, die nicht an Differenzierung gebunden sind. Kurz:
Evolution impliziert Differenzierung keineswegs[1o]: entsprechende Aussagen können nichts als empirische Verallgemeinerungen prinzipiell fallibler Art sein.

Ähnlich bedeutet die Zunahme der "Komplexität" der Umwelt
allein für ein selbstreguliertes System noch nichts, solange
keine "kausal relevanten" Störungen von der Umwelt auf das
System einwirken. Von daher ist auch eine Aussage wie:
"Nach dem Gesetz der Entsprechung von Weltkomplexität und
Systemkomplexität ist ein Zusammenhang beider Strukturen zu
erwarten...", keineswegs - wie es LUHMANN (197o, 126) immer
wieder nahezulegen scheint - eine analytische Wahrheit,
sondern eine empirische Hypothese (die freilich erst einmal
zu präzisieren wäre). Im übrigen bergen derartige Versuche
zur Formulierung von Evolutionstheorien alle Probleme in
sich wie sie auftauchen, wenn "Evolution" als ein system-
inhärenter Prozess aufgefaßt wird: Nicht Systeme entwickeln
"sich", sondern die relational verbundenen Individuen schaffen Innovationen, lernen und verändern ihre Verhaltensweisen
je nach den erlebten, oft aber nicht vorausgesehenen Folgen
ihres Handelns. Derartige Evolutionstheorien "erklären" daher nichts, sondern schreiben Systemen eine evolutionäre
Lernfähigkeit nur zu.

Alle diese Dinge mögen davor warnen, aus der Logik funktio-

naler bzw. evolutionärer Analysen bereits bestimmte empirische Generalisierungen ableiten zu wollen, wie es zumindest implizit in einigen neueren Wiederbelebungsversuchen
der Evolutionsthematik der Fall zu sein scheint. Moderni-
sierungs- und Differenzierungsprozesse sind zwar eine säkulare Erscheinung, aber keine (entelechetische!) Entwicklung
hin zum Überleben sozialer Systeme. Die wachsenden Legitimationsprobleme und der chronisch defizitäre Loyalitätsbe-
darf und die offenkundig unvermeidlichen askriptiven Prozesse in hoch-komplexen Sozialsystemen verweisen als empirische Entwicklung zu deutlich darauf (vgl. MAYHEW 1968,
DÖBERT und NUNNER-WINKLER 1973), daß die erforderlichen
Kompensationsmechanismen (gewiß neben Differenzierung) notwendigerweise auch solche der integrativen Koordination und
motivationalen Wertbindung der Systemteile umfassen; und
dies gerade zur Erfüllung der Bedingung, daß die Systemteile
unterer Ränge (Persönlichkeitssysteme) bei Differenzierung
und Autonomie auch noch motivationale "Energie" in überge-
ordnete Systemteile (soziales System) einbringen und damit
die Interdependenz realisieren. Die Kompensationsmechanismen
müssen aus Prozessen der <u>Differenzierung und Integration</u>
bestehen; Vertreter des traditionellen Harmonie-Apriori verlieren hierfür den Blick allzu leicht und beschränken Evolution auf die bloße Zunahme von Komplexität, Kapazitätser-
weiterung und Beseitigung (askriptiver) Tauschhemmnisse
- ein bereits klassischer Fehler liberalistischer Sozial-
doktrinen, der überdies mit einem kollektivistischen Vokabular begangen wird.

Die Diskussion der logischen Form und der impliziten Voraussetzungen einer vollständigen funktionalen (bzw. evolutionären) Analyse ergibt somit, daß Funktionsanalysen prinzipiell <u>logisch korrekt</u>, <u>empirisch gehaltvoll</u> und <u>prognostisch
gültig</u> möglich sind, wenngleich ihre Anwendungsbedingungen
ausgesprochen restriktiv sind und außerdem - als nomologische Erklärung - allen Einschränkungen unterliegen, die für

die analytisch-nomologische Richtung genannt werden mußten.
Eines der wissenschaftstheoretisch folgenreichsten Ergebnisse der logischen Analyse der Funktionsanalyse ist allerdings, daß sie vor der nomologischen Analyse keinen Sonderstatus hat. Und wenn dies für eines der verbreitesten, und
für einen holistischen (wenn nicht gar "dialektischen") Ansatz programmatisches Verfahren gilt, dann gewinnt die Idee
der analytischen Nomologie als Einheitsmethode unversehens
eine Unterstützung, die man aus dem anti-positivistischen
und emergentistischen klassischen Funktionalismus noch am
wenigsten erwartet hätte.

1.4 Zur Kritik der funktionalen Analyse

Mit der Erläuterung der logischen Implikationen der Funktionalanalyse kann nun eine abschließende Beurteilung der
Verwendbarkeit der Funktionsanalyse in den Sozialwissenschaften versucht werden. Diese Kritik sei zunächst auf die
übliche Behandlung der Funktionsanalyse als methodisches
Verfahren bezogen; anschließend sei - vor allem zur Klärung
des logischen Status - kurz auf einige neuere Versionen der
"Systemtheorie" eingegangen, wie sie von LUHMANN in die
Diskussion gebracht und seitdem in der deutschen Soziologie
stark popularisiert wurden.

1.4.1 Die allgemeine Kritik der funktionalen Methode

Ein erster Kritikpunkt ergibt sich unmittelbar aus der logischen Analyse: die Kritik der (korrekten) Durchführbarkeit der funktionalen Analyse. Die Funktionalanalyse setzt
offenkundig eine Reihe kaum erfüllbarer methodischer Bedingungen voraus; die wichtigsten seien noch einmal genannt: Der Objektbereich der gemeinten Systeme muß abge-
grenzt sein; es müssen präzise Kriterien für einen "Normalzustand" des Sozialsystems angegeben werden,und dazu gehö-

ren insbesondere die Situationsbedingungen Z, die Systemrequisiten N, eine Definition der Systemidentität, eine Benennung der "kausal relevanten" Umwelt, die Art der Selbst-
regulationsmechanismen usw. Zweitens müssen die entsprechenden Gesetze - wie in den Anwendungsbedingungen des H-O-Schemas angeführt - selbstverständlich allgemeine, deterministi-
sche und empirisch wahre Gesetze sein. Und schließlich muß
die Klasse der funktionalen Äquivalente vollständig bekannt
sein.

Für die (empirische!) Ermittlung der notwendigen Gesetze
gilt nun für Sozialsysteme eine sehr weitreichende Einschränkung: G-Zustände, G-fremde Zustände, funktionale Requisiten und funktionale Äquivalente können nur empirisch
ermittelt werden, wenn man den Normalzustand eines Systems
experimentell manipuliert. Da dies aber als bewußte Variation so gut wie nicht und als quasi-experimentelle ex-post
Analyse (z.B. wegen der Begrenztheit der Variablenvariation
im interkulturellen Vergleich) nur sehr begrenzt möglich
ist, besteht die ständige Gefahr des entelechetischen Fehlschlusses bei Funktionalanalysen, als habe jedes - offenkundig existierende - System eine interne Zweckbestimmung und
Funktionalität, existiere über die bewußte Intention der
Systemmitglieder oder habe bereits a priori eine "Funktion"
(wie bei LUHMANN, wenn er den "Funktionsbegriff dem Strukturbegriff vorordnet"; vgl. Kap. 1.4.2). Dennoch bleibt bei
aller Kritik der faktischen Durchführbarkeit von Funktionsanalysen ihr unbestreitbarer und unverzichtbarer heuristi-
scher Wert; über den Funktionsgedanken kann eine verhältnismäßig einfallslose empiristische Sozialforschung ein bedeutsames forschungsleitendes Paradigma mit unbestreitbarem
theoretischem Potential bekommen.

Der zweite Bereich der Kritik betrifft die <u>Hintergrundan-
nahmen der funktionalen Analyse</u>. Dabei werden die <u>Integra-
tionsannahme</u> und die <u>Interdependenzannahme</u> jeweils zu be-

handeln sein.

Bei der Kritik der Integrationsannahme wird häufig die Auffassung vertreten, als verhindere bereits die formale Methodik der Funktionsanalyse (etwa über die Analyse von Selbstregulation) eine angemessene Analyse von Wandel, Konflikt
und Systemspannungen. Dies ist natürlich unbegründet. Ein
System kann über einen Satz variabler Abhängigkeitsrelatin-
nen beschreibbar sein, die auch "Kampf" und "Konflikt" beinhalten können; nur: der Konflikt tritt nicht chaotisch-
zufällig, sondern regelhaft, in Abhängigkeit von den ermittelten Systemvariablen auf. Oder, wie DÜBERT (1973, 32)
es ausdrückt: Vorhersagbarkeit impliziert nicht "Ordnung".
Der Vorwurf, Gleichgewichtstheorien implizieren auch inhaltliche Harmonie und seien daher ungeeignet zur Erfassung
sozialen Wandels, ist ebenso unhaltbar: Gleichgewicht als
analytische Annahme produziert selbst kein Gleichgewicht.
Wenngleich die Integrations- (oder Homöostase-)Annahme
also keine apriorische Vorentscheidung sein muß, hat sie
doch (wissenschaftshistorisch) dazu geführt, daß Integration, Funktionserfüllung, Gleichgewicht und Stabilität implizit hoch bewertet wurden und damit der Strukturfunktionalismus gelegentlich als unverblümte konservative Ideologie
auftreten konnte; Konflikte und sozialer Wandel wurden entweder als "disfunktional" gewertet oder als soziale Grund-
prozesse ganz aus der soziologischen Theorie ausgeklammert.
Insbesondere neigen Funktionalisten auch deshalb gern zur
Ausklammerung der Frage des sozialen Wandels, weil der Begriff des "Normalzustandes" nur schwer (operational) zu definieren ist und z.B. Wandlungsprozesse ohne eine solche
Definition beliebig als Strukturwandel (d.h. Identitätsver-
lust des Systems) oder als (funktional äquivalente) Variation identischer Systemstruktur gesehen werden können.

Einen zaghaften Ausweg aus dem Harmonievorwurf bildet die
Diskussion um die "Funktionalität von Konflikten". Aus-

gehend von der - bereits bei DURKHEIM vorfindbaren - Entdeckung, daß Konflikte und Normabweichung nicht nur disrup-
tive, sondern auch systemstützende Folgen haben können, und
andererseits ritualistische Konformität und Über-Integration
stark systemgefährdend sein können, brachten insbesondere
COSER (1956), DAHRENDORF (1974) und COHEN (1968) die Frage
systematisch in die Diskussion: was tragen Konflikte zum
Systemerhalt bei? Natürlich bleibt bei dieser integrationi-
stischen Interpretation von Konflikt das Ausgangsapriori
erhalten: das Integrationspostulat, und insofern trifft
auch den Konfliktfunktionalismus der Vorwurf des Konserva-
tivismus.

Dennoch muß man nicht die Methode der Funktionsanalyse mit
dem Integrationsapriori gleichsetzen: So wie man systematisch nach "funktionalen Elementen" suchen kann (und seien
dies dann auch "Widersprüche", die letztlich wieder Integration befördern), genauso kann man nach Disfunktionalitäten
suchen und dieses Wissen z.B. in einem Veränderungskonzept
systematisch einsetzen; es gibt keine apriorische Einheit
von Methode und Inhalt. Dieser Aspekt fand in den als Gegen-
position auf den integrationistisch orientierten Funktionalismus verstandenen Konflikttheorien ihren wichtigsten Ausdruck: Nicht Homöostase und Konsensus, seien die Normalzu-
stände von Gesellschaft, sondern Wandel und Konflikt. Und
die marxistische Theorie wurde eilends unter diese Rubrik
subsummiert. Das Problem ist nun, daß mit dem konflikttheo-
retischen Ansatz ein Apriori (das der Integration) durch ein
neues (das des Konflikts) ausgetauscht wird; und die wichtigste Voraussetzung für eine empirisch gehaltvolle Theorie
ist der (apriorische) Verzicht auf jedes Apriori.

Dabei ist es keineswegs erforderlich, nun eine Gegenpositi-
on im Sinne eines Konfliktapriori aufzubauen, wie es die
konflikttheoretische Reaktion auf den "normativen Funktionalismus" getan hat. Funktionale Analyse als Systemanalyse

kommt prinzipiell ohne jedes Apriori aus und kann insbesondere auch Integration und Konflikt als <u>Dispositionseigen-
schaften</u> von Systemen behandeln. Der Hintergrund ist, daß
soziologische Theorie die Alternativen "Norm - Konsensus -
Ordnung" einerseits, und "Macht - Entfremdung - Konflikt"
andererseits nicht als systematische Unterscheidungen berücksichtigen darf, wenn man soziale Prozesse grundsä tz-
lich so betrachtet, daß <u>beide</u> Elemente jederzeit (zumindest
dispositional) enthalten sind bzw. sein können. "Normen"
und "Macht" sind so zwar alternative Arten der Institutionalisierung von sozialen Beziehungen, aber keine soziologische
Theorie kann auf eine Alternative ausschließlich abstellen
(vgl. LOCKWOOD 1971). Die MARXsche Theorie ist ein Musterbeispiel für eine solche nicht-apriorische Systemtheorie,
da in dieser Theorie der Aspekt der (dispositionalen)
<u>Systemintegration</u> einerseits zentral vorkommt und anderer-
seits davon der aktuelle Zustand einer <u>sozialen Integration</u>
prinzipiell unterschieden wird. Die Frage nach der Systemintegration bedeutet, daß nach der Erfüllung von Systemrequisiten gefragt wird, was natürlich die Frage nach latenten
Integrationselementen bzw. latenten Wandlungs- und Disposi-
tionsprozessen einschließt (z.B. als "Krisentheorie"). Damit
wird es möglich, z.B. einen Zustand hoher sozialer Integration (Fehlen aktueller Klassengegensätze) von einer fehlenden (latenten) Systemintegration (z.B. in der Verelendungs-
theorie) zu unterscheiden. Diese Theorie müßte also Mechanismen der Auflösung (bzw. Zuspitzung) von latenten Spannungen enthalten; damit kann die Dialektik gut und gerne als
Sonderfall einer nicht-apriorischen, nicht-teleologischen
Funktionsanalyse aufgefaßt werden, die ihrerseits wieder
eine Sonderform der nomologischen Analyse ist. Darauf wird
in Kap. 2.2.4 noch zurückzukommen sein.

Die Idee der <u>Interdependenz von Systemteilen</u> birgt schließlich das wichtigste heuristische Potential der Funktionsanalyse in den Sozialwissenschaften. Einmal verbietet die

Idee, daß nichts isoliert, nichts "sui generis" existiert, sondern immer nur in einem Gesamtzusammenhang erklärt werden kann, einen theorielosen eklektizistischen Nomologismus von vorn herein. Zum zweiten könnte die Relation der "Reziprozität" von Systemteilen einen Anhaltspunkt für eine operationale Definition der Systemgrenzen, der Systemidentität geben: Systeme bestehen aus reziprok zueinander stehenden Teilen (die selbst variierende Grade von Autonomie haben). Diese (reziproke) Interdependenz kann dann systematisch von dem Systemgleichgewicht (Integration) unterschieden werden, wenn Interdependenzen als Variablenausprägung gefaßt wird (GOULDNER 1959, 251ff.). Das Problem bleibt dabei vor allem, daß es auch versteckte ("latente") Interdependenzen und Reziprozitäten gibt; hierfür wären dann natürlich eigene Korrespondenzregeln anzugeben. Mit einer operationalen Definition der Systemidentität über "Reziprozität" (in die dann selbstverständlich auch subjektive, intendierte Wechselbeziehungen: "Sinn", einzugehen hätten; aber auch objektive, nicht intendierte, faktisch dennoch bestehende Reziprozitäten) und der davon unabhängig zu definierenden bzw. zu ermittelnden Systemzustände (hohe Reziprozität, geringe Integration; geringe Reziprozität, hohe Integration usw.) wäre das eben genannte Problem dann lösbar: ein System als Relationengebilde von Variablen (die die Zustände der Teile ausdrücken) zu fassen und dafür dann aktuelle und dispositionelle Systemzustände (sei es als G-Zustände oder als G-fremde Zustände) als Ergebnis empirisch-nomologischer Abläufe anzugeben. Eine "Umkehrung" des Strukturfunktionalismus in irgendeine (logisch unhaltbare) "funktional-strukturelle" Version einer obskuren Systemmetaphysik ist dann überflüssig.

Mit der Interdependenzannahme wird außerdem die Vorstellung auch nomologisch erfaßbar, daß konkrete, historisch auftretende Elemente ihren "Sinn" erst aus der jeweiligen Menge an Randbedingungen erhalten und nicht ohne weiteres a-histo-

rische Bedeutung haben. Die Idee der funktionalen Äquivalente
läßt es andererseits zu, die auch a-historische Funktion von
historisch völlig unterschiedlichen Strukturelementen in Bezug auf eine universale Theorie von Systemrequisiten für Gesellschaften generell zu ermitteln. Damit birgt die Funktionalanalyse die Möglichkeit, eine überhistorisch angelegte
Nomologie mit historischer Idiographie zu verbinden und andererseits einen allzu relativistischen Historismus nomologisch aufzulösen. Damit rückt der Funktionalismus in enge
Nähe zur "Dialektik" (vgl. van den BERGHE 1967), wenngleich
damit auch behauptet wäre, daß Dialektik so ebenso wie die
Funktionsanalyse eine Sonderform der analytischen Nomologie
sein kann (dies wird in der Tat noch zu zeigen sein).

Und damit die Funktionsanalyse schließlich von dem Vorwurf
befreit werden kann, sie stelle prinzipiell "Systembedürfnisse" systematisch über die Bedürfnisse der Individuen,
und fördere dadurch Entfremdungsideologien, braucht nur darauf verwiesen zu werden, daß Systembedürfnisse ("Requisiten")
zumindest prinzipiell aus Individualbedürfnissen abgeleitet
werden können (CARLSSON 1972); die Logik der Funktionsanalyse verhindert nicht grundsätzlich die Umkehrung der Frage
nach den Requisiten, wenngleich die kollektivistische Soziologie um DURKHEIM und PARSONS entsprechende inhaltliche Annahmen macht: wenn z.B. gewisse Individualbedürfnisse als
"Basiskonstanten" (vgl. ETZIONI 1968, 872 f.; FALLDING 1963)
begründbar sind ("objektive Bedürfnisse") und es nicht nur
relative Deprivation gibt, kann die Funktionsanalyse ebenso
systematisch fragen, welche Strukturelemente solche Systemerfordernisse bedienen, die ihrerseits die Emanzipation des
Menschen im Sinne der Entfaltung seiner anthropologischen
Anlagen fördern. Damit soll allerdings auch einer individualistischen Reduktion der systemtheoretischen Emergenz das
Wort geredet werden und erneut daran erinnert sein, daß
Systeme nur durch die Individuen bestehen: "Bringing Men
Back In" (HOMANS 1964) kann auch als Aufruf zu dieser Um-

kehrung der Fragestellung verstanden werden: welche "Systemerfordernisse" und welche "funktionalen Elemente" sind erforderlich, um Sozialsysteme mit einem Optimum an Möglichkeiten der individuellen Entfaltung und solidarischen Kooperationen zu versehen? Und zur Beantwortung dieser Frage scheint eine individualistisch konzipierte, einheitswissenschaftlich-nomologische Sozialwissenschaft noch am ehesten in der Lage zu sein.

1.4.2 Funktionalanalyse als "funktional-strukturelle" Systemtheorie?

Mit dem Nachweis, daß Funktionsanalyse vor einer nomologischen Analyse keinen eigenständigen methodologischen Status hat, gewinnt die Idee der Einheitswissenschaft eine kräftige Bestärkung. Indessen sind die inner-professionellen (z.T. klassen-ideologischen) Interessen in der herkömmlichen (idealistischen) Soziologie traditionell zu ausgeprägt, um die - aufgeklärten - Fassungen einer individualistisch konzipierten Einheitsmethode nomologisch-analytischer Provenienz nach diesen Argumenten schon zu akzeptieren. Die in Kap. 2 abzuhandelnden anti-naturalistischen Thesen eines Methodendualismus sind die deutlichsten Auswirkungen dieser althergebrachten Einwände gegen eine Soziologie ohne methodologischen Sonderstatus. Andererseits ist für viele Anhänger des Methodendualismus ein direktes Überschwenken zur hermeneutisch-dialektischen Richtung nicht ohne weiteres möglich: sei es, daß die phänomenologischen Ansätze für gesellschaftliche Verwertbarkeit zu substanzlos scheinen, sei es - erheblich häufiger -, daß die dialektischen Versionen des Methodendualismus bestimmte Wert-Implikationen beinhalten, die für die Mehrzahl der professionellen Soziologen noch weniger akzeptabel sind als der naivste methodologische Reduktionismus.

Es wird klar, daß ein methodologischer Vorschlag, der den

Anti-Naturalismus und soziologischen Kollektivismus mit
einer Wiederbegründung einer eigenständigen soziologischen
Universaltheorie zu verbinden verspricht, die Schwierigkeiten des obsolet geglaubten Struktur-Funktionalismus
durch eine einfache Umdefinition der Grundkategorien sämtlich auszuräumen angibt, an die Popularität kybernetisch-
systemtheoretischer Überlegungen anknüpft und überdies inhaltlich den Erhalt von Einflußgrenzen für Sozialsysteme
als evolutionär unausweichlich darstellt, gerade diese
Interessen bedient;.die Popularität des Ansatzes der
LUHMANNschen "funktional-strukturellen" Systemtheorie (die
hier angesprochen ist) wird so unmittelbar verständlich.
Die methodologische Haltbarkeit eines Ansatzes beweist sich
jedoch (noch) nicht an der Entlastungsfunktion für eine in
die Krise geratene Disziplin. Daher sei abschließend und
zu den dialektisch-hermeneutischen Ansätzen überleitend
der LUHMANNsche Ansatz in seinen Grundzügen dargestellt und
an seinen wichtigsten Punkten kritisiert[11].

LUHMANN geht von der Feststellung aus, daß die bisherigen
Versuche zu einer universalen soziologischen Theorie in den
strukturfunktionalen Ansätzen gescheitert seien, eine ernstzunehmende Wissenschaft aber eine solche Universaltheorie
benötige; und er - LUHMANN - mache sich nun an nichts weniger, als diese - kritisierbare, aber paradigma-konstituie-
rende - Universaltheorie zu entwerfen.

Die Ausgangsidee ist einfach: die herkömmliche struktur-
funktionale Theorie sei deshalb inhaltlich unzulänglich
und methodisch nicht eigenständig konzipierbar gewesen, weil
sie "den Strukturbegriff dem Funktionsbegriff vor"-geordnet
habe; man habe immer Systeme mit Strukturen angenommen und
dann nach der Funktion der Struktur für dieses (a priori
gesetzte) System gefragt; etwa: nach der Funktion eines
Elementes für das "Überleben" des Systems. Dies habe impliziert, daß "Struktur" bereits von der Methode her als un-

wandelbar erschienen wäre, woraus das Konflikt-Apriori auch
keinen Ausweg bedeutet habe. Es wurde oben (Kap. 1.4.1) gezeigt, daß diese Ansicht LUHMANNs nicht haltbar ist: die
Methode der Funktionsanalyse ist für den Bestand von bestimmten Strukturen völlig irrelevant[12].

Unter Ignorierung dieser Einwände (die LUHMANN eigentlich
- etwa von LOCKWOOD her - kennen müßte) und unter Hinzunahme
eines weiteren Argumentes: "Durch diesen Primat des Strukturbegriffs werden bestimmte Sinnmomente der Problematisierung entzogen", will LUHMANN nun alle "Gründe der Probleme"
beseitigen: durch "Vorordnung" des Funktionsbegriffs vor den
Strukturbegriff. Dadurch werde es nun möglich, "nach dem
Sinn von Strukturbildung, ja, nach dem Sinn von Systembil-
dung überhaupt zu fragen", was die kritisierte Fassung des
Struktur-Funktionalismus (vorgeblich) nicht habe leisten
können. Die wichtige Besonderheit ist dabei, daß LUHMANN beansprucht, nach der Funktion von Systemstrukturen zu fragen,
ohne eine umfassende Systemstruktur als Bezugspunkt der Frage voraussetzen zu müssen. Nun könne man - gewissermaßen
freischwebend - nach der Funktion von Strukturen wie "Welt-
auslegung", "objektivierte Zeit", "Identität", "Kausalität"
fragen, und damit seien gleichzeitig all' die leidigen Fragen nach einer Systemabgrenzung, nach Requisiten usw. nicht
notwendig.

Bei dieser Formulierung wird sich LUHMANN jedoch sofort klar,
daß ein Funktionsbegriff ohne jeden Bezug unsinnig ist:
"Funktion" ist ein relationaler Begriff, wie die Grundre-
geln der Logik informieren. Auf der Suche nach einem Bezug
für "Funktion", der weiter ist als jedes denkbare bestimmte
System, kommt LUHMANN dann zwangsläufig dazu, "Welt" als
Bezug anzunehmen, da Welt "nicht als System begriffen werden" kann, "weil sie kein 'Außen' hat, gegen das sie sich
abgrenzt".

LUHMANN verstrickt sich hier - nach dem ersten o.a. Irrtum - in einen fundamentalen Widerspruch: Einerseits solle der (relationale) Begriff "Funktion" von jedem Bezug befreit werden, andererseits müsse doch ein Bezug: "Welt", angenommen werden. Damit nimmt LUHMANN weiterhin eine "Nachordnung" des Funktionsbegriffs vor, wenngleich in Bezug auf ein leerformelhaftes "Ganzes". LUHMANN würde hier freilich entgegnen, daß "Welt" ja kein System sei und doch "Funktion" vorgeordnet sei. Das Problem eines Funktionsbezugs bleibt dann aber ungelöst.

Im Grunde ist sich LUHMANN dieses Widerspruchs bewußt und versucht nun, durch einige eigenwillige Argumente seinen Ansatz zu retten: Der Bestand von Welt sei nie gefährdet, weil sie keine Umwelt hat. Für alle anderen Systeme (d.h. auch: soziale Systeme) stelle die Welt aber jeweils eine Umwelt dar, und das Verhältnis zwischen Welt und System wird - als "Gesamtheit der möglichen Ereignisse" - als <u>Komplexität</u> bezeichnet. Komplexität ist eine Relation zwischen Umwelt und System. Diese Komplexität hänge dabei einerseits von den Zuständen (der Systeme und der Umwelt) ab, andererseits bedrohen Ereignisse die Zustände (LUHMANN sagt: "Bestände"). Und dies sei vorteilhaft[13]: Durch Komplexität (als System-Welt-Relation) würden Möglichkeiten des Erlebens vorgestellt, die dann jedoch durch selektive Prozesse der Selbststeuerung eliminiert werden müssen. Und diese Selektion erfolge durch <u>Reduktion von Komplexität</u> zur Entlastung von Überforderung durch "übermäßige Möglichkeiten". Und dies könne geschehen über eine "sinnhafte Verbindung von Ereignissen..., auf einer Form der Verbindung, die auf andere Möglichkeiten verweist und den Zugang zu ihnen ordnet". Sinnsysteme, die diese Funktion erfüllen könnten, seien z.B. Sprache, sonstige Symbole, "Identität" und soziale Systeme.

Unter einem sozialen System versteht LUHMANN andererseits einen "Sinnzusammenhang von sozialen Handlungen ..., die

aufeinander verweisen und sich von einer Umwelt nicht dazu-
gehöriger Handlungen abgrenzen lassen". Damit sei einer der
Hauptmängel der herkömmlichen Funktionsanalyse beseitigt,
daß nämlich Sinn unbedacht vorausgesetzt werden, und nicht
in seinem "Weltbezug" gesehen werde. Sinn verweise in seiner
komplexitätsreduzierenden Funktion (wofür?) immer auf "Welt",
auf andere Möglichkeiten, und gewährleiste dadurch eine
"Orientierung des Erlebens und Handelns" bei Offenhaltung der
"Kontingenz" der Welt-Möglichkeiten.

Abgesehen von der weder zwingenden noch einsichtigen Einführung des Begriffs "Komplexität" (was hier nur zweitrangig
ist) unterlaufen LUHMANN bei dieser Konstruktion weitere,
fundamentale logische Fehler. LUHMANN behauptet zwar immer,
außer "Welt" kein Bezugssystem für den Funktionsbegriff zu
haben, sagt aber dann, daß Komplexität (als Welt-System-Re-
lation) reduziert werden müsse. Dies spricht offenbar ein
Systemrequisit an, denn sonst könnte Komplexität nicht als
eine notwendige Bedingung auftreten. Da aber die Welt ja in
ihrem Bestand nicht gefährdet ist, kann sie auch kein Be-
stands-Requisit haben. Bleibt nur ein System unterer Ordnung
als Bezugspunkt. Wenn es ein soziales System ist, dann ergibt sich eine einfache Selbstregulationsannahme: soziale
Systeme müssen für ihr Überleben Komplexität reduzieren und
haben hierfür auch Mechanismen entwickelt ("Sinn"-Bereit-
stellung). Die Tautologie-Nähe dieser Lösung ist deutlich.
Wenn dies nicht gemeint wäre, dann bleibt nur - und das ist
nach LUHMANNs Bemerkungen am wahrscheinlichsten -, daß mit
"Reduktion von Komplexität" ein Vorgang gemeint ist, der ein
Requisit von Persönlichkeitssystemen ("Orientierung" als
universale Existenzvoraussetzung von Personen) erfüllt. Damit wäre einerseits LUHMANNs Ausgangsanspruch, Funktion ohne
Systembezug zu fassen, nicht eingelöst. Und überdies schrumpf-
ten LUHMANNs inhaltlichen Aussagen auf längst bekannte Theoreme der Schulsoziologie und Lehrbuch-Sozialpsychologie zusammen, die dort erheblich genauer und empirisch gehaltvoller

formuliert sind. Und nebenbei unterläuft LUHMANN bei seiner
Konstruktion eine weitere logische Unhaltbarkeit (die nun
schon nicht mehr verwundert): Soziale Systeme werden als
Sinnzusammenhänge definiert, die durch Reduktion von Kom-
plexität entstehen; wodurch aber entsteht "Sinn"? Durch so-
ziale Systeme bzw. Prozesse, die nur innerhalb sozialer
Systeme ablaufen, wie Sprache, Symbolisierung etc. (vgl.
HONDRICH 1973, 1o1).

Zu dieser Mischung aus Widerspruch und Zirkel kommt LUHMANN
natürlich in seinem Versuch, Funktion von "Sinn" ohne Bezug
zu einem Requisit ("Orientierung" bei Personen etwa) zu kon-
zipieren. Alle inhaltlichen Bemerkungen LUHMANNs über Prozesse von und in Systemen (etwa: "Problemverschiebung",
"doppelte Selektivität", "Generalisierung" etc. etc.) enthalten immer den gleichen Bezug: unter Verletzung seines
Ausgangsanspruchs formuliert LUHMANN eine etwas eigenartige
Mixtur älterer Ansätze der Institutionslehre, der Wissenssoziologie und der Kognitionspsychologie (in Verbindung mit
Aussagen aus herkömmlichen Modernisierungstheorien) unter
Annahme eines anthropologisch konstanten[14] Bedürfnisses
nach Orientierung bei Persönlichkeitssystemen bei variieren-
der bzw. wachsender Umweltkomplexität. Damit vermag LUHMANN
- neben anderen inhaltlichen und logischen Unhaltbarkeiten -
den entscheidenden Punkt seiner "funktional-strukturellen
Systemtheorie" (Vorordnung des Funktionsbegriffs) nicht zu
begründen.

Da LUHMANN andererseits jedoch auch die logische Kritik am
Funktionalismus wenigstens zur Kenntnis nehmen muß, muß er
sich in seinem Ansatz auch von der Gefährdung seines Ansatzes
durch die Einheitsmethoden-Kritik abgrenzen (bzw. immunisieren). Und dies erfolgt in einer Radikal-Kritik an kausalanalytischen Ansätzen über den Versuch, die Kategorie der "Kausalität" als bloßes Konstrukt bzw. als bloßen Mechanismus
der Komplexitätsreduktion auszugeben.

Kausalität bedeutet nach LUHMANN (unter völliger Verkennung
und Fehlinterpretation der HUMEschen Kritik an der Feststell-
barkeit von Kausalität) nicht eine faktische Abhängigkeit
oder Wirksamkeit von Faktoren, sondern: Kausalität ist nur
ein sozialer Prozeß der Sinnstiftung. Da Kausalität also nur
eine "soziale Konstruktion von Wirklichkeit", nicht aber
Wirklichkeit selbst sei, und solche Sinn-Konstruktionen an
den Bestand sozialer Systeme gebunden seien (s.o.), könne
man von Kausalität nur unter Voraussetzung sozialer Systeme
sinnvoll sprechen. Daher müsse die Kausalität von Ereignis-
zusammenhängen nicht als "Hypothese verifiziert" werden, sondern sei lediglich ein "Instrument der Analyse und Interpretation vorliegender Erfahrungen".

LUHMANN bemerkt selbst, daß "eine solche Uminterpretation
der Kausalkategorie ... nicht ohne Auswirkungen auf das Verhältnis von Wissenschaft und Erfahrung" bleiben kann. In der
Tat: Einerseits ignoriert LUHMANN, daß Kausalität als empirische Relation von Entitäten (in den Grenzen nomologischer
Analyse) sehr wohl ermittelt werden kann. Dabei bleibe unbe-
stritten, daß eine entsprechende Aussage über Kausalität
(auch als empirisch falsche Aussage) natürlich auch soziale
Wirkungen haben kann und z.B. als empirisches Wissen "Sinn"
stiftet. Ob aber andererseits eine Aussage eine bestimmte
(semiotisch-)pragmatische Wirkung hat, ist für ihren empirischen Wahrheitsgehalt irrelevant.

Faktisch kommt somit LUHMANN mit seiner Version von Kausalität in die Nähe des reinen (nahezu solipsistischen) Konventionalismus, da er (zumindest implizit) annimmt, daß "Kausalität" in Experimenten nach Belieben realisiert werden
könne. Hier wird LUHMANNs Bezug zu den anti-naturalistischen
Strömungen am deutlichsten: Es gibt keine Außer-"Sinn"-Welt;
Theorien sind subjektive Konstrukte und müssen dies auch
sein, weil "Sinn" eine rein subjektive Kategorie ist; und
schließlich sind Theorien keine (informierenden und prinzi-

piell falliblen) Aussagen, sondern orientierende Reduktionen
von Komplexität.

Hieraus erklärt sich schließlich auch der LUHMANNsche Versuch, die nomologische Kritik am Funktionalismus zu unterlaufen. Wenn schon "Funktion" nichts als ein Unterfall von
"Kausalität" ist, dann entfiele die nomologische Kritik dann,
wenn gezeigt werden könnte, daß eine Funktion keine "zu be-
wirkende Wirkung", sondern auch (nur) ein regulativos Sinn-
schema sei (LUHMANN 1972, 14ff.). Da aber Funktion - nach dem
Ausgangsansatz - ohne Systembezug konzipiert ist, und allgemeine "Sinnstiftung" beinhalte, werde Kausalität lediglich
"ein Anwendungsfall funktionaler Ordnung" (d.h. von Sinnstiftung).

Dabei wird aus der ganzen Konstruktion deutlich, daß LUHMANN
den Kausalbegriff an anderer Stelle wieder systematisch in
der herkömmlichen Weise einführen muß. Da LUHMANN ja nicht
mehr "kausal" nach der funktionalen Wirkung eines Elementes
für andere Elemente (ein System etwa) fragen will und sein
Funktionsbegriff (unendlich) allgemein ist, möchte LUHMANN
(folgerichtig) nur noch Klassen funktionaler Äquivalente
(worüber?!) "verifizieren": er möchte den Kausalfunktionalismus durch einen "Äquivalenzfunktionalismus" ersetzen. Da man
aber andererseits Äquivalenzen nur über ihre identische
"Wirkung" identifizieren kann, muß LUHMANN in seinem Versuch
der Auflösung des Kausalfunktionalismus die Kategorie der
Kausalität (ohne daß er's freilich realisiert) in ihrer herkömmlichen Form akzeptieren.

Es verwundert nicht, daß LUHMANN dieses Konzept voller Widersprüche und Vorbehalte von seiten eines "Positivismus" gefährdet sieht. Seine Methodenvorstellungen laufen faktisch
auf eine Ablehnung empirisch-nomologischer Verfahren und eine Hinwendung zu Hermeneutik und Phänomenologie hinaus. Obwohl es LUHMANN schwerfallen würde: Methodenauswahl kann nicht

danach erfolgen, ob ihre Anwendung das Durchhalten noch so
gelehrt-verbrämten Unsinns (mit deutlich ideologischen Absichten bzw. "Funktionen") erlaubt. Und LUHMANNs Ansatz
ist mit Sicherheit nicht in der Lage, etwas zu leisten, was
gut bestätigte empirische und logisch gehaltvolle Theorien
können: Die Komplexität einer chaotisch scheinenden Welt
durch die sprachlich-logische Wiedergabe kausaler Abhängigkeiten für den Benutzer solcher Theorien auf eine nicht-be-
drohliche Ordnung zu reduzieren, ohne in die "Welt" selbst
einzugreifen. LUHMANNs anti-naturalistisches Programm würde
selbst Verringerung von Komplexität im Bereich Wissenschaft
bedeuten und wäre so eine Bestandsgefährdung für jedes etwas
differenziertere soziale System; LUHMANN gerät so schließlich
in einen letzten (inhaltlichen) Widerspruch: sein methodologischer Ansatz steht seinen evolutionstheoretischen Aussagen
(vgl. etwa LUHMANN 1972) (auf die hier nicht eingegangen
werden konnte) völlig entgegen; er ist auf eine Wissenschaft
zugeschnitten, deren Produkte nicht die Qualität haben können, die Aussagen als generalisierte Vermittlungsmedien aufweisen müssen: empirisch wahre und logisch gehaltvolle Theorie zu sein. Und dies ist möglicherweise nicht zufällig: die
LUHMANNschen evolutionstheoretischen Versuche, die Abschot-
tung von Systemgrenzen gegen "Demokratisierung" zur Unausweichlichkeit zu erklären (unter völliger Ignorierung aller
Motivations-, Integrations- und "Energie"-Aspekte des System-
erhalts) benötigen einen wissenschaftstheoretischen Überbau,
der die entsprechenden (empirisch und logisch unhaltbaren)
Aussagen gegen Kritik abschirmen kann[15].

Leerformelhaftigkeit einerseits, kontradiktorische und zir-
kelhafte Aussagen andererseits sowie eine konventionalist-
sche Auffassung von Theorie sind die geläufigsten Immunisierungsstrategien; bei LUHMANN treten sie allesamt auf.

(1) Es wird noch zu zeigen sein, daß sich funktionale Erklärung und nomologische Erklärung prinzipiell nicht unterscheiden; vgl. Kap. 1.4.1.

(2) Hier sei bereits auf einen allzu häufigen logischen Fehler bei der Beurteilung der Funktionalanalyse hingewiesen: wenn man von der Selbstregulation und dem Gleichgewicht von Systemen als Denkansatz für den Versuch einer funktionalen Erklärung ausgeht, dann ist damit nicht ausgeschlossen, auch die disruptiven und nicht-regulativen Funktionen von Elementen zu analysieren. Die bloße Methodik der Funktionalanalyse produziert selbst eben nicht die Selbstregulation und das Gleichgewicht, ebensowenig wie "Denken" und "Sein" und "Theorie" und "Praxis" schon ontologisch eine Einheit sind.

(3) Vielleicht kann ein Beispiel von MALINOWSKI die Idee der latenten Funktionen etwas näher erläutern: MALINOWSKI beobachtete, daß die Stammesangehörigen, die er untersuchte, nach längeren Trockenheitsperioden Regentänze aufführten mit der "manifesten" Absicht, die Götter zu entsprechenden Aktivitäten zu veranlassen. Natürlich hatten die Regentänze nicht die gewollten Folgen, führten aber - wie jedes kollektive Ritual - zu einer Verstärkung der integrativen Bindungen, was seinerseits die durch die Trockenheit entstehenden Problemlagen organisatorisch leichter bewältigbar machte.

(4) So wird z.B. für ein Teilsystem, das das Requisit "Integration" bedient, selbst wieder erforderlich, daß dessen vier Requisiten bedient werden: eine Religionsgemeinschaft muß finanzielle Quellen erschließen ("Anpassung"), selbst Integration und Zielerreichung gewährleisten sowie interne Spannungen wirksam regulieren (z.B. durch sanktionierende Kontrolle von Dissidenten).

(5) Evolutionismus und Funktionalismus verstanden sich ursprünglich als gegensätzliche Ansätze zur Analyse sozialer Prozesse: Evolutionisten sahen vor allem die Wandlungsvorgänge, Funktionalisten die bei allem Wandel stabilen Grundprozesse in sozialen Systemen allgemein. Daß beide Ansätze sich ergänzen, hat z.B. Kenneth BOCK (1963) klargelegt.

(6) Vgl. zur Kritik an der angeblichen Eigenständigkeit der funktionalen Analyse z.B. DAVIS (1959).

(7) An dieser Stelle zeigt sich am deutlichsten die Verbindung der älteren und einiger neuerer Versuche zur Autonomisierung der Funktionsanalyse zu den Thesen eines Methodendualismus. Der damit angesprochene Anti-Naturalismus verbindet - über alle Schein-Differenzen hinweg - auch die obskurantistischen Versuche von LUHMANN und HABERMAS, die kausalanalytische Kritik des alten Funktionalismus aufzulösen. LUHMANN, indem er einen logisch völlig unhaltbaren Begriff von Kausalität und eine (gelinde gesagt) ausgespro-

chen eigenartige Fassung des Konzepts der funktionalen
Äquivalente einführt; HABERMAS, indem er - logisch ebenso unhaltbar - für die Konstitution von Handlungssystemen einen
definitorischen Vorgriff auf die Fähigkeit zu "Kompetenz"
und die Möglichkeit "herrschaftsfreier Diskurse" als empirisches Entwicklungsgesetz unterstellt (vgl. näheres unten).

(8) DÖBERT (1973, 28ff.) vertritt überdies die Ansicht, daß
erst über den Nachweis der Selbstregulation auch die Frage
der funktionalen Requisiten und der daran angebundenen funktionalen Elemente beantwortbar sei.

(9) Diese Formalisierung erfolgt in Anlehnung an MÜNCH (1974,
685); bei MÜNCH heißt "Q" Struktur, die ein System zu entwickeln habe. Diese allgemeine Aussage ist in den obigen
Ausführungen präzisiert als "Zusatzmechanismen".

(1o) Diese Vorstellungen stammen noch aus der bruchlosen
Übertragung des Modells biologischer Organismen auf Sozialsysteme. Bei biologischen Organismen bedeutet Differenzierung (empirisch) tatsächlich eine höhere Fähigkeit zur Ausbildung "unwahrscheinlicher Variationen", die ihrerseits
Überlebensbedingung in einer für die Existenz kausal relevanten Umwelt sind; d.h. Differenzierung erhöht die Lernfähigkeit von biologischen Organismen und macht sie so gegenüber
Umweltänderungen kausal relevanter Art flexibler als z.B.
bei Verharren in bloßem Instinktverhalten. Ob diese Analogie
für Sozialsysteme berechtigt ist, kann zwar als plausibel
gelten, bleibt aber immer noch eine empirische Vermutung und
keine logische Wahrheit und ist angesichts der eingeschränkten Testmöglichkeiten eine bisher sehr leichtfertige Verallgemeinerung; vgl. PRINGLE (1968, 26off.).

(11) Um die Übersichtlichkeit und Nachprüfbarkeit der Argumentation zu erleichtern, wurde bei der folgenden Darstellung schwerpunktmäßig auf einen Aufsatz von LUHMANN (197o)
Bezug genommen, in dem seine Argumente noch am deutlichsten
werden; soweit bei der oft leerformelhaften und "dialektischen" (d.h. gelegentlich auch kontradiktorischen) Darstellung LUHMANNs ersichtlich sein kann, scheint dieser Aufsatz
auch seinen anderswo geäußerten Ansichten zu entsprechen.

(12) Hier deutet sich bereits ein wichtiger Hintergrund der
LUHMANNschen Theorie an: LUHMANN vermag Theorie und Zustand
des Objektbereichs nicht als unabhängig voneinander zu kon-
zipieren und kommt so natürlich in konventionalistisches,
wenn nicht gar "dialektisches" Fahrwasser.

(13) Daß LUHMANN nicht sagt, wofür "vorteilhaft" (=funktio-
nal), ist wichtig: damit würde gleich klar, daß LUHMANN immer ein bestimmtes System im Auge hat, das sicher nicht
"Welt" ist, nämlich das orientierungsuchende Persönlichkeitssystem.

(14) Hieran knüpft im wesentlichen die HABERMASsche
LUHMANN-Kritik an: sowohl die erlebte Komplexität wie die
erlebte Notwendigkeit der Reduktion von Komplexität seien
<u>keine</u> anthropologischen Konstanten, sondern von der - sozi-
alstrukturell durchgesetzten - "Regelkompetenz" der Subjekte abhängig, somit: variabel; vgl. HABERMAS (1971d) oder
EDER (1973).

(15) Beispielsweise wird in allen Darlegungen LUHMANNs das
empirische Faktum der sozialen Ungleichheit und der struk-
turellen Spannungen, die sich daraus ergeben, überhaupt
nicht angesprochen. Daher kann LUHMANN auch die bloß formale
Regulierung von Teilnahmeprozessen als höchste evolutionäre
Errungenschaft behandeln; denn bei struktureller Integration
sind die bürgerlichen Konzeptionen der politischen Steuerung
über eine formale Regulierung die optimale Lösung. Aber das
ist ja gerade das Problem: daß Differenzierung (bislang)
immer auch Ungleichheit schafft, die legitimiert werden
muß; und dazu reichen mit zunehmender Reichweite der Aspirationen und Bezugsgruppen-Vergleiche (z.B. über Klassengren-
zen hinweg) die formalen Lösungen nicht aus. LUHMANNs Programm ist somit einerseits Ideologie im klassischen Sinn,
weil er eine besondere historische Situation (neben den empirischen Falschheiten) als evolutionär unausweichliche Bedingung fürs Überleben von Sozialsystemen komplexer Art darstellt. Andererseits gründet er seine Lösung des Integra-
tionsproblems immer auf einer Idee, die typisch ist für gewisse politische Richtungen: "Spannungen" seien durch orientierende Hilfestellungen beim Individuum in "Sinn" aufzulösen; im Klartext: Integration sei über die Schaffung von
apathischer Massenloyalität zu gewährleisten. Ob diese Lösung überhaupt empirisch für hoch komplexe Sozialsysteme zutrifft, ist überaus fraglich. Die nicht übersehbaren Partikularisierungen, Segmentationen und Loyalitätsprobleme gerade in den differenziertesten Gesellschaften bedürfen dann
nämlich erst einmal einer Erklärung, die nicht leerformelhaft ist (wie z.B.: dort herrsche halt Medieninflation bzw.
-deflation); vgl. z.B. für eine ansatzweise Kritik:
GRONEMEYER (1973) oder MANN (1970).

2. Der hermeneutisch-dialektische Ansatz

Die Behandlung des analytisch-nomologischen Paradigmas und
der Funktionalanalyse hat ergeben, daß die Grundprämissen
der analytisch-nomologischen Richtung an der prinzipiellen
methodologischen Gleichartigkeit von Naturtatsachen und sozialen Phänomenen anknüpfen. Die programmatische Unterscheidung von Naturgegebenheiten und sozialen Prozessen als genuin unterschiedliche Gegenstandsbereiche einer wissenschaftlichen Betätigung kann so als allgemeinster Trennpunkt der
beiden Groß-Paradigmata gesehen werden. Die prinzipielle Besonderheit des Objektbereichs der (Geistes- und) Sozialwissenschaften liege dabei darin, daß Naturdinge dem Menschen
äußerlich, invariant und selbst vom Erkenntnisprozeß durch
den Menschen nicht unmittelbar berührt sind, soziale Prozesse aber selbst geschaffen, damit (nach Intentionen) variabel
und veränderbar sind und die Erkenntnis sich auf Objekte bezieht, die selbst zu Intentionen, Handlungen und Reflexionen
fähig sind, und daß überdies der Erkenntnisprozeß sich notwendig immer in Verbundenheit von erkennendem Subjekt und er-
kanntem Objekt vollziehe.

Um das Verständnis dieser Auseinandersetzungen zu erleichtern und gleichzeitig die hier vertretene einheitswissenschaftliche Grundauffassung auch gegenüber diesen methodendualistischen Auffassungen zu begründen, sei diese Besonderheit der "sozialen Konstruktion der Wirklichkeit" (BERGER
und LUCKMANN 1970) etwas näher erläutert und hier besonders
auch eine einheitswissenschaftlich-individualistische Interpretation dieses Vorgangs angedeutet. Anschließend soll einer der bekanntesten Versuche, die methodendualistischen
Prämissen zusammenzufassen und zu kritisieren, POPPERs
"Elend des Historizismus" (POPPER 1974) gewissermaßen programmatisch vor die folgende Einzeldarstellung gestellt werden.

Die Besonderheiten, die sich für die sozialwissenschaftliche
Methodologie aus gewissen Eigenheiten ihres Objektbereichs
ergeben, lassen sich auf zwei Probleme beziehen: Erstens auf
den Sachverhalt, daß "soziale Wirklichkeit" von handelnden
Subjekten selbst realisiert wird und den Handelnden dann
auch als "objektive", "externe" Kraft gegenübertreten kann,
obwohl niemand anders diese Realität schafft als die Subjekte selbst; und zweitens Probleme der prognostischen und
praktischen Anwendbarkeit soziologischer "Gesetze", sowie
die Eigenheiten von Menschen als Objekte im sozialwissenschaftlichen Forschungsprozeß.

Das erste Problem knüpft an eine immer wieder geäußerte Vorstellung an: Die Betonung der "Gesetzesartigkeit" sozialer
Regelmäßigkeiten, die eine Voraussetzung für den Praxis- und
Theoriebegriff im Gefolge des HEMPEL-OPPENHEIM-Schemas ist,
setze voraus, daß soziale Zustände und Prozesse als "objektiv", zumindest im Sinn von "nicht-spontan", begriffen werden können. Die These von der "Einheit der Methodologie"
setzt voraus, daß es den "soziologischen Tatbestand" im Sinne
DURKHEIMs gibt: "Ein soziologischer Tatbestand ist jede mehr
oder minder festgelegte Art des Handelns, die die Fähigkeit
besitzt, auf den einzelnen einen äußeren Zwang auszuüben;
oder auch, die im Bereiche einer gegebenen Gesellschaft allgemein auftritt, wobei sie ein von ihren individuellen Äußerungen unabhängiges Eigenleben besitzt" (DURKHEIM 1961, 114).

Das Problem einer sozialwissenschaftlichen Methodologie, die
von der "objektiven" Existenz "soziologischer Tatbestände"
ausgeht, ist nun, daß es zwar zweifellos solche den Individuen "äußere" Zwänge gibt, daß diese aber immer von den Menschen selbst geschaffen und alltäglich neu konstituiert werden. Soziale Wirklichkeit wird von handelnden Subjekten
konstruiert, wobei unter bestimmten Bedingungen, sich bestimmte (nicht intendierte) "objektive" Folgen "hinter dem
Rücken" der je individuell handelnden Subjekte durchsetzen
können. Diese "Dialektik" der Subjektivität des Objektiven
und der Objektivität des Subjektiven ist die zentrale Besonderheit sozialer Wirklichkeit und stellt einen der wichtigsten Problembereiche der soziologischen Theorie von MARX
über DURKHEIM zu MEAD, THOMAS, MERTON und neuerdings GOFF-
MANN, GARFINKEL, CICOUREL und DOUGLAS dar.

Das Problem ist dabei nicht ganz so einfach zu umschreiben
wie in der vulgär-marxistischen Rezeption der Kritik an der
klassischen ökonomischen Theorie, in der eine konstruierte
Wirklichkeit in der theoretischen Fassung als a-historisches
Naturgesetz gefaßt wurde, und von daher eine theoretische
Erfassung von Regelmäßigkeiten ausschließlich als Hypostasierung einer unveränderlichen sozialen Wirklichkeit zu beurteilen, folglich: zu bekämpfen sei. Soziologische Theorie
hat sich mit beiden Aspekten der sozialen Wirklichkeit zu
befassen. Da dieses Problem zum Verständnis der Soziologie

und ihrer Methode so zentral ist, sei die "soziale Konstruktion der Wirklichkeit" an einem ihrer Grund-Prozesse, der Institutionalisierung etwas ausführlicher erläutert (vgl. BERGER und LUCKMANN 197o, 49-18o).

Allgemein wird unter Institutionalisierung die Verfestigung von Handlungssequenzen verstanden, deren Abfolge von "jedermann" gekannt und (mit Ausnahme!) auch befolgt wird. Die Entstehung einer Institutionalisierung von Handlungs- oder Interaktionsabfolgen läßt sich etwa so beschreiben (dies ist eine analytisch-gedankliche Rekonstruktion, ohne daß es solche Prozesse je so empirisch gegeben haben muß, dennoch: der hier beschriebene Grundprozeß läßt sich auch heute noch bei der Entstehung neuer Institutionalisierungen in den Grundzügen verfolgen): Die physische (und soziale) Existenz von Menschen, insbesondere die biologisch-soziale Reproduktion (z.B. Nahrungssicherung, Schutz usw.), erzwingen einerseits, daß Menschen überhaupt in Kooperation ("soziale Beziehung") zueinander treten. Andererseits mag es sich aber erweisen, daß (über "Versuch und Irrtum") bestimmte Formen der Kooperation als erfolgreicher zur Lösung eines anstehenden "relevanten" Alltagsproblems erlebt werden. D.h.: das gemeinsame Erlebnis gemeinsamer erfolgreicher Problemlösung führt zu einem gemeinsamen Lernen von Handlungsabläufen (d.h.: hier werden gemeinsam erlebte Deprivationszustände über eine bestimmte (kollektive) Handlungssequenz (= Reaktion) beseitigt (="belohnt"); d.h. es werden Handlungssequenzen gelernt!). Da nun weiter diese Probleme (per Definition) relevante Probleme sind, wäre eine immer wieder neue "lerntheoretische" Begründung solcher Handlungssequenzen, die relevante Probleme lösen, sehr umständlich. D.h. aber: die Handlungssequenzen "müssen" routinisiert und legitimiert werden. Routinisierung heißt dabei eine weitgehende Festschreibung von Abläufen, die auch solchen Personen vermittelt wird, die nicht an dem kollektiven Erfolgserlebnis der ursprünglichen Entstehung der Handlungssequenz beteiligt waren. Legitimierung bedeutet, daß die durch Routinisierung entstehende eigene Wirklichkeit von Institutionalisierungen einen "Sinn" bekommt; denn wenn man nicht bei der Entstehung einer Institutionalisierung selbst beteiligt war, muß man den "Sinn" von Handlungssequenzen - soll man sie befolgen - irgendwie anders einsehen können: eine Befolgung von Routinen ist nicht mehr selbstverständlich, wenn die Entstehungshintergründe "vergessen" worden sind. Solche Legitimierungen geschehen meist über Mythenbildungen oder historische Re-Konstruktion, gelegentlich aber auch durch blindes Vertrauen in solche Instanzen, die Legitimierungen für Institutionalisierungen liefern.

Sind Handlungsabläufe einmal routinisiert und legitimiert, dann gewinnen sie ihre typische Eigenschaft, daß sie dem Menschen "äußerlich" sind, daß sie "externalisiert", "verdinglicht", "objektiviert", kurz: daß sie "soziologische

Tatbestände" sind. Obwohl für das Bestehen einer Institutionalisierung die Prozesse der Routinisierung und Legitimierung so zentral sind, kann dennoch - bei aller "Verdinglichung" - gesagt werden, daß Institutionalisierungen ihren
Fortbestand (zumindest langfristig) von ihrer allgemeinen
gesellschaftlichen Anerkennung her beziehen, d.h. vom Konsensus über die Wirksamkeit einer Institutionalisierung "als
permanente Lösung eines permanenten Problems". Anders gesagt:
über Legitimierungen allein können Institutionalisierungen
nicht beliebig erhalten werden. Die Auflösung von Institutionalisierungen setzt somit auch meist daran an, daß entweder die "Relevanz" von Problemen verschwindet (z.B.: Sicherung von Grundernährung bei allgemeiner Steigerung des
Sozialprodukts bzw. der Verwertung von Natur) oder aber
alternative Lösungsmuster gefunden werden und diese altor-
nativen Lösungsmuster die "Bedürfnisse" des Sozialsystems
besser bedienen (z.B. "Re-Sozialisierung" statt "Sühne" als
Reaktion auf Abweichung) oder die Relevanz von Problemen
über Macht umdefiniert wird.

Die für die bestehende soziologische Theorie bedeutsamsten
Formen von Institutionalisierungen sind die Konzepte von
"Rolle", "Status" und "Norm". In diesen Konzepten sind die
"Objektivationen" gefaßt, auf deren (vorausgesetzter)
Existenz die Konzeption einer quasi-naturwissenschaftlichen
Methode für die Soziologie berechtigt sei. Die Kritik an dieser "übersozialisierten Konzeption" menschlichen Handelns
verweist dementsprechend auf den zentralen Anteil von Spontaneität, Definitionsoffenheit und selbständiger und jeweils
neuer Interpretation von Situationen bei der Interaktion von
Menschen. Die Konzepte von "Rolle" und "Status" beruhen auf
einem Satz stabilen Konsensus, gemeinsamer Orientierungen
und einer wechselseitig geteilten Sprache, kurz: auf sozialer
Harmonie und vollständiger Situationsdefinition vor einer
konkreten Handlung (vgl. CICOUREL 1973). Da aber die jeweiligen Interpretationen der an einer Interaktion Beteiligten
die soziologisch bedeutsame Einheit sei, dürfe "Theorie"
nicht aus "Gesetzen" bestehen, die dann Handeln "erklären",
sondern aus niedergelegtem "einfühlsamen" Verstehen, aus
dem literarischen Nachvollzug der Interpretationen der Beteiligten.

Ein Minimum an "Verstehen" ergibt sich daraus, daß soziales
Handeln zu einem Großteil intentionales Handeln im Sinne
Max WEBERs ist, also nicht nur "gleichmäßiges", "beeinfluß-
tes" oder "nachahmendes" Handeln: "'Soziale Beziehung' soll
ein seinem Sinngehalt nach aufeinander gegenseitig einge-
stelltes und dadurch orientiertes Sichverhalten mehrerer
heißen". Diese Sinnhaftigkeit und Intentionalität kann man
einer bestimmten "physikalischen" Handlung nicht von "außen"
ansehen. Soziologische Forschung hat sich - als zentrale
Voraussetzung für Inter-Subjektivität - dieses Sinngehaltes
zu vergewissern. Die Forderung Max WEBERs nach "verstehendem

Erklären" gewinnt damit und aus der trotz aller Subjektivität von Handeln möglichen und notwendigen nomologischen Analyse von Gesellschaft eine hohe Aktualität (vgl. WEBER 1968).

Eine gültige nomologische Theorie kann somit ohne die Berücksichtigung der "Bedeutungen" von Handlungen <u>für die Akteure</u> nicht erstellt werden (vgl. FALK und STEINERT 1973). Eine konkrete empirische Forschung, die solche "Bedeutungen" nicht als Hintergrundtheorien bei der Erstellung von operationalen Regeln beachtet, unterliegt der Gefahr der totalen Ungültigkeit und Irrelevanz; für einen Großteil der soziologischen Forschung, die programmatisch auf "Verstehen" verzichtet, trifft das Verdikt der Ungültigkeit und Irrelevanz ohne Einschränkung zu. Dennoch: aus einer solchen Forschungspraxis kann nicht eine prinzipielle Unangemessenheit nomologischen Vorgehens abgeleitet werden.

Obwohl deutlich wird, daß jede soziale "Objektivation" subjektive Züge trägt, kann nämlich nicht abgestritten werden, daß soziale Organisation, die für die Individuen solche Bedürfnisse wie physische Existenz und soziale Identität erfüllen kann, auch "regelhaft" sein muß; natürlich bleibt eine solche Regelhaftigkeit immer subjektiv geschaffen. Die Berechtigung und Notwendigkeit einer "erklärenden" Methodologie leitet sich danach - bei aller Kenntnis des subjektiven Charakters des Sozialen - aus zwei Grundtatbeständen ab: Erstens daraus, daß auch die bewußte Konstruktion von Wirklichkeit nicht beabsichtigte "objektive" Folgen haben kann; und zweitens, daß der subjektiven Konstruierbarkeit sozialer Wirklichkeit dort Grenzen gesetzt sind, wo der Mensch sich bei der Konstruktion sozialer Beziehungen als Teil der Natur mit der materiellen Natur auseinanderzusetzen hat (also: in der Wahl der sozialen Organisationsform nicht völlig frei ist). Außerdem - und dies ist der wichtigste Hinweis auf die Berechtigung eines einheitswissenschaftlich-nomologischen Vorgehens - beruht die o.a. Konzeption der sozialen Konstruktion der Wirklichkeit ganz offenkundig auf bestimmten theoretischen Grundansätzen, die Regelmäßigkeiten für das Lernen und Handeln von Menschen annehmen. Nur auf diese Regelmäßigkeiten, daß Personen unter gleichen Umständen gleichartig lernen und handeln (nach Maßgabe der einschlägigen Lern- und Verhaltenstheorien) bezieht sich im Grunde die Berechtigung einer einheitswissenschaftlichen Methodologie. Dies heißt andererseits keineswegs, daß für alle Menschen die Randbedingungen ihrer Erfahrungen und ihres Handelns gleich seien; d.h., ein sozial-kultureller Monismus muß mit der Annahme solcher Verhaltensgesetze keineswegs angenommen werden. Schließlich impliziert eine solche Ansicht auch die Annahme, daß die beschriebenen "Objektivationen" des Handelns einzelner Personen prinzipiell über individuelles Handeln und die dafür geltenden Gesetze erklärt werden können; alle "funktionalistischen", alle "emergentistischen" und alle "holistischen" Ansätze wären damit gegenstandslos.

Vor allem wird ein häufig vorgebrachter Einwand gegen den
hier vertretenen einheitswissenschaftlich-nomologischen
methodologischen Individualismus hinfällig (vgl. HUMMELL
1973, 139ff.): er sei nicht in der Lage, die "nicht-inten-
dierten Folgen absichtsvoller Handlungen" zu erklären. Es
lassen sich (z.B. aus der Spiel- und Entscheidungstheorie
etwa beim "Prisoner´s Dilemma") zahlreiche Prozesse darle-
gen, in denen Personen rational, absichtsvoll und individuell handeln, dann aber Folgen herbeiführen, die niemand
der Handelnden selbst beabsichtigt hatte. Zur Erklärung solcher Erscheinungen muß an keiner Stelle auf die Annahme einer dritten Kraft zurückgegriffen werden, etwa ein "System"
oder ein "soziologischer Tatbestand". Freilich sind derartige Erklärungen in aller Regel erheblich komplexer als dies
bei den meist einfachen soziologistischen Erklärungen, in
denen z.B. die "Verhältnisse" als unabhängige Variable
auftauchen, der Fall ist. Weiter können auch die (in Kap. 1)
beschriebenen funktionalistischen Prämissen ("Systemrequisiten", "funktionale Elemente" usw.) ohne weiteres auf Regelhaftigkeiten und Bedingungen für bestimmte Arten des individuellen Verhaltens bezogen werden, wenngleich unter der
Berücksichtigung der Dauerhaftigkeit auch relationaler Eigenschaften von Personen ("Interaktion", "Macht" usw.);
kurz gefaßt wäre ein "Systemrequisit" dann eine Benennung von
Bedingungen, unter denen Interaktionen deshalb stabil bleiben, weil die Handelnden keine Veranlassung haben, sie abzu-
brechen (z.B. weil sich dauernde Frustrationen einstellen).
Solche Requisiten sind dann allerdings keine Eigenschaften,
die Systemen eigen sind, sondern notwendige Randbedingungen
für die Stabilität gewisser Klassen von Handlungen bei individuellen Akteuren (vgl. zu allem OPP und HUMMELL 1973;
WATKINS 1955).

Für den zweiten Problembereich - handelnde Personen als Un-
tersuchungsobjekte - sind die auftretenden Schwierigkeiten
etwas gravierender. Dazu zählt vor allem die Annahme, daß
die Analogie zu naturwissenschaftlicher Forschungslogik die
empirisch-nomologische Richtung der Sozialforschung zu einigen Annahmen über die Art der Beziehung zwischen Forscher
und seinem Gegenstand zwinge, deren Geltung für den praktischen Forschungsprozeß nicht ohne weiteres als gegeben genommen werden könne.

Darunter seien nicht verstanden die (angeblich) höhere Komplexität des sozialen Bereiches und die damit verbundene
Notwendigkeit komplexer Theorien und Untersuchungsanlagen;
ebenso nicht Fragen der (technischen und ethischen) Undurch-
führbarkeit bestimmter Experimentanordnungen, die zwar allesamt empirisches sozialwissenschaftliches Forschen erschwe-
ren, nicht aber einen zu den Naturwissenschaften auch qualitativen Unterschied erweisen. Die hier angesprochenen Probleme ergäben sich demgegenüber daraus, "daß der von Menschen
veranstaltete Forschungsprozeß dem historisch-gesellschaftlichen Zusammenhang, den er erkennen will ... selbst noch

hinzugehört". Diese"Verbundenheit von Forscher und Objekt"
schon im empirischen Untersuchungsvorgang läßt sich dabei
- auch für eine einheitswissenschaftlich-analytische Grund-
konzeption von einiger Bedeutung - an drei Einzelaspekten
der Forschungspraxis ablesen.

Einmal kann die Voraussetzung einer (völligen) Distanzlosig-
keit des Beobachters von der beobachteten Umwelt schon für
die Bildung des Kategoriensystems, zumindest aber für die
"sinnhafte" Interpretation overter Verhaltensakte, nicht
angenommen werden: Es ist die besondere Eigenart sozialer
Sachverhalte, keine "objektive", transsituative Bedeutung
mitzubringen. Diese Bedeutungen sind jeweils neu konstruiert
und "sozial definiert", so daß eine "neutrale" Beobachtung
erkauft werden müßte durch eine völlige Ungültigkeit und
Interpretationsoffenheit der Daten. Auf Seiten der Forschungs-
objekte (Befragte, Versuchspersonen etc.) zeigt sich zweitens die fehlende Unverbundenheit von Meßvorgang und Ergebnis, wodurch die externe Geltung (Geltung außerhalb der Meß-
situation) von Ergebnissen gefährdet ist, an der Erscheinung
der Reaktivität auf den Meßvorgang und der Veränderung durch
Messung: Befragte unterziehen sich nicht "neutral" der For-
schungsprozedur, sondern unterlegen auch den Meßhandlungen
einen (kurzfristig konstruierten, aber im Meßergebnis nie-
dergeschlagenen) Sinn, der die Messung nicht mehr als blos-
sen Eigenschaftsabruf interpretierbar werden läßt; d.h.:
die "abgerufenen" Eigenschaften haben u.U. für Nicht-Meß-
situationen keine Geltung.

Unterschichts- und Mittelschichtspersonen etwa unterscheiden
sich beispielsweise hinsichtlich der Bereitwilligkeit,
Selbstmorde in der Familie als Selbstmorde bei den Behörden
zu melden. Ergebnis: Sämtliche Selbstmordstatistiken weisen
eine für Mittelschichten geringere Selbstmordrate auf als
Unterschichten. Die "Basis" für Selbstmordtheorien beruht
also selbst auf einem erst noch zu verifizierenden Gesetz.

Diese Reaktivität bezieht sich auf alle Phasen der Datenerhebung: den Prozeß der Rekrutierung in eine konkrete For-
schungssituation, die Reaktion auf Eigenschaften des Forschers, der Experiment-Situation und auf vermutete Erwartungen an das "erwünschte" Verhalten. Aus der Verbindung
grundlegender Prozesse der Motivation zum Handeln, der Auf-
nahme von Interaktionen und der Fähigkeit und Neigung zu
intentionalem Handeln ergibt sich für den sozialwissenschaftlichen Erhebungsprozess ein typisches und grundlegen-
des Dilemma: je mehr eine Person zur Teilnahme an sozialwissenschaftlicher Forschung bereit ist, desto eher neigt
sie zur Reaktivität (im Sinne von: Darstellung sozial er-
wünschter Eigenschaften); je weniger Menschen zur Selbstdar-
stellung neigen oder dazu fähig sind, desto weniger sind sie
zur Teilnahme an Forschungskontakten bereit [1].
Daneben setzt jedes sozialwissenschaftliches Forschen eine
Reihe von sozialen Bedingungen voraus, deren Erfüllung an-

scheinend eine empirisch betriebene Soziologie als soziale
Forschungsveranstaltung nur dort möglich sein läßt, wo Harmonie und Konfliktlosigkeit herrschen, also: soziale Probleme nicht virulent sind. "Gültiger" Datenabruf setzt nämlich
normativen und kognitiven Konsensus zwischen Forscher und
Versuchsperson, die Existenz gemeinsamer Sprachregeln und
Sprechweisen und die prinzipielle Konsequenzenfreiheit für
die Versuchspersonen aus der Teilnahme voraus.

Faktisch findet empirische Sozialforschung nicht unter diesen Bedingungen statt, und dies hat manifeste Auswirkungen
auf die bisherige Entwicklung der soziologischen Theorie. So
ist z.B. die Vernachlässigung irrationaler und ritualisti-
scher Verhaltenselemente im menschlichen Verhalten in der
soziologischen Theorie, die Vernachlässigung von Erscheinungen und Folgen fehlenden Konsensus, von Konflikten und
Interessengegensätzen sowie von Prozessen individueller Repression unmittelbar aus diesen sozialen Vorbedingungen einer
empirischen Erforschung sozialer Prozesse zu erklären.

Weitere Probleme ergeben sich durch die Veränderung der Un-
tersuchungsobjekte durch die Messung und die Popularisierung
von sozialwissenschaftlichen Verfahren. Es ist z.B. nicht
auszuschließen, daß der Datenabrufvorgang bei Personen bei
mehrmaliger Befragung Lernprozesse in Gang setzt, oder z.B.
mit zunehmender Institutionalisierung des Bereichs Sozialforschung eine Vorsensibilisierung und Vorinformierung über
den Meßprozeß eintritt, so daß die bewußte Selektion einer
bestimmten Untersuchtenrolle möglich ist.

Schließlich ist darauf zu verweisen, daß eine Reihe sozialwissenschaftlicher Theoriestücke ihre "Verifikation" dadurch
erlangt, daß benutzte Versuchspopulationen und Forscher dem
gleichen sozialen und kulturellen und damit auch kognitiven
Hintergrund entstammen (vgl.,daß ca. 95% aller Experiment-
untersuchungen mit Studentenpopulationen durchgeführt werden,
und "Repräsentativuntersuchungen" i.d.R. einen Mittel-
schichts-Bias aufweisen) und schon von daher eine empirische
"Bestätigung" von Hypothesen eigentlich nur den Satz bestätigt: "Gleiche soziale Gruppen denken ähnlich".

Endlich hat drittens die Verbundenheit von Forschungsveranstaltung und Objektbereich Auswirkungen auf die "Geltung" von
Theorien, die für die Naturwissenschaften nicht in diesem
Maße gelten. Theorien können sich über empirische Begrün-
dungsversuche als richtig erweisen und gleichzeitig "falsch"
werden, da der Meßvorgang (z.B. bei Totalerhebungen) oder die
folgende soziale Praxis (z.B. Schaffung bestimmter Randbedingungen gemäß dem Prognosenmodell) den Objektbereich ver-
ändert:Die Verifikationsbemühung zerstöre ihre eigene Grundlage (analog zu den "self-destroying-prophecies").

Es werde beispielsweise der Zusammenhang zwischen "Schichtzugehörigkeit und Intelligenz" untersucht. Die entsprechenden

Hypothesen würden verifiziert und im folgenden eine Praxis eingeleitet zur schichtspezifischen Egalisierung von Intelligenzunterschieden (z.B. durch Vorschulprogramme). War die Theorie "richtig", und war die daraus folgende Praxis wirksam, dann wäre die Theorie anschließend "falsch": sie zerstörte sich durch die Verifikation; dies allerdings gerade weil das ermittelte Gesetz "richtig" war. Erneut wird deutlich, daß nicht das Gesetz dann falsifiziert ist, sondern lediglich die Randbedingungen nicht mehr gelten, unter denen es in Wirkung bleibt. Insofern kann es keine Selbst-Falsifikation wahrer Theorien geben. Ähnlich kann eine Verifikationsbemühung und eine entsprechende soziale Praxis eine ursprünglich "falsche" Theorie zu einer "richtigen" machen: Die Theorie "bestätigt sich selbst".

Es werde z.B. die Theorie aufgestellt, daß Personen mit abstehenden Ohren eine Neigung zu kriminellen Handlungen haben. Diese "Theorie" werde mit unpräzisen Begriffen und mit hohen Konfirmationsmöglichkeiten formuliert: eine "Verifikation" ist leicht möglich (z.B. werde das Auffinden von Personen mit abstehenden Ohren, die nicht kriminell sind, "ad-hoc" erklärt dadurch, daß diese Personen sicherlich noch kriminell würden). Diese "Theorien" gelangen nun z.B. in das Curriculum der Ausbildung von Organen der Strafverfolgungsbehörden oder werden als "kulturelle Selbstverständlichkeit" übernommen. Die Identifizierung von "Kriminellen" wird sich fortan an dieser "Theorie" orientieren und mithin tatsächlich nur noch "Kriminelle" mit den behaupteten Merkmalen existieren: Per Theorie wurde die behauptete Realität erst "konstruiert".

Diese "Pygmalion-Effekte" (vgl. insgesamt dazu WEBB u.a. 1966) sind dabei im übrigen nur Aufweise dafür, daß soziale "Wirklichkeit" immer eine von Individuen konstruierte und keine "objektive", außerindividuelle Entität ist, wobei in diesen Fällen die Forschungsveranstaltung selbst bei dieser Konstruktion mitwirkt. Theoriebildung und insbesondere die empirische Absicherung von Theorien scheinen also an keiner Stelle wirklich "festzumachen" zu sein. Immerhin ist aber zu fragen, ob diese Vorgänge nicht selbst Resultate allgemeiner Handlungstheorie sind, und ob der Verzicht auf Empirie nicht die o.a. Fehldeutungen völlig unkontrolliert läßt. Allerdings verweisen diese Kenntnisse darauf, daß "kontrollierte, experimentelle Beobachtung" allein keine Garantie für die Richtigkeit von Sätzen ist: Ein "Sinnverständnis", das an empirischen Daten ein Korrektiv zu finden bereit ist, ist die Voraussetzung sozialwissenschaftlicher Theoriebildung. Von hierher erhalten auch Introspektion, Gedankenexperimente und "Verstehen" ihren Sinn und werden - im Verein mit kontrollierten empirischen Verfahren - unaufgebbar. Soziales Handeln von Menschen ist nicht bloßes Reagieren auf Umweltreize, sondern intentional gerichtete Strukturierung der Handlungssituation, wobei "objektiv" gleiche Handlungen situationsspezifisch unterschiedliche Bedeutungen annehmen,

die ein "distanzierter, wertneutraler" Forscher nicht zu
interpretieren weiß. Dies bedeutet aber andererseits, daß
eine allgemeine Handlungstheorie gerade auch solche Prozesse der Reaktivität und der "Konstruktion der Wirklichkeit" über soziologische Theorien erklären könnte, weil
diese Theorien ja als kognitive Handlungsparameter der
Akteure gelten. Auch hier zeigt sich also: alle diese Prozesse sprechen nicht schon prinzipiell gegen eine einheitswissenschaftlich konzipierte Sozialwissenschaft.

Daß diese Eigenheiten der Sozialwissenschaften nun jedoch
nicht lediglich Komplikationen einer ansonsten zu den Naturwissenschaften gleichen Vorgehensweise bedeuten, sondern
eine eigene Methodologie erzwingen, ist die Grundüberzeugung
der hermeneutisch-dialektischen Ansätze. Die Eigenart, daß
Soziales einerseits subjektiv geschaffen, andererseits aber
objektive, quasi-naturhafte Folgen habe, gleichzeitig in
stetiger Veränderung, Auflösung und Neu-Konstituierung begriffen sei, ist der zentrale Ansatz einer besonderen, als
genuin sozialwissenschaftlich ausgegebenen allgemeinen
Methodologie: der Dialektik. Die Besonderheit, daß soziale
Prozesse und Beziehungen nur als sinnhafte und beabsichtigte
Handlungen für die Soziologie relevant seien, ist der Ausgangspunkt für ein dem nomologischen Erklärungsschema alter-
nativ gedachtes Vorgehen: Verstehen (und als Technik: die
Hermeneutik). Die Eigentümlichkeit schließlich, daß einzelne
(möglicherweise subjektiv sinnhafte) Erscheinungen (möglicherweise objektiv-dauerhafter Art) nicht als Einzelereignisse, als "Konkretes" bereits interpretierbar sind, sondern
erst "konkret" werden unter Bezugnahme auf einen (geschichtlichen und/oder sozialen) Gesamtzusammenhang ("Totalität"),
macht für die Gesellschaftsanalyse eine "vorgängige" Verständigung über diesen Globalzusammenhang unausweichlich;
erst dann kann dem Einzelnen seine "Abstraktheit" genommen
werden.

Die drei genannten "Kategorien": Dialektik, Verstehen und
Totalität weisen selbst auf eine diesem Ansatz besondere
"dialektische Spannung" hin: einerseits wird die Situations-

gebundenheit sozialer Prozesse programmatisch betont und
etwa die Denkmöglichkeit "eherner Gesetze" für den Sozialbe-
reich als ideologische Zementierung bestehender Zustände
angesehen. Andererseits wird für das "Aufsteigen vom Abstrakten zum Konkreten"[2], d.h. für die Deutung eines (an sich
sinnlosen, hier: "abstrakten") Einzeldings die Kenntnis von
Global-Tendenzen ("Totalität") unumgänglich, d.h. es müssen
doch Gesetze überhistorischer Art vorausgesetzt werden, beispielsweise solche einer alle historischen Einzelepochen
übergreifenden Geschichtsentwicklung.

Diese Doppelnatur sämtlicher Varianten der hermeneutisch-
dialektischen Richtung muß näher erläutert werden, da sie
für die "Dialektik" konstitutiv ist und aus ihr eine Ordnung
und ein erstes Verständnis der Grundaussagen der einzelnen
Richtungen möglich wird.

POPPER (1974) hat die Doppelnatur der hermeneutisch-dialektischen Richtungen und deren anti-naturalistischen und pro-
naturalistischen Doktrinen mit dem Begriff " Historizismus"
gekennzeichnet. Die anti-naturalistischen Doktrinen der
hermeneutisch-dialektischen Richtung basieren auf der Auffassung, daß nur die Naturwissenschaften mit allgemeinen
Gesetzen arbeiten könnten, während soziologische Gesetze an
verschiedenen Orten und zu verschiedenen Zeiten auch verschieden seien. Soziale Regelmäßigkeiten seien jeweils durch
unaustauschbare historische Situationselemente bedingt und
diese historische Relativität der sozialen Gesetze mache mithin die Übertragung naturwissenschaftlicher Methodologie auf
die Sozialwissenschaften unangemessen. Im Einzelnen benennt
POPPER zehn Einzelprobleme, die kurz zusammengefaßt und erläutert seien: Erstens - laut Historizismus - sei für die
Sozialwissenschaften eine Verallgemeinerung von Aussagen unmöglich, weil ähnliche Situationsbedingungen immer nur jeweils innerhalb einer spezifischen historischen Epoche vor-
lägen; ahistorische Regelmäßigkeiten seien höchstens als
Trivialitäten oder selbstverständliche anthropologische
Konstanten denkbar. Und überdies würde die Annahme von allgemeinen sozialen Gesetzen eine Apologie des Bestehenden, eine
Unterordnung unter die Unerbittlichkeit des Gegebenen bedeuten, weil "gegen Naturgesetze kein Räsonieren hilft".
Bei Annahme der epochespezifischen Änderung von sozialen
Gesetzen (im Historizismus) würde die aktivistische Komponente, daß Soziales subjektiv geschaffen ist, erst systema-
tisch berücksichtigt. Zweitens seien experimentelle Replika-

tionen, die Grundlage empirischer Prüfverfahren, in den Sozialwissenschaften deshalb nicht durchführbar, weil ähnliche Untersuchungsbedingungen höchstens intraepochal und auch da nur begrenzt auffindbar bzw. herstellbar seien, und außerdem sozialwissenschaftliche Experimente die Realität selbst veränderten (vgl. das o.a. Problem der Reaktivität). Drittens wird das Problem der Neuheit geschichtlich aufeinanderfolgender Situationen genannt. Gesellschaften hätten eine Fähigkeit, die tote Materie nicht habe: zu lernen, und dadurch werde es unmöglich, sich Wandlungsprozesse als bloße Aggregatänderungen vorzustellen; jede neue Situation sei nicht beschreibbar als eine andersartige Anordnung von prinzipiell Bekanntem, sondern nur als "eine wirkliche Neuheit, die nicht auf die Neuheit der Zusammenstellung von Bekanntem reduzierbar ist". Viertens sei der soziale Bereich, der sich ja über der materiellen Basis von Physik, Biologie etc. aufbaue, von solch großer Komplexität, daß hierdurch sich bereits die Anwendung naturwissenschaftlicher Verfahren verbiete. Fünftens wird das Problem der Rückwirkung sozialer Prognosen als Beleg für die Unmöglichkeit technologischer Verwertung sozialer Regelmäßigkeiten angeführt. Damit verbunden ergibt sich sechstens das Problem der Rückverbundenheit von Forschungsobjekt und Forscher; d.h. der Forschungsprozeß beeinflusse gleichzeitig das Forschungsobjekt und zerstöre die Objektivität der Untersuchung. Dies sei vor allem die Einbruchstelle für (unausweichliche) Wertungen in die deskriptiven Aussagen. Siebtens werden soziale Systeme nie als Aggregate, sondern immer nur als holistische, emergente Entitäten angesehen: als "Totalität". Dieser Holismus knüpft an die Prämisse an, daß soziale Systeme als Ganzheiten lernfähig seien und somit eine je einzigartige "Geschichte" und damit Identität haben, die durch eine einfache Aggregierung der Individuen überhaupt nicht berücksichtigt werden könne. Die Analogie zu Organismus-Vorstellungen und Gruppen-Geist-Ideen wird dann nahezu unumgänglich. Einzig zulässiges Verfahren sei folglich achtens das intuitive Verstehen solcher Identitäten und selbstgesetzter Sinn- und Zweckgebung durch intime Kenntnis und Einfühlung der jeweiligen Lebenswelten. Schließlich seien neuntens alle quantitativen Verfahren in den Sozialwissenschaften deshalb unangebracht, weil - neben der offen gelassenen Möglichkeit kausaler Abhängigkeiten - Quantifizierung prinzipiell unmöglich sei; Soziales sei prinzipiell nur "qualitativ"[3]. Zehntens wird als primäre Aufgabe der Wissenschaft vorgegeben, von den Dingen alles Akzidentelle zu entfernen und zum einzig Universalen vorzudringen: zum Wesen der Dinge. Dieser methodologische Essentialismus ist dabei die Voraussetzung für die pro-naturalistischen Doktrinen und die Entwicklung der Dialektik als Methode der systematischen Berücksichtigung von Wandel. Wenn man Wandel analysieren will, dann setzt dies voraus, daß (zuvor) Identisches in variablen Erscheinungsformen identifiziert wird; ansonsten könne ja nach Belieben Konstantes als "eigentlich" sich dennoch wandelnd und Änderungen als

"eigentlich" konstant betrachtet werden; und die Essenzen
der Dinge sind deren Identität, an der dann die "Geschichte",
d.h. die Beschreibung der Veränderung, und die Essenz - das
Wesen, das während der Veränderung unverändert bleibt", aus-
einandergehalten werden können. Diese Essenzen zeigen dabei
Potentialitäten der Entfaltung der Dinge, "Lebensmöglichkei-
ten", "Entwürfe vernünftigen Lebens" etc. an. Das bedeutet
andererseits, daß die Essenz einer Sache nur durch ihre
historischen Unterschiedlichkeiten erkannt werden kann; das
einzige universale am Sozialen ist also nur in seiner Veränderung beschreibbar, d.h. nur über "historische Begriffe".

Die pro-naturalistischen Doktrinen des Historizismus ergeben
sich aus zwei Elementen: einerseits will jede ernstzunehmende
Richtung nicht als metaphysisch gelten, also: auch auf Empirisches Bezug nehmen. Zweitens seien ja auch Universale -
vgl. die Essenzen - über alle Historie zu entdecken, nur halt
keine konstanten Universale ("eherne Gesetze"), sondern
"historische Entwicklungsgesetze": eine Geschichtsdialektik.

Dieser Aspekt, der allen marxistisch-dialektischen Ansätzen
ein pro-naturalistisches Element verleiht, ist für das Verständnis der hermeneutisch-dialektischen Richtungen funda-
mental. Die Aufgabe der Wissenschaft sei es, unter Bezugnahme
auf geschichtliche Daten und Ereignisse als "empirische
Basis" die Vielfalt einander widerstrebender Tendenzen und
Kräfte zu entwirren und so zu den universalen Bewegungsge-
setzen vorzustoßen, nach denen die säkularen Veränderungen
verlaufen. Zwar bleibt die Doktrin erhalten, daß es keine
allgemeinen, epocheunabhängigen Gesetze gebe, dennoch seien
Global-Prognosen möglich, nämlich über die Angabe von allgemeinen Gesetzen, die die Epochenabfolge determinieren. Das
heißt, die einzigen wirklich relevanten Universale sind "historische Entwicklungsgesetze" der Abfolge von (untereinander unvergleichbaren) Epochen. Damit könne die Sozialwissenschaft zur Aufhellung des allgemeinen (unausweichlichen)
sozialen Trends beitragen und so eine weitblickende Politik
ermöglichen. Die "Rationalität" dieser Politik sei nun meß-
bar daran, ob sie dem Global-Trend entspricht oder nicht, ob
sie "fortschrittlich" oder "reaktionär" ist. Mit dieser Konzeption wird gleichzeitig jede Art von Sozialtechnologie
nach dem H-O-Schema unmöglich bzw. notwendig zum Bestandteil
reaktionärer Politik: Jede Sozialtechnologie übersieht und
ignoriert ja die globalen Entwicklungsgesetze, steht so "den
wichtigsten Tatsachen des gesellschaftlichen Lebens völlig
blind gegenüber und übersieht zwangsläufig die einzigen Gesetze gesellschaftlicher Strukturen, die wirklichen Wert und
wirkliche Bedeutung haben". Dies hat eine typische Praxis-
einschätzung zur Folge: Wissenschaft kann nur Hebammenfunk-
tionen für die von ihr entdeckten historischen Globaltenden-
zen haben und z.B. zum Handeln in die prophezeite (und unausweichliche) Richtung ermutigen bzw. die entsprechende Hand-
lungssicherheit durch persuasive Orientierung (z.B. über

dialektische Theorie) verleihen. Wissenschaft darf nicht
mehr nur informieren, sondern muß auch aktivieren - allerdings nur in die "fortschrittliche" Richtung; und hierzu
wird die traditionsvermittelnde Interpretation vergangener
Epochen unerläßlich. Damit lehrt die Dialektik einen - wieder typisch dialektisch - eigenartigen fatalistischen Aktivismus: Soziales ist zwar "konstruiert" und veränderbar,
aber eine "aktivistische" Auflehnung gegen die universale
historische Entwicklungstendenz ist sinnlos und verlängert
nur den unausweichlichen Gang der Geschichte. Die Ambivalenz
aller dialektischen Äußerungen zum Problem von "Interpretation" und "Veränderung" (wie in der berühmten 11. Feuerbach-
These von MARX) wird daraus unmittelbar verständlich.

An dieser Stelle deutet sich bereits eine Schwierigkeit an,
die bei jeder etwas stärker systematisierenden Behandlung
der hermeneutisch-dialektischen Richtungen auftritt: Dadurch,
daß programmatisch kein Allgemein-Aspekt der Welt aus der
hermeneutisch-dialektischen Methodologie ausgeschlossen ist
(hier: alles ist subjektiv und objektiv zugleich; situations-
gebunden und überhistorisch in einem usw.) wird es praktisch
unmöglich, konkrete Vorgehensregeln (etwa: nach Art der Sinnkriterien im logischen Empirismus) zu benennen. Dieser
Mangel (bzw. Anspruch) zeigt sich in der konkreten Abwick-
lung "dialektischer" Forschungen nur zu deutlich. Eine Darstellung der unterschiedlichen Richtungen innerhalb des
hermeneutisch-dialektischen Paradigmas wird daher nicht als
"Entwicklung" erfolgen können, sondern nur als besondere Betonung des einen oder anderen Aspekts durch die eine oder
andere Richtung.

Mit der Benennung der Kategorien "Verstehen" (und Anti-Naturalismus) und "Dialektik" (und Pro-Naturalismus) ist eine
grobe Unterscheidung des Gesamtansatzes möglich. Man kann
einmal Richtungen abgrenzen, die den interpretierenden, den
subjektiven und relativistischen, kurz: den anti-naturalistischen Aspekt der These des Methodendualismus schwerpunktmäßig betonen. Diese, am "Verstehen" orientierten Ansätze
sollen in Kap. 2.1 behandelt werden und am Beispiel der
Phänomenologie und der Geschichtswissenschaften präzisiert
werden. Wichtiger Bestandteil dieser Darstellung wird dabei
einmal die Abgrenzung zu den nicht-relativistischen dialektischen Ansätzen und zweitens die Diskussion der Haltbarkeit
der These des Methodendualismus am Beispiel der Methode des
Verstehens und der historischen Erklärung sein.

Die zweite zu behandelnde Richtung könnte grob als nicht-
relativistisch, (mehr) pro-naturalistisch und teleologisch
umrissen werden: die dialektische Methodologie im engeren
Sinne (Kap. 2.2). Dabei wird zunächst der Grundsatz der
Dialektik erläutert werden. Anschließend werden - als für
die sozialwissenschaftliche Diskussion relevante - Einzelrichtungen einmal die sogenannte Kritische Theorie (einschließlich der Abhandlung des "Positivismusstreits"),
anderer mehr subjektivistischer Positionen (z.B. HOLZKAMP)
und die allseitige Kritik an der Kritischen Theorie behandelt. Ferner sollen - z.T. aus der Kritik an der Kritischen
Theorie - Positionen der dialektisch-marxistischen Wissenschaftsauffassung erläutert werden, die den pro-naturalistischen Aspekt der Dialektik mehr betonen: die objektivisti-
schen Richtungen, wie etwa HAHNs szientistisch-technokra-
tischer Marxismus oder der kritisch-rationale Marxismus eines CORNFORTH.

Schließlich sollen abschließend die dialektischen Grundprämissen einer Kritik nach Maßgabe wissenschaftstheoretischer
Grundaussagen unterzogen werden. Diese Kritik soll insbesondere prüfen, ob die dialektische Methode nicht eine versteckte Form der Funktionalanalyse (und damit eine - unvollständige - Form der nomologischen Erklärung) ist - sofern
sie nicht ohnehin auf logisch unhaltbaren Prämissen (z.B.
Wertbegründung; Zulassung von Kontradiktionen etc.) basiert.
Ein Ausblick über Möglichkeiten, den rationalen und verwend-
baren Kern der hermeneutisch-dialektischen Positionen insgesamt für den Entwurf einer Methodologie der Sozialwissenschaften zu nutzen, die gleichermaßen informierend und ver-
wertbar, wie gesellschaftlich relevant und "vernünftig"
sind, ohne den metaphysischen Irrtümern eines Methodendualismus zu unterliegen, soll die Übersicht beschließen.

2.1 Versuche der Radikalisierung des Methodendualismus:
Phänomenologie und historische Methodologie

Die anti-naturalistische Komponente in den hermeneutisch-
dialektischen Richtungen ist das Erbe langer Traditionen der
Beschäftigung mit dem "Sozialen" in Philosophie, Theologie
und Metaphysik; d.h. das Erbe dessen, daß die Philosophen
die Welt immer nur "interpretieren", weil der Bereich des
Sozialen von der Welt des Naturhaften verschieden sei und
nur "interpretiert" und "verstanden" und nicht bloß äußerlich "erkannt" werden dürfte. Die Abspaltung der Naturwissenschaften aus der anthropomorphen Behandlung der Welt mußte
jedoch von den anti-naturalistischen Richtungen hingenommen
werden. Andererseits brauchte sich der Anti-Naturalismus
in den herkömmlichen Geisteswissenschaften vom Gegenstandsbereich her bisher nicht als unzureichend erweisen, weil die
Geisteswissenschaften (noch) nicht in den Bereich der gesamtgesellschaftlichen Verwertung instrumenteller Art einge-
gliedert sind (und auch nicht sollten), d.h. also: ihre Ergebnisse müssen sich nirgendwo außerhalb ihrer eigenen Sinnwelt der innerakademischen Diskussion und des Fachgelehrten-
Disputs praktisch bewähren.

Die Sozialwissenschaften hingegen treten in ihrer Entstehung
als Verwertungswissenschaft und aus der Tradition des Anti-
Naturalismus für die Behandlung des Sozialen mitten in den
Schnittpunkt der Auseinandersetzung. Die andauernden Metho-
denstreite sind ein unmittelbarer Reflex der Subsumtion der
Sozialwissenschaften unter den Primat der instrumentellen
Verwertbarkeit einerseits und der daraus folgenden methodischen Prämissen des "Erklärens", und des Anspruchs der traditionellen Gesellschaftswissenschaften im Rahmen der Geisteswissenschaften, das anthropozentrische Erbe einer prinzipiellen Scheidung von Wissenschaften über die Natur und
den Menschen (sei es als: Leib-Seele-Problem oder das Subjekt-Objekt-Verhältnis etc.) zu verteidigen: den Allein-

herrschaftsanspruch der instrumentellen Vernunft gegen die
Idee einer praktischen Vernunft zu brechen. Phänomenologie
und Geschichtswissenschaften sind die für die Soziologie bedeutsamsten Einzelrichtungen der mehr anti-naturalistischen
Ansätze dieses Zusammenhangs. Zuvor seien einige Einzelheiten der These des Methodendualismus (in Abwehr des empirischen Ideals einer reduktionistischen Einheitsmethode) näher
erläutert.

2.1.1 Einzelaspekte der These des Methodendualismus

Die These eines prinzipiellen Methodendualismus zwischen
Wissenschaften über Naturobjekte und über soziale Prozesse
ist der deutlichste Ausdruck der stärker bzw. radikal-natu-
ralistischen Ansätze der hermeneutisch-dialektischen Richtung. Die These des Methodendualismus entsteht unmittelbar
mit der Herausbildung einer sich als eigenständig verstehenden systematischen Geschichtswissenschaft (im 19. Jhdt.) und
in der Auseinandersetzung mit dem Universalitätsanspruch der
positiven Wissenschaften, denen KANT ihre erkenntnistheore-
tische Fundierung gegeben hatte[4]. Sei es WINDELBANDs Unterscheidung von "nomothetischer" und "idiographischer"
Wissenschaft, DROYSENs Dualismus von "Erklären" und "Verstehen" oder der RICKERTsche Versuch, die analytische Verallgemeinerung als eine bloße Vorstufe zur korrekten Deutung
kultureller Erscheinungen aus ihrem "historischen Sinn" zu-
rückzustufen: in jedem Fall (wie auch bei den übrigen Vertretern des Methodendualismus wie DILTHEY, SIMMEL, CROCE)[5]
wird für die Wissenschaft vom Sozialen postuliert, daß sowohl Erkenntnisvoraussetzungen wie Erkenntnisverfahren und
Erkenntnisziel prinzipiell von denen der Naturwissenschaften
verschieden seien, eine Kette von "Methodenstreiten" hat
sich bis heute aus diesen Divergenzen entwickelt (vgl. zu
den Methodenstreiten ROMBACH 1974a, 21-24).

Bezüglich der Erkenntnisvoraussetzungen wird geltend ge-

macht, daß es einen prinzipiellen Unterschied mache, ob der
Erkennende selbst Teil des Objektbereichs sei oder nicht.
Einerseits besteht nun die Chance, nicht bloß äußerlich zu
erkennen, sondern gleichsam aus der Teilnahme heraus den
vollen Sachverhalt zu erleben. Andererseits setzt dies bereits voraus, daß der Erkennende schon vollen Einblick hat:
"Totalitätserfassung" sei das Endziel der Naturerkenntnis,
jedoch die Voraussetzung der Geschichtserfassung. Außerdem
setze die Besonderheit des Objektbereichs der Sozialwissenschaften (nämlich: die soziale Konstruktion von Realität)
voraus, daß der Forscher sich immer wieder aufs Neue der
kommunikativen Beziehung zu seinem Gegenstand vergewissere,
wenn er nicht Gefahr laufen wolle, zwar Präzises, aber
Irrelevantes zu ermitteln: Das Kommunikationsapriori (APEL
1973, 22off.) sei unausweichlich und Voraussetzung in einem.

Als einzig mögliche und angemessene Erkenntnisverfahren verbleiben so auch nur Methoden der intuitiven und introspek-
tiven (wenn auch intersubjektiv abzusichernden) Einfühlung
und Interpretation, mit allen sich daraus ergebenden Besonderheiten, wie dem Verzicht auf Erklärung durch universale
Gesetze und dem Verzicht auf eine Universalsprache zugunsten
der Ermittlung der pragmatischen Bezüge von Alltagssprache
(vgl. WINCH 1966, 154ff.), und dies vor allem deshalb, weil
soziales Handeln ausschließlich intentionales Handeln und
kein kausal-mechanischer Ablauf sei. Intentionen könnten
aber nur verstehend nachvollzogen, nicht aber kausal erklärt werden. Meist wird dabei jeweils (zumindest implizit,
oft auch ausdrücklich) unterstellt, als unterscheide sich
der "Mensch" qualitativ von sonstiger Natur (wegen seiner -
angeblich - einzigartigen Befähigung zu Intentionen und
teleologischem Handeln). Daher müsse auch an die Stelle der
kausalen Erklärung ("warum") die teleologische Erklärung
("wozu") treten.

Eine Erklärung nach universalen Gesetzen sei überdies für

die Sozialwissenschaften nicht nur inadäquat, sondern unmöglich, weil Soziales sich ständig wandle, niemals Identisches aufweise. Theorie sei als Universaltheorie unmöglich,
und sei daher nur denkbar als Aufweis der jeweiligen historischen Situation (wie auch immer das ohne Bezug auf Universales gehen kann) mit eigener pragmatischer Absicht des Forschers, deren Gelingen gleichzeitig Wahrheitskriterium ist.

Damit fällt die (etwa im kritischen Rationalismus postulier-
te) Distanz von Entdeckung und Begründung. Das verstehende
Erleben der Pragmatik von Begriffen ist das einzig geeignete
Verfahren für relevante Erkenntnis; nicht Distanz, sondern
"Eintauchen" in die Alltagswelt ist die genuin soziologische
Methode.

Diese Verfahrensweisen korrespondieren endlich eng mit den
besonderen Erkenntniszielen der Vertreter des Methodendualismus. Weder die Suche nach universalen Gesetzen noch die
Kumulation kognitiver Aussagen und empirisch wahrer Theorie
liegt im Erkenntnisinteresse, sondern die Begründung einer
auch normativ anweisenden Geschichtsteleologie; der Entwurf
des "Guten" und die Vorstellung von anderen "Lebensmöglich-
keiten" gegen das historisch Gewordene und als Besseres
Denkbare sind das Ziel. So soll nicht bloß das philosophische
"Erbe" gegen die Einzelwissenschaften gerettet werden, sondern - mehr noch - eine (irgendwie objektiv zu begründende)
Vorstellung von Emanzipation als ausdrückliches Ziel von
Wissenschaft begründet und befördert und hierüber der Eigenständigkeitsanspruch der Sozialwissenschaften (ohne Rückgriff
auf eine Theorie "soziologischer Tatbestände") durchgesetzt
und gegen alle (instrumentellen) Reduktionismus verteidigt
werden.

Das semiotisch-pragmatische Theorieverständnis erfährt von
dieser Zielsetzung eine zusätzliche Verstärkung: Theorien
haben nicht nur informierende, sondern orientierende und

verändernde Funktion; Theorien sind nur dann "gültig", wenn
sie gleichzeitig aus der "Praxis" gewonnen werden und selbst
wieder "Praxis" sind - freilich jeweils die historisch "angemessene" Praxis (wie auch immer dies zu ermitteln ist)[6].
So gesehen können soziologische Theorien u.U. kognitiv zwar
richtig, "praktisch" aber falsch bzw. kognitiv falsch,
"praktisch" aber durchaus richtig sein, während diese Unterscheidung für die Naturwissenschaften keine Bedeutung habe.

Die Thesen des Methodendualismus haben als Radikalisierung
der genannten Erkenntnisvoraussetzungen und Erkenntnisverfahren ihren deutlichsten Niederschlag in der sog. Phänomenologie und der "historischen Methode" gefunden. Beide
werden anschließend darzustellen und zu kritisieren sein. Zu
der Dialektik - als typisch historizistisch auch mit einer
teleologischen und überhistorischen Komponente ausgestattet -
kommt der Aspekt einer Begründung und Verfolgung von Erkenntniszielen hinzu; allerdings unterscheiden sich einzelne
dialektische Strömungen wiederum deutlich nach ihrem "Materialismus"-Gehalt: orthodoxer dialektischer Materialismus
neigt stark zur (impliziten) Aufgabe des Methodendualismus,
mit der Folge, daß einzelne dialektische Strömungen sich in
ihren Postulaten kaum von den Einheitswissenschaftsideen des
Empirismus unterscheiden. Und die mehr subjektivistisch-
humanistischen Richtungen heben sich teilweise kaum vom radikalen Anti-Naturalismus der Phänomenologie bzw. des Historizismus ab (vgl. Kap. 2.2).

2.1.2 Phänomenologische Ansätze in den Sozialwissenschaften

Die Radikalisierung des Methodendualismus in den sog. phänomenologischen Ansätzen bezieht sich auf zweierlei : Einmal
auf die Auffassung, daß Soziales nur über "Sinn" konstituiert
sei und so auch nur Sinn-Rekonstruktion das adäquat sozialwissenschaftliche Verfahren sei; und zweitens, daß es einer
vorgängigen Ermittlung der (selbstverständlich gewordenen

bzw. verschütteten) Hintergründe und Entstehungskontexte von
Wissenschaft (wie der gesamten "Welt") bedürfe, die den
Schein des Realen transzendieren könnte, um überhaupt - und
speziell in den Sozialwissenschaften - Aussagen machen zu
können; weil Wissenschaft selbst ein sozialer Prozeß sei,
müsse sie - als Sozialwissenschaft erst recht - wieder "verständlich" gemacht werden.

Obwohl die Phänomenologie dies eigentlich einheitlich für
alle Wissenschaften fordert (und damit zur Abwehr bestimmter
"Grundlagenkrisen" eine Einheitsmethode der Phänomenologie
bzw. des Konstruktivismus auch für die Naturwissenschaften
fordert), ist diese Forderung (nach "pragmatischer" Wissenschaft) eine Besonderheit, die den Methodendualismus für
die Sozialwissenschaften deutlich verschärft: Die Trennung
von Entdeckungs- und Begründungszusammenhang sei nicht nur
unmöglich bzw. unangemessen, sondern die Aufhebung der Einheit der Kontexte von Entdeckung und Begründung (und Verwertung) gar eine prinzipielle Barriere von Erkenntnis; und
nur eine besondere Sozialwissenschaft, die als sinn-konstru-
ierende Geisteswissenschaft betrieben werde, sei in der Lage
(und damit auch notwendig), diese Hintergründe und Traditionen (etwa der Entstehung von Methodologien) in ihrem
"historischen Urstiftungssinn" zu ermitteln[7].

An diesem Punkt treffen sich die Intentionen der Phänomenologie und der Dialektik: Wissenschaft ist der Versuch, "Sinn"
(hier: einer beliebigen Tradition; dort: einer bestimmten
Geschichtseschatologie) für den Menschen "immer wieder prä-
sent zu halten". Hierin unterscheidet sich dann auch jede
Spielart der Phänomenologie von den analytischen Ansätzen
und macht sie letztlich zu einer Radikalform des Anti-Naturalismus: Auch im Erkenntnisziel sei (jede) Wissenschaft
schon festgelegt, nämlich als "Orientierung". Damit erlangt
eine Methodologie den Primat, die orientierende "Reduktion
von Komplexität" über Aussagen zu leisten vermag, auch unab-

hängig von ihrem logischen Gehalt bzw. ihrer empirischen Wahrheit[8], jedenfalls wird die Methode der Phänomenologie auch darauf zu untersuchen sein, ob sie überhaupt Kriterien für ihre Aussagen angibt, nach denen entschieden werden kann, ob diese Aussagen einen anzugebenden Grad über-subjektiver Verbindlichkeit haben, soll Phänomenologie nicht eine Kurz-formel für spekulative Introspektion sein.

Vor diesem Hintergrund, daß Wissenschaft erst darüber sinn-voll werde, wenn sie "Sinn" expliziere und selbst erkennbar in einer Sinn-Tradition stehe, werden der Anspruch und das Ziel der Phänomenologie verständlich: Die Phänomenologie ver-sucht einen transzendentalen Bezugsrahmen für alle Wissen-schaften (und nicht nur wie bei KANT: für die Naturwissen-schaften) zu entwerfen (vgl. SCHÜTZ 1971, 115f.). Es soll der "letzte sinngebende Boden aller möglichen menschlichen Erkenntnisse" ermittelt werden und dies durch das Auffinden von (zu den KANTschen) zusätzlichen Erkenntnisaprioris. Da-mit beansprucht die Phänomenologie letztlich, eine Fortfüh-rung der KANTschen Transzendentalphilosophie für alle Wis-senschaften zu sein.

Im Folgenden werden die Hauptergebnisse der klassischen Phä-nomenologie, wie sie vor allem bei HUSSERL formuliert wurde, dargestellt, und anschließend sollen die Richtungen soziolo-gischer Theoriebildung, die aus der HUSSERL-Tradition ent-standen sind, kurz erläutert werden: Symbolischer Interak-tionismus und Ethnomethodologie. Einige Bemerkungen zur Me-thodologie der genannten Positionen sollen die Kritik des Eigenständigkeitsanspruchs der Richtungen vorbereiten. (Es sei darauf verwiesen, daß einige nicht-relativistische Strö-mungen der Phänomenologie, besonders in der amerikanischen Version etwa im Gefolge von SCHÜTZ, MEAD und Teilen der sog. Ethnomethodologie in der folgenden "idealtypischen" Darstel-lung bewußt nicht weiter verfolgt werden, damit der Grundan-satz, der auch für diese Versionen weiterhin gilt, deutlich genug heraustritt.)

2.1.2.1 Die klassische Phänomenologie

Die klassische Phänomenologie ist eine Reaktion darauf, daß
die für die naturwissenschaftlichen Einzelwissenschaften
(bei KANT) ermittelten "Aprioris" des Erkennens (rationaler,
theoretischer Entwurf und experimentelle Prüfung) nicht ausreichen, um die "Bedingungen des Wissens" auch für andere
Wissenschaftszweige zu klären. Die Phänomenologie will also
die Menge der Aprioris so erweitern, daß es möglich wird,
jeder Einzelwissenschaft ihre speziellen Aprioris zuzuweisen
(ihnen jeweils "regionale Ontologien"vorzuschreiben), von
denen her dann sowohl die Erscheinungen des Gegenstandsbereichs wie der "Sinn" dieser Einzelwissenschaft deutlich
werden sollen (vgl. ROMBACH 1974b, 5off.). Die Phänomenologie versteht sich somit in erster Linie als Erkenntnistheorie
(und nicht als Wissenschaftstheorie), wenngleich gelegentlich
auch beansprucht wird, realwissenschaftliche Aussagen machen
zu können.

Das Ziel der Phänomenologie, eine allgemeine transzendentale
Basis aufzufinden, bestimmt sich von der Devise, das Seiende
nicht als bloß Seiendes zu akzeptieren, sondern "zur Sache
selbst" vorzudringen, indem die Sache sich zum Sichzeigen
bringt (sie zum "Phänomen" wird), und zwar von sich selbst
her. Dieser Vorgang wird Konstitution genannt und die Phänomenologie sei die Wissenschaft von der (reinen) Konstitution
der Sachen, wie sie sich "an sich" zeigen. Der Hintergrund
dieses (wie auch immer durchführbaren) Vorhabens (vgl. ELEY
1972, 31ff.) ist im Grunde der Versuch, Wissenschaften und
das allgemeine Erkenntnis-Apriori dadurch zu begründen, daß
Erkenntnis nur im Rahmen von Praxis und im Rahmen eines vorgängigen Interaktionsbezuges möglich (d.h. "sinnvoll") sei.

Der Gedankengang sei etwas näher erläutert: Jede Wissenschaft setze "Welt" voraus, da Welt in jeder Aussage die immer mitgesetzte "Generalthesis" sei - daß eine Sache grundsätzlich auch anders sein könne. Damit wird dieser allgemeine
"Welthorizont" für den Denkenden zum Medium und zur Voraussetzung seiner Subjektivität: daß er sich seiner Subjektivität und Denktätigkeit bewußt wird. Wie wird nun aber dieser
Welthorizont bestimmt, wie bildet er sich heraus? Einerseits
bildet er sich immer nur als ein "besonderer" Ausschnitt
heraus (wenngleich sich dieser Horizont natürlich wandeln
kann). Andererseits ist Subjektivität (als Erkenntnisvoraussetzung) nur stabilisierbar (und möglich) als Subjektivität,
die sich auch an den Horizonten anderer herausbildet: als
Inter-Subjektivität. Damit wird eine Interaktions- und Kommunikationsgemeinschaft zur Voraussetzung jeder Erkenntnis,
"Praxis" geht jeder Erkenntnis voraus. Die Konstitution von
Dingen erfolgt nun so, daß die Dinge, so wie sie erscheinen,
jeweils anderen Möglichkeiten ihrer Erscheinungen gegenüber-
gestellt werden und der Bezugspunkt für diese Unterscheidungen sei der durch Praxis und Interaktion herausgebildete
(jeweils regionale) Welthorizont des Erkennenden.

Damit vermeint die Phänomenologie das letzte Apriori aller
Wissenschaft benannt zu haben und zwar dadurch, daß mit der
Entwicklung des Interaktions-Apriori einerseits klargelegt
sei, daß Denken und Erkennen niemals monistisch möglich ist
(wie z.B. der naive Empirismus annimmt bzw. bei KANT noch
formuliert ist) und daß zweitens Denken immer nur intentionales Denken ist, Denken, das auf etwas bezogen ist. Die Phänomenologie leugnet also die Existenz einer (dem Bewußtsein)
äußeren Welt nicht, aber sie enthält sich jedes Urteils über
diese Welt, um dann - über eine bestimmte Verfahrensweise
(s.u.) - zu einer "Sphäre des reinen Bewußtseins" zu gelangen, in dem die Dinge nur noch als "Phänomene", so wie sie
mir erscheinen "an sich" vorhanden sind, und in dem absolute
Gewißheit über die Dinge als Erscheinungen erlangt worden ist.

Diese Absichten (und das postulierte Ergebnis) der Phänomenologie enthalten Elemente, die zweifellos für die metawis-
senschaftliche Diskussion auch für die analytische Wissenschaftstheorie von hoher Bedeutung sind: Denken und Erkennen
sind nicht voraussetzungslos, sondern an Interaktionszusam-
menhänge gebunden; Welt wird immer nur in ihren Erscheinungen
und nicht in ihrer Realität erkannt usw. Da aber andererseits die Phänomenologie beansprucht, nicht nur - kognitions-
psychologische - Aussagen über soziale Bedingungen von Erkenntnis zu machen, sondern objektsprachliche Behauptungen
über das - von allen Äußerlichkeiten befreite, apriorisch-
transzendent erscheinende - Wesen von Dingen zu machen, wird
nun eine Benennung des Verfahrens, wie dies erreicht werden
soll, unerläßlich.

Ausgangspunkt der phänomenologischen Methode ist die (sicher
richtige) Ansicht, daß Dinge sich häufig anders darstellen
als was sie "in Wirklichkeit" sind: "Die Sache kann sich ver-
stellen". Um diese oberflächliche Darstellungsweise einer
Sache aufzulösen, daß sie also in ihrem "Wesen" erscheint,
sei die Methode der Konstitution erforderlich. Und ein Ding
konstituiert sich dann, wenn freigelegt wird, was das Ding
- gemessen am Welthorizont - sein könnte, aber dennoch (invariant) ist. Dieser Vorgang, das erscheinende Ding mit dif-
ferenten (Welt-) Möglichkeiten zu vergleichen, wird vollzogen über das, was HUSSERL "Einklammerung" nennt: alle real
erscheinenden Existenzweisen eines Dings werden darauf untersucht, welche Bestandteile ("thetische Momente") zur Konstitution des Dings überflüssig bzw. prinzipiell variabel sind,
so daß schließlich nur noch das "Ding an sich" als reine Erscheinung verbleibt. Dann ist die gesuchte Sphäre des "reinen Bewußtseins" erreicht[8]. Das Verfahren dieser Abstraktion besteht so einmal aus der genannten "phänomenologischen
Reduktion"; dann zweitens aus der "eidetischen Reduktion"
als Absehen von zufälligen Variationen und Ermittlung der
notwendigen und invarianten Beschaffenheitsstruktur eines

Dings. Schließlich werden diese sichtbar gewordenen Vor-
stellungscharaktere zu Gesamtheiten einer bestimmten Typik
zusammengefaßt: eine Typologie "idealer Gegenstände"[9].

Das Hauptproblem dieses Verfahrens ist aber, daß man zwar
nach dem "Wesen" eines Dings introspektiv suchen kann, jedoch nicht sicher ist, ob die jeweilige Reduktion nun angemessen war oder nicht. Dieses Risiko des Scheiterns an einer
nicht-subjektiven Wirklichkeit wird in der phänomenologischen
Methodik jedoch ausgeschlossen: In der "Noesis" (dem Wahrnehmen) werde ich gewahr, daß das jeweilige "Noema" (das
Wahrgenommene) zu einer bestimmten Reduktion selbst ("intentional") tendiert, sich also das Noema verändert, während die
Noesis gleich bleibt. Da aber das Ding (als Erscheinendes)
immer schon sein intersubjektiv geltendes "Wesen" voraussetzt, weil es sonst gar nicht (intersubjektiv) als "Erscheinung" erkennbar wäre, deckt die (subjektive) Noesis
lediglich die intersubjektiv immer schon bestehenden Wesens-
Elemente eines Dings auf: Die Erkenntnis kann nicht anders,
wenn sie nur der Intention des Noema folgt.

Damit wird die Intersubjektivität zur Voraussetzung und
Garantie der Richtigkeit der phänomenologischen Reduktion.
Zum Problem wird damit also eigentlich etwas anderes: nämlich die Konstituierung der Intersubjektivität selbst. Bei
HUSSERL wird dieses Problem auf eine etwas eigenartige Weise
gelöst. Mit Vollzug der Reduktion (genannt: Epoché) schrumpft
die Konstitution der Sache auf das subjektive Ego, auf die
subjektive Privatwelt. In dieser Privatwelt erlebt das Ego
sich selbst als Körper, als Seele; der Andere, das alter Ego,
tritt in diese reduzierte Außenwelt (zunächst) als Körper,
als fremder Körper auf, und zwar nachhaltig als "appräsenta-
tive Paarung"; d.h. ich erlebe, daß mein Körper und der Körper von alter Ego ähnlich, wenngleich fremd sind. So konstituiert sich in meiner Monade eine andere Monade, die jedoch
nicht bloß eine Kopie des Ego ist. Die erste Gemeinschaft ist

die Gemeinschaft der (körperlichen) Natur, aus der sich dann
alle weiteren Stufen der "transzendentalen Intersubjektivität" entfalten, bis hin zur Konstitution intersubjektiv und
als "Totalität" erlebter Sozialsysteme ("Personen höherer
Ordnung"). Diese Entstehung der Intersubjektivität, von sozialen Entitäten "von innen heraus", ist dann auch der Grund
dafür, daß solche Lebenswelten ihre je eigene "Biographie"
und Typik haben, die unverwechselbar und unauflösbar ist[1o].
Dies hat weitreichende Folgen.

Da diese Konstituierung von Intersubjektivität nämlich auch
Voraussetzung allen Wissens ist, bezieht Wissenschaft ihren
letzten Sinn aus ihrer Bedeutung für diese Konstituierung
einer Intersubjektivität. Eine Sozialwissenschaft, die hierzu nichts beitrage (etwa weil sie reduktionistisch oder
"wertneutral" konzipiert wäre) verfehlte diese Funktion notwendigerweise. Hinzu kommt eine entscheidende Besonderheit:
da die Konstitution von Intersubjektivität ja nicht nach
universalen Mustern, sondern nur unter jeweils unterschiedlichen Randbedingungen verläuft, ist sowohl die intersubjektiv geschaffene Lebenswelt wie (damit auch) das "Wesen" der
Ideal-Phänomene jeweils prinzipiell unterschiedlich und unvergleichbar: Geschichte bedeutet sowohl die Konstituierung
"epochal verschiedener Welten" wie die Generierung von unterschiedlichen "historischen Typiken" von Phänomenen; die wesentlichen Eigenschaften von Dingen sind nicht invariant,
sondern verändern sich nach den Bedingungen der Konstituierung der lebensweltlichen Intersubjektivität.

Damit wird die Untersuchung der intersubjektiv eingespielten
Alltagswelt zur Voraussetzung von Erkenntnis und Quelle der
Erkenntnis gleichermaßen. Eine analytisch-nomologische Kau-
salitätserfassung (in der Tradition des Begriffsnominalismus)
verfehlt natürlich diese Bedingung: Hermeneutik, Verstehen
und Teilnahme ("teilnehmende Beobachtung") sind die einzig
angemessenen sozialwissenschaftlichen Verfahren, erstens zur

Ermittlung dieser Lebenswelten und zweitens zur Bereitstel-
lung einer Theorie, die mit den jeweils "epoche"-spezifischen
Begriffen ausgestattet ist und so nur auch die einzig wichtige Funktion von Theorie erfüllt: Sinn zu stiften und Intersubjektivität zu konstituieren.

Dadurch, daß in der Phänomenologie offenkundig ein und der-
selbe Mechanismus (lebensweltliche Intersubjektivität) sowohl die Wesens-Erkenntnis von "Phänomenen" generiert wie
auch die Geltung der Analyse sichert und damit die Einheit
der Entstehung und Begründung der Ergebnisse phänomenologi-
scher Analyse eine methodische Notwendigkeit ist, ergibt
sich ein für die Phänomenologie typischer Ansatz: Von Akteuren in der Alltagswelt entworfene Typiken sind erstens die
einzig relevanten Untersuchungsgegenstände der Sozialwissenschaften; und zweitens: wirkliche Erkenntnis dieser Typiken
ist nur möglich unter teilnehmendem Erleben der entsprechenden Lebenswelt auch durch den Forscher.

Daraus ergibt sich in der Tat letztlich die Ansicht (und
Forderung), daß sozialwissenschaftlich "relevante" Erkenntnisse nicht solche sein können, deren "Intersubjektivität"
unter Beachtung formaler methodischer Überprüfungsregeln
gesichert werde (Trennung von Entdeckungs- und Begründungszusammenhang), sondern deren Geltung erst durch die lebensweltlich und kommunikativ eingeübte Fähigkeit zum Nachvollzug
dieser Typiken nachzuweisen ist: die "Nachkonstruktion von
Tiefenstrukturen" gelingt (nur) dem, der selbst an dem betreffenden Kommunikationszusammenhang teil hat[11]. Außerdem
fügt sich die Einheit von Generierung und Begründung von
"Tiefenstrukturen" (bzw. "reinem Wesen") in das Theorie-Pra-
xis-Verständnis der Phänomenologie: Die so gewonnene Theorie
vermag unmittelbar wieder in der Lebenswelt ("pragmatisch")
zu wirken und evtl. prekäre Kommunikation und "Sinn"-Tradi-
tionen zu heilen; damit wird natürlich auch die Wahl der
Theorie-Form nicht freigebbar: Nicht in formaler und unspe-

zifischer Universalsprache, sondern nur in den jeweiligen
"Sprachspielen" der Alltagswelt vermag eine Theorie diese
(verlangte) praktische Wirkung zu entfalten (vgl. auch Kap.
2.1.3.2).

Hieraus wird eine letzte Besonderheit deutlich, die für
sämtliche Varianten der hermeneutisch-dialektischen Richtung
typisch ist: Die"Relevanz" einer Theorie bemißt sich nicht
nach ihrer Fähigkeit, eine Vielzahl von "Explananda" zu
implizieren (d.h. wahr zu prognostizieren und zu erklären),
richtet sich nicht nach der "Problemlösungskapazität" der
Theorie, sondern "Relevanz" heißt: Orientierung und Sinn zu
stiften, pragmatisch-semiotische Wirkung bei Akteuren zu haben[12]. So gesehen werden selbstverständlich auch (relativ
willkürlich) generierte Merkmalsräume "wesentlicher" Eigenschaften von Dingen (als Ergebnis "eidetischer Wesensschau")
nicht nur vor-theoretische und prinzipiell informationslose
Ordnungsschemata (wie das für künstliche Typologien generell
zutrifft), sondern wirklichkeitsstrukturierende Sinn-Schema-
ta unmittelbar. Theoriegewinnung, Theorieinhalt, Theoriebegründung, Theorieform und Theorieverwendung bilden somit in
der Phänomenologie eine unauflösliche Einheit. So kann die
Phänomenologie in der Tat als Radikalisierung des Anti-Naturalismus verstanden werden, deren methodologische Grundlagen vor allem auch in den subjektivistischen Richtungen
der dialektischen Methode (vgl. Kap. 2.2.2) und im Historismus (vgl. Kap. 2.1.3) einen nachhaltigen Niederschlag gefunden haben.

Damit steht die phänomenologische Richtung in direktem Gegensatz zu allen "analytischen" Methodologien; und die Verfahrensweisen der Hermeneutik und des "Verstehens" von Sinn-
zusammenhängen seien so auch der kausal-analytischen bzw.
der funktions-analytischen Ermittlung von Regelmäßigkeiten
nicht nur vorzuziehen, sondern die einzig adäquaten Methoden einer (anti-naturalistischen) Sozialwissenschaft mit dem

Erkenntnisziel der Ermittlung von Sinnstrukturen. Ob allerdings diese Verfahren tatsächlich einen eigenständigen methodologischen Status haben, wird noch zu klären sein; ebenso wie hier noch offen bleiben muß, ob die phänomenologische Methodik irgendein reales (und nicht bloß linguistisch-subjektives) Problem der sozialen Wirklichkeit zu lösen imstande ist. Obwohl wegen der angedeuteten prinzipiellen methodologischen Unhaltbarkeiten (programmatische Vereinigung von Theorieentstehung und Theoriebegründung) die Phänomenologie allenfalls den Status einer (notwendigerweise: metaphysischen) Erkenntnistheorie haben kann, deutet sich in ihrem Vorgehen und Ziel der Hinweis auf eine etwaige Besonderheit für eine sozialwissenschaftliche Methodologie an, die zwar prinzipiell einheitswissenschaftlich orientiert ist, dennoch aber die Besonderheiten des Objektbereichs der Sozialwissenschaften ernst nimmt: Die Phänomenologie kann auch als der Versuch gelten, die in einer Lebens- und Sprachgemeinschaft herausgebildeten Grundelemente des Hintergrundkonsenses zu ermitteln, der in jedem Sozialsystem vorausgesetzt werden muß. Dieser Hintergrundkonsens bezieht sich auf bestimmte geteilte (meist unbewußte) Grundüberzeugungen über bestimmte Zusammenhänge von Dingen, über bestimmte Relationen, die lebensweltlich eingeübt und so über einen bestimmten Gegenstandsbereich sozial definiert sind und "Sinn" besitzen (also nicht wie in der Methodologie sonst: bewußt und (zunächst) willkürlich definiert sind). Da dieser Hintergrundkonsens der Rahmen der "letzten Realität" (PARSONS) ist, über den sich sowohl ein Sozialsystem integriert wie die Persönlichkeitssysteme orientieren, das Ergebnis einer solchen Rekonstruktion also direkt auch die Identität von Personen berührt, kann man durchaus - wenngleich viel zu metaphernhaft - davon sprechen, daß ein "Noema" zu einem bestimmten "Wesen" selbst "tendiert".

Dieser realistische Kern der Phänomenologie ist andererseits mit den Mitteln der herkömmlichen Sozialpsychologie und Kul-

turanthropologie (als empirische Theorie der Entstehung von
Kognitions- und Sprachdispositionen) benennbar: über jeden
Gegenstandsbereich gibt es eine prinzipiell unendliche Menge
von Relationen, in denen die Einzelteile geordnet werden
können; a priori gibt es keine "wesentlichen" Relationen, in
denen die Dinge geordnet sind. Da aber ökologische Besonderheiten (Lebensumstände, Natur) menschliche Lebensgemeinschaf-
ten dazu zwingen, in der Bewältigung der Alltagsreproduktion
nur bestimmte Relationen als bedeutsam zu behandeln, nämlich
die, die die jeweiligen Alltagsprobleme zu lösen gestatten,
bildet sich (über lerntheoretisch deutbare Verstärkungspro-
zesse) lebensweltlich das kollektive Erlebnis der besonderen
Relevanz (d.h. Belohnungsgehalt) bestimmter Relationengebilde heraus[13]. Die (erzwungene) Selektion von Kognitions-
Dispositionen und Sprachmustern ist die unmittelbare (über
empirische sozialpsychologische Theorie kausal begründbare)
Folge.

Das "Wesen" einer Sprache ist somit nicht prinzipiell a priori vorhanden, sondern bildet sich lebensweltlich-kooperativ
in der Alltagsgestaltung heraus. Und je nach den ökologisch-
natürlichen Randbedingungen sozialer Kooperation verändern
sich auch die als "wesentlich" erlebten Relationengebilde
einschließlich der zugehörigen Kognitions- und Sprachdispositionen (die gelegentlich so genannten "Tiefenstrukturen").

Eine "Phänomenologie" wird notwendig, sobald die Ursprungs-
entstehung der Relationengebilde über die bekannten Muster
der Routinisierung, Legitimierung und Veralltäglichung aus
dem Bewußtsein geschwunden sind: wenn "Oberfläche" und "Wesen" auseinanderfallen[14]. Andererseits würde jede Unterscheidung von Wesen und Erscheinung dann auch "lebensweltlich" beziehungslos werden, wenn die Alltagsgestaltung immer
weniger unmittelbar kommunikativ verankert ist; Mediatisie-
rung von Sozialbeziehungen in modernen Gesellschaften und der
Zusammenbruch essentialistischer Methodologien sind von da-

her nicht nur zeitlich aufeinander bezogen.

Solche Rekonstruktionen sind natürlich ein wichtiger Auf-
gabenbereich jeder Sozialwissenschaft. Die Frage ist nur, ob
sie das einzige Erkenntnisziel sind, ob die Existenz solcher
"Tiefenstrukturen" jeden Versuch unmöglich macht, über den
gleichen Objektbereich auch andere Relationen als die lebensweltlich eigeübten zu definieren, und ob für solche (und
andere) Rekonstruktionen nur die Sprache der Lebenswelt,
nicht aber eine Universalsprache geeignet sei. Letztlich,
dies sei hier vorweggenommen, entscheiden sich diese Fragen
am Theorieverständnis: Wenn Theorie zum Ziel hat, eine möglichst große Zahl von Explananda zu erklären, dann kann man
sich bei der Theoriebildung nicht apriorisch auf die all-
tagsweltlich eingelebten Relationengebilde beschränken. Dann
muß es möglich sein, wenigstens zu versuchen zu ermitteln,
ob es funktionale Äquivalente, interepochale Gemeinsamkeiten
und sonstige Universalien gibt, die man durch eine (zunächst)
beliebige Wahl eines Relationengebildes gewonnen hat, und
deren Triftigkeit sich an der empirischen Erklärungskraft
der darüber formulierten Theorie erweist. In einem solchen
Fall müssen auch der Theoriegewinnungskontext und der Prüf-
vorgang getrennt werden, weil Theorien erst so als übersub-
jektiv geprüfte Aussagen die enge Sinnwelt phänomenologi-
scher Wesensschau überschreiten können. Die prinzipielle Beliebigkeit der Relationen über einen Gegenstandsbereich (die
sich freilich empirisch-prognostisch zu bewähren haben) läßt
so auch die Formulierung von soziologischer Theorie in einer
Universalsprache (etwa: in der Idealsprache der Logik) zu
bzw. macht dies unumgänglich. Wenn Theorie jedoch nicht als
generalisiertes Vermittlungsmedium, nicht als empirisch
wahres und logisch gehaltvolles Aussagensystem aufgefaßt
wird, sondern ihr Ziel in der "Entbergung" der (je individuellen) Alltagswelten sieht (weil vielleicht "Orientierung"
und Traditionsvermittlung das Hauptanliegen sind), dann
reicht in der Tat ein phänomenologisches Vorgehen aus.

Für eine gehaltvolle empirisch-nomologische Theorie kann sie jedoch nur eine - wenngleich überaus fruchtbare und bedeutungsvolle - Vorarbeit im Entstehungszusammenhang des gesondert zu prüfenden "Vermutungswissens" sein.

2.1.2.2 Symbolischer Interaktionismus und Ethnomethodologie

Der radikale Anti-Naturalismus der phänomenologischen Richtungen hat einen folgenreichen Niederschlag in der allgemeinen soziologischen Theorie gefunden: im Symbolischen Interaktionismus und in der sog. Ethnomethodologie. Die phänomenologische Kritik bezieht sich vor allem auf das sog. "Struktur"-Modell des herkömmlichen Struktur-Funktionalismus und auf bestimmte Annahmen der (behavioristischen) Verhaltens- und Lerntheorie. Soziale Systeme bestünden - grob gesagt - nicht aus festen Strukturen, sondern würden fortwährend und unmittelbar von Akteuren selbst durch symbolisch gesteuerte Interpretationshandlungen geschaffen: Soziales ist interpretierte und konstruierte, nicht aber eine den Individuen öußerliche und vorgefertigte Wirklichkeit. Dazu sei menschliches Verhalten nicht nur stimulierte Reaktion, sondern intendiertes und konsequenzbedenkendes Handeln, wodurch seinerseits auch das Soziale seinen typischen Neuheitscharakter erhalte.

Da also soziale Wirklichkeit nicht aus fixen Strukturteilen (Rolle, Position, Norm, Institution etc.) bestehe, sondern nur als solche erscheine, wobei tatsächlich diese scheinbaren Verfestigungen nichts sind als das Ergebnis ständig neuer Interpretations- und Deutungshandlungen, sei auch eine nomologisch-analytische Methode unangemessen, die auf der Voraussetzung der Stabilität von Prädikationen aufruhe. Nach dem Symbolischen Interaktionismus bleiben ja "Bedeutungen" typischerweise nicht stabil. Statt dessen habe die wissenschaftliche Befassung mit diesen Interpretationsprozessen die Alltagstypisierungen und -interpretationen, die letzten

"Idealisierungen", die allen Deutungen von Interaktionen immer schon zugrunde liegen, die "Tiefengrammatik" von Sprachspielen also, zu ermitteln. Und dies nicht mit Mitteln distanziert-neutraler Prädikation über operationale Korrespondenzregeln, sondern über "Verstehen", "teilnehmende Beobachtung" und Eintauchen in die "Hermeneutik der natürlichen Lebenswelt".

Radikalisiert wird diese Fassung schließlich in der sog. Ethnomethodologie: Es sollen die Strategien ("Methoden") und "Idealisierungen" untersucht werden, mit denen Menschen im Alltag operieren, um die (prinzipiell chaotische) Welt so (über Deutungen) zu ordnen, daß sie ihnen als geordnet erscheint (tatsächlich aber immer prekär ist). Und Sozialwissenschaft wird in dieser Fassung nicht als Unternehmen der (sprachlichen) Abbildung der Welt aufgefaßt, sondern selbst als Instrument der Stabilisierung einer prinzipiell prekären Welt[15]. Der Symbolische Interaktionismus steht so in direkter Folge der HUSSERL-SCHÜTZschen Phänomenologie, vermischt mit gewissen Teilen der Sozialisations- und Interaktionstheorie bei MEAD (unter besonderer Beachtung der Bedeutung sprachlicher Symbole)[16].

Wegen der Bedeutung der "interpretativen Soziologie" für das Verständnis der Besonderheiten des Objektbereichs der Soziologie einerseits und für die Einordnung der Argumente in die bisherige Darstellung, insbesondere aber für den Nachweis, daß die Existenz symbolischer Deutungen und Situationsdefinitionen keine prinzipiellen Hindernisse einer analytisch-nomologischen Erfassung auch dieser Vorgänge sind, seien die Positionen etwas näher erläutert.

Ausgangspunkt sei das herkömmliche "normative Paradigma" (WILSON 1973, 54ff.). Danach wird der Akteur als ein Objekt mit stabilen Eigenschaften und Dispositionen aufgefaßt, die je nach - fest strukturierten - Situationsbedingungen (Rolle,

Status etc.) in Verhalten münden bzw. unterdrückt oder kontrolliert werden. Verhalten ist (vorhersagbar) determiniert
durch die Dispositionen der Akteure und die Situationseigenschaften der Handlungsumwelt. Voraussetzung hierfür ist immer die Annahme (bzw. die Problemlosigkeit) eines reibungs-
losen kommunikativen Austausches von Symbolen (etwa: über
Situationseigenschaften), die Stabilität der Symbol-Bedeu-
tungs-Relationen, sowie die Annahme einer stabilen und allgemeinen Verhaltensmotivation: die (hedonistische) Gratifi-
kationsmaximierung. Die Stabilität und Strukturiertheit von
Sozialbeziehungen ergibt sich nun daraus, daß Interaktions-
situationen von den Akteuren als Exemplifizierungen von bestehenden Rollen- und Normstrukturen erlebt und dann (kon-
form) mit Verhalten gefüllt werden. Daran wird endlich unübersehbar, daß dieses Handlungsmodell der Erklärung sozialer Regelhaftigkeit kognitiven und normativen Konsensus sowie eine vollständige ("übersozialisierte") Sozialisation
der Akteure voraussetzt. Da aber andererseits dieses Handlungsmodell die Voraussetzung dafür sei, daß den Akteuren
und Strukturelementen überhaupt stabile und eindeutige Prädikationen zugewiesen werden können, sei dieses normative
Paradigma aufs engste mit einer Prädikaten-Methodologie der
empirisch-analytischen Nomologie verknüpft bzw. deren Voraussetzung.

Die grundlegende Ausgangsidee des Symbolischen Interaktionismus ist, daß Makrostrukturen letztlich aus nichts anderem als
aus Mustern spezifischer Interaktionen von Individuen bestehen. Bei diesen Interaktionen nehmen die Individuen aber
nicht einfach - je nach Situation - passiv eine Rolle nach
einem "wohlgeordneten Satz von Regeln und Normen" an, sondern
entwerfen ständig ihr Handeln danach neu, was sie als sinnvoll
in der jeweiligen Situation nehmen. Und dies geschieht über
die Wahrnehmung, Interpretation und Antizipation des Verhaltens der anderen Interaktionsteilnehmer nach Maßgabe der in
einer Situation gesendeten (und ihrerseits gedeuteten) Sym-

bole. Interaktionen (und damit letztlich: Makrostrukturen).
entstehen somit aus wechselseitigen Interpretationen und
Definitionen prinzipiell neuartigen Inhalts (wenngleich auf
der Grundlage einiger allgemeiner invarianter Unterstellun-
gen: "Idealisierungen"; z.B. die Idealisierung der Reziprozität der Perspektiven, der Vertauschbarkeit der Standorte,
der Kongruenz der Relevanzsysteme; vgl. SCHÜTZ(1971, 12ff.).
Interaktion ist somit nicht das Ergebnis eines passiven Rol-
lenspiels, sondern von strategischer Rollensteuerung und
wechselseitiger Intentionsanpassung der Akteure. Eine Analyse nur der jeweils offen gehandelten Normen würde Interaktionen völlig unzureichend beschreiben. Erst eine Analyse
der Situation aus der Perspektive des Handelnden ("Verstehen") kann ermitteln,was in der Interaktion "wesentlich"
war (vgl. TURNER 1974, 178ff.).

Diese Fassung der "Natur" des Sozialen macht zwei wichtige
Annahmen, die für die Begründung der typisch anti-naturalistischen methodologischen Konsequenzen aus dem Symbolischen Interaktionismus unerläßlich sind. Einmal wird unterstellt, daß Handeln allgemein (d.h. modal und nicht nur aus-
nahmsweise) als strikt intentionales und nicht stimuliertes
Verhalten auftritt bzw., daß "strategisches" Rollenspiel und
die Fähigkeit zu Rollendistanz Universalien seien, daß also
mechanisch-konformes Verhalten kaum vorkomme. Damit ist eng
die Idee verbunden, die Fähigkeit zu intentionalem Handeln
sei eine einzigartige menschliche Fähigkeit, deren Vorliegen
eine mechanisch-kausale Methodologie verbiete. MEADs Sozia-
lisationstheorie als Beschreibung der Bedingungen für die
Herausbildung einer Ich-Identität und damit von Fähigkeiten
der Impulshemmung, Rollendistanz und korrekten empathischen
Situationsdeutung liefert den Hintergrund dazu. Zweitens
wird angenommen, daß durch die Interpretationen Situationen
prinzipiell unvergleichbar, "neu" sind, also nicht in Ähn-
lichkeitsrelationen gebracht werden können. Und auch die Eigenschaften der Akteure werden in den Situationen jeweils

neu zugeschrieben; Eigenschaften sind keine invarianten Prädikate, sondern jeweils situationsspezifisch zugewiesene Deutungen.

Eine der folgenreichsten Anwendungen dieses Ansatzes ist unter der Bezeichnung "label approach" in der Kriminalsoziologie bekannt geworden. Danach ist "Devianz" kein eindeutiges
Prädikat von Personen, die bestimmte Normen verletzt haben,
sondern eine Eigenschaft, die aufgrund bestimmter Interpretation und Deutung von anderen Eigenschaften der Person, jeweils von den offiziellen Sanktionsinstanzen (Polizei, Ge-
richt) zugewiesen wird. Und dies besonders solchen Personen,
die Situationen selbst nicht über Macht steuern können. Dadurch seien die beobachtbaren Ungleichverteilungen in der
Delinquenzbelastung (nach Schichtzugehörigkeit) erklärbar.
Und zwar nicht wegen der Ungleichverteilung eindeutig bestimm-
barer Eigenschaften (Devianz), sondern wegen der ungleichen
Zuweisung der Eigenschaften in den Routineprozessen der ad-
ministrativen Behandlung auffällig gewordener, nicht der
"tatsächlichen" Delinquenten. Da also Delinquenz nicht aus
"Ursachen" (z.B. freudlose Kindheit, Überich-Defekte oder
Auseinanderfallen von Zielen und Mitteln etc.) entstehe,
sondern - unabhängig von "Ursachen" - jeweils definiert werde, verbiete sich jede Methodologie, die nach den "Ursachen"
von Delinquenz frage (vgl. die Radikalisierung   dieser
These bei SACK 1968; vgl. auch SCHUR 1971).

Die methodologischen Folgerungen aus den inhaltlich-theore-
tischen Annahmen des Symbolischen Interaktionismus lassen
sich dann auch folgendermaßen zusammenfassen: weil die analytisch-nomologische Methodologie (und das angeschlossene
H-O-Schema) auf Unterstellung fester Prädikationen beruhe,
diese Unterstellung im sozialen Bereich, der sich ja aus
ständig neuen bzw. einmaligen und unvergleichlichen Situationsdefinitionen konstituiere, aber nicht haltbar sei, verliere die analytische Nomologie vom Gegenstandsbereich her in
der Soziologie jede Berechtigung. Außerdem führe sie - wegen
dieser Unterstellung - zu einer Reifikation und Überbetonung
des Satzes gemeinsam geteilten Alltagswissens, normativer
Konformität, von gemeinsamer Sprache und "Intersubjektivität", die tatsächlich nicht vorhanden seien.

Die Intentionalität des Handelns von Menschen erzwinge somit eine typisch andere Methodologie, nämlich den interpretativen Nachvollzug von Symbolen, Absichten und Deutungen: Verstehen durch (faktische oder gedankliche) Teilnahme an Interaktionsverläufen. Daran wird gleichzeitig deutlich, daß die Eigenschaft, die als typisch menschliche unterstellt wird und diese andere Methode erzwingt (intentionale Empathie), auch die Eigenschaft ist, die erst eine wirkliche Erkenntnis des Sozialen erlaubt. Faktisch impliziert diese methodologische Konzeption die Annahme, daß es keine deterministischen Gesetze und keine präzise Theorie in der Soziologie geben könne, außerdem daß quantitative Verfahren prinzipiell unangemessen und statt dessen "weiche Methoden" zu verwenden sind (z.B. teilnehmende Beobachtung, Einzelfallstudien etc.). Die meisten Beiträge des Symbolischen Interaktionismus sind also nicht zufällig sehr nahe an mehr journalistischen Essayismus geraten, dabei hat der Symbolische Interaktionismus unbestreitbare und unverzichtbare Erkenntnisse gewonnen. Ob programmatischer Essayismus jedoch au die Dauer ausreicht, eine Wissenstradition mit Problemlösungskapazität zu gründen, muß höchst zweifelhaft bleiben.

Die Kritik am Symbolischen Interaktionismus (und seiner Radikalisierung in der Ethnomethodologie) kann so auch kurz gefaßt bleiben. Die Kritik läßt sich auf zwei Punkte konkretisieren. Erstens können nicht ohne weiteres Intentionalität und Rollendistanz als Modal-Eigenschaften von Menschen aufgefaßt werden, weiteste Teile des Alltagsverhalten und bedeutende Populationsteile sind durch mechanische Konformität und unbewußten Ritualismus geprägt. Dies kann man bedauern, und vielleicht für eine (sicherlich noch) utopische Gesellschaft zu verhindern suchen, aber nicht apriorisch als empirisches Faktum ausschließen. Und zumindest für dieses Verhalten wäre dann eine analytische Nomologie anwendbar[17]. Dazu kommt natürlich der generelle Einwand, daß ja immer noch nicht (bzw. prinzipiell nicht) von Intentionalität als qualitativ unterschiedlichem zu stimuliertem (gelerntem, d.h.

determiniertem) Verhalten gesprochen werden kann; Intentionalität ist möglicherweise nichts anderes als eine besondere
(komplexe) Form des Reiz-Reaktions-Verhaltens, das lerntheoretisch gedeutet werden kann. Die meisten Handlungstheorien
(vgl. LANGENHEDER 1975) informieren deutlich genug darüber,
daß intentionales Handeln durchaus mit nomologischen Ansätzen
untersuchbar ist. Außerdem ist die apriorische Annahme einer
anthropologischen Eigenschaft der Intentionalität durch nichts
begründbar, mithin auch eine entsprechende Ablehnung der
analytischen Nomologie schon aus der Unbegründbarkeit eines
empirischen Aprioris nicht berechtigt.

Andererseits ist es sicher richtig, daß Menschen Situationen
deuten und selbst nur immer situationsspezifisch bestimmte
Eigenschaften[18] haben. Daraus aber eine Unangemessenheit
nomologischer Methode abzuleiten, hieße, apriorisch anzunehmen, daß auch solche Deutungen und solche Eigenschaftszu-
schreibungen (z.B. im "label-approach") unvorhersagbar
chaotisch seien. Und dies ist auch nach eigenem Einverständ-
nis des Symbolischen Interaktionismus keineswegs der Fall.
Die Regelhaftigkeit von Interpretationen und von Typisierun-
gen ist sowohl denkbar möglich wie faktisch beobachtbar und
empirisch verbreitet. Damit aber schließen die (richtigen)
Prämissen des Symbolischen Interaktionismus, daß Menschen
nicht nur blind-unbewußt-konform Rollen spielen, sondern
teilweise auch aktiv-rational-impulsgehemmt Situationen "aus-
beuten"[19], eine nomologische Analyse solcher Prozesse
keineswegs aus. Und wenn seitens des Symbolischen Interaktionismus bei diesen Einwänden darauf verwiesen wird, man
ließe sich nicht apriorisch unter die Fessel der analytischen Wissenschaftstheorie nehmen, dann bleibt natürlich die
Frage, nach welchen Kriterien man denn solche Regelhaftigkeiten zu behandeln gedenkt; allerdings wird darüber hinaus
meist vermutet, die analytische Wissenschaftstheorie impliziere bereits inhaltlich Ergebnisse nach Maßgabe des "normativen Paradigmas", d.h. daß diese Methode der Struktur-

modelle reifiziere. Richtig ist sicherlich, daß bei Anlegung eines engen Strukturbegriffs eine soziologische Theorie
"einfacher" wird, da für die Prädikationen keine zusätzlichen Situationsbedingungen angegeben werden müssen. Aber
auch in der Sprache des Symbolischen Interaktionismus kommt
man ohne Prädikationen von Gegenstandsklassen nicht aus;
ganz abgesehen davon, daß die Setzung der Wertbasis (analytische Wissenschaftstheorie) für die inhaltlichen Aussagen
prinzipiell belanglos ist. Eine soziologische Universaltheorie wird die Grundideen des Symbolischen Interaktionismus
ernstzunehmen haben, gerade dies verhindert aber nicht, daß
sie nomologisch-analytisch orientiert ist (vgl. Kap. 2.1.4.).

2.1.3 Soziologie und Geschichte

Wenn es in der gegenwärtigen Diskussion um das Verhältnis
von Soziologie und Geschichtswissenschaften so scheint, als
läge hier einer der zentralsten Eckpunkte der Auseinandersetzungen im Gefolge der Methodendualismus-These, dann wird
die ermüdende Unfruchtbarkeit meta-methodischer Dispute in
den Sozialwissenschaften überdeutlich: Soziologie und Geschichte als Gegensätze aufzufassen, hieße für den jeweiligen Aussagebereich entweder die Menge der relevanten singu-
lären Ereignisse völlig unangemessen zu beschneiden (Soziologie ohne Geschichte) oder das Wissen über soziale Ereignisse auf das bloß narrative Aufzählen von Einzelereignissen
zu beschränken (Geschichte ohne Soziologie). So gesehen ist
der bekannte Ausspruch von McRAE auch zu verstehen[2o]: Zur
Dokumentation der Überflüssigkeit des Streits. Dennoch soll
die Auseinandersetzung um den Methodendualismus auch am Beispiel des Verhältnisses von Soziologie und Geschichte dargestellt werden; und dies vor allem als Beleg der These, daß
auch für den Bereich der Geschichtswissenschaften jedes Re-
klamieren einer eigenständigen Methodologie (im Sinne des
Methodendualismus) unbegründbar ist bzw. ein Sonderstatus
allenfalls aus (apriorisch) anders gesetzten Praxis- und

Zielvorstellungen wissenschaftlicher Arbeit postuliert werden kann (vgl. BAIER 1966).

Von daher soll in einem ersten Abschnitt das Verhältnis von Soziologie und Geschichte etwas näher erläutert werden, und zwar einmal in der großen Skizzierung der beiderseitigen Entwicklung und dann in der Benennung der jeweiligen Unterschiede bzw. Gemeinsamkeiten in Vorgehensweisen und Analyseziel. Ein zweiter Abschnitt soll dann den methodologischen Eigenständigkeitsanspruch der Geschichtswissenschaften etwas näher erläutern, wobei vor allem auf die Besonderheiten des Verfahrens der Hermeneutik, des "Verstehens", der Methodologie der Teleologie und die historische Position in der Diskussion um die Anwendbarkeit des H-O-Schemas eingegangen werden soll. Eine Kritik dieses methodologischen Eigenständigkeitsanspruchs soll dabei jedoch erst (zusammen mit den entsprechenden Grundprämissen aus der Phänomenologie und dem Symbolischen Interaktionismus) in einem gesonderten Abschnitt erfolgen.

2.1.3.1 Das Verhältnis von Soziologie und Geschichte

Die Einschätzung, daß die zweifellos beobachtbare und im jeweiligen Selbstverständnis auch deutlich vorhandene Trennung von Soziologie und Geschichte überflüssiges Relikt einer selbst nur historisch-soziologischen Entwicklung der Humanwissenschaften ist, selbst aber methodisch nicht begründet werden kann, wird nicht überall geteilt: Die Trennung wird unmittelbar aus der These des Methodendualismus abgeleitet; die Geschichte habe nämlich das Erbe einer nicht bloß szientistischen Vernunft gegenüber einer den Traditionen und teleologischen Utopien indifferenten ("positivistischen") Soziologie aufrechtzuerhalten: Eine so verstandene Geschichte "bestreitet dem Positivismus (gemeint ist ein analytisch-nomologisches Wissenschaftsverständnis), daß streng theoretisches Wissen allein durch Rekonstruktion von Handlungszusam-

menhängen in Variablen beobachtbaren Verhaltens ... erreicht
werden kann" (HABERMAS 1971b, 123).

Sämtliche Aprioris der These des Methodendualismus werden so
auch auf das Verhältnis von Soziologie und Geschichte angewandt bzw. gegenüber einer einheitswissenschaftlichen Interpretation des Verhältnisses angeführt: Historische Prozesse
seien subjektiv-intentionale Vorgänge und damit nur versteh-
bar, d.h. eine bloß erklärende Methodologie bleibe unzureichend bzw. dem Gegenstand unangemessen; im historischen Raum
sei für allgemeine, universell gültige Gesetze kein Platz,
weil sozial-historische Regelhaftigkeiten nur unter je un-
wiederholbar individuellen Bedingungen aufträten; und Geschichtsschreibung könne sich nicht mit einer bloßen Beschreibung begnügen, es müsse vielmehr eine sozial wirksame
Vermittlung und Verständlichmachung vergangener Ereignisse
für die Gegenwartssituation erfolgen. Wenn das Erkenntnisinteresse und die Methodologie einer nomologisch orientierten Soziologie mit "erklärend" umschreibbar ist, dort die
Suche nach universellen ("ahistorischen") Gesetzen programmatisch und der Erkenntnis- bzw. Begründungsvorgang für Aussagen von irgendeinem Verwertungszusammenhang unabhängig
konzipiert ist, dann bleibt als einzige Gemeinsamkeit nur
noch der Gegenstandsbereich beider Disziplinen: die menschliche Gesellschaft.

Wenngleich die wechselseitigen Abgrenzungen von Soziologie
und Geschichte als qualitative Unterschiede nicht begründbar
sind (vgl. Kap. 2.1.3.2), lassen sie sich dennoch als unterschiedliche Schwerpunktsetzungen benennen. Die Geschichte
habe als Ziel die möglichst vollständige Aufzählung singulä-
rer Ereignisse der Vergangenheit (Geschichtsschreibung als
"the Book of the Recording Angel"), während die Soziologie
Einzelereignisse nur als Beleg und Begründungsinstanz für
allgemeine Theorie wichtig halte, also als Erkenntnisziel
allgemeine Theorie habe. Die Geschichte sei - so das oft be-

schworene Wort[21]- am Individuellen, die Soziologie am
Allgemeinen interessiert, die Geschichte beschreibe, die
Soziologie analysiere. Und dies sei schon vom Gegenstandsbereich der Geschichte her bestimmt, denn geschichtliche Ereignisse seien einmalig und wiederholten sich nicht; und so
könne für den Bereich dem menschlichen Handeln, der "historisch" genannt wird, auch nicht von "Kausalität" und "Notwendigkeit" gesprochen werden: Menschen machen ihre Geschichte und tun dies intentional, nicht von blinden Zwängen
getrieben.

Damit müsse auch die nomologische Erklärung in der Geschichte
unzureichend bleiben; nicht über "Ursachen" werde historisches
Geschehen blind-kausal fortgetrieben, sondern über die Motive und "guten Gründe" von Handelnden. In der Geschichte verlaufe eine Entwicklung eben nicht kausal-notwendig, sondern
final-teleologisch in Richtung auf die gewollte Zwecksetzung
frei handelnder (d.h. natürlich: mächtiger) Personen. Erst
daraus wird auch das letzte - und methodisch bedeutungsvoll-
ste - Unterscheidungsmerkmal verständlich: Wenn sich Geschichte als Folge intentionalen Handelns von Menschen konstituiert, dann dient eine Darstellung dessen "wie es war"
vor allem für "eine systematische und kontrollierte kollektive Erinnerung der Gesellschaft an ihre eigene Herkunft und
ihren historischen Ort. Das Interesse an der Geschichte wur-
zelt in der Suche einer Gesellschaft nach ihrer Identität
mit sich selbst" (DREITZEL 1967, 442). Die Soziologie dagegen lehne jedes pragmatische Kriterium ab; nicht die Wirkung
einer Theorie (etwa für eine historisch gerichtete Handlungsorientierung) sei ihr Geltungs- und Relevanzkriterium, sondern ihre (empirische) Wahrheit.

Diesen wechselseitig unterschiedlichen Schwerpunktsetzungen
entsprechen die gegeneinander gehegten Animositäten: Der
Soziologie mangele es an Verständnis für die Bedeutung von
Zeit und unverwechselbaren "Zeiten" (im Sinne von epochal-

besonderen Grundtendenzen) für gesellschaftliche Abläufe;
aus ihrem Hang zur Gegenwartsanalyse verliere sie den Blick
für die Einmaligkeit der Randbedingungen. Die Soziologie
neige zu einer allzu leichtfertigen Einebnung komplexer Vorgänge, insbesondere von "widersprüchlichen" Tendenzen, der
Beachtung der "Gleichzeitigkeit des Ungleichzeitigen". Soziologische Theorie sei daher meist zu abstrakt und damit in-
haltsleer und unanwendbar. Quantifizierung und die Abquali-
fikation des "Verstehens" als Methode seien überdies dem Gegenstandsbereich nicht angemessen und beschnitten die Er-
kenntnismöglichkeiten im Bereich des Sozialen um ihr wichtigstes Verfahren.

Demgegenüber wird der Geschichte vor allem ihre Theoriearmut
vorgeworfen und insbesondere die Ansicht als falsch moniert,
daß allein schon der zeitliche Abstand zwischen historischem
Ereignis und Geschichtsschreibung eine objektive Aufzeich-
nung gewährleiste. Aus der Scheu vor Verallgemeinerung
flüchte sich die Geschichte überdies in einen - wirklich
positivistischen - Detail- und Faktenfetischismus. Die
apriorische Annahme der Methode des Verstehens als einzig
angemessene und die bloße Interpretation intentionalen Handelns mit Hilfe zeitimmanenter Maßstäbe und Möglichkeiten
habe dem Historiker den Blick dafür verstellt, daß Geschichte
und soziale Prozesse auch über nicht-intentionale Beweggründe ablaufen und außerdem sich natürlich auch immer nichtbe-
absichtigte Folgen intentionaler Handlungen einstellen können. Eine so betriebene Geschichte sei damit zu subjekti-
vistisch-idealistisch angelegt, um die faktisch-materiellen
Vorgänge im sozialen Bereich erfassen zu können; die Beschränkung auf die Historiographie von Staatsaffären, Entscheidungen und Irrtümer einzelner Herrscher und die Schil-
derung von Kriegen und Kongressen sei die sichtbare Folge,
während erst die Soziologie auch den Beitrag der anonymen
Massen für die Entwicklung der Gesellschaft und den Gang
der Geschichte ernst nehme.

Dabei scheint diese Trennung von Soziologie und Geschichte
selbst eher die Folge einer geschichtlichen Entwicklung als
"vom Gegenstand erzwungen" zu sein. Geschichtsschreibung,
soziologische Gesellschaftsanalyse und Philosophie bilden
allgemein bis zum Beginn des 19. Jhdts. eine Einheit: Geschichtsschreibung verschmilzt bis dahin mit soziologischen
Verallgemeinerungen und sozialphilosophisch-theologischen
Entwürfen[(22)]. Erst mit der Entstehung der Frühformen komplexer Gesellschaften (in Westeuropa im Gefolge der Entwicklung des Frühkapitalismus und der Auflösung der feuda-
listischen Segmentation) und dem beginnenden Zusammenbruch
traditionaler und naturrechtlicher Deutungsschemata wird
eine Geschichtsschreibung möglich (und notwendig), die die
durch die obsolet gewordenen Traditionen gefährdeten Identitäten bzw. neu zu bildende Identität neuer gesellschaftlicher Führungsschichten (das Bürgertum) zu stützen vermag:
Geschichte entsteht als Wissenschaft da, wo "Geschichtslo-
sigkeit" zur Voraussetzung der bürgerlichen Emanzipation
von feudalistischer Bevormundung wird, nämlich in der Ausformulierung der liberalistischen Wirtschaftsdoktrinen (z.B.
bei SMITH und RICARDO), die dann als übergeschichtliche
"Wahrheiten" zur Legitimation für die gesellschaftliche Aufwertung des Bürgertums herangezogen werden und über ihren
deskriptiven Gehalt hinaus auch normative Geltung beanspruchen.

An diesem Punkt der Entwicklung setzt die Trennung ein: Zum
einen lehnt sich das um Behauptung ringende Bürgertum in
seinen Bemühungen gegen den Feudalismus einerseits und das
Proletariat und Kleinbürgertum andererseits immer stärker
an den Staat als Garanten seiner Existenz an; Geschichte
entsteht typischerweise als Legitimationstheorie staatlicher
Institutionen. Andererseits vermag eine allgemeine (insbesondere: evolutionäre) Theorie sozialer Prozesse es nicht,
einer in ständiger Existenzgefährdung verbleibenden Schicht
eine solche auch legitimierende Identität zu verleihen; erst

eine partikularistische und relativistische Grundorientie-
rung kann dieses Problem lösen. Geschichte wird so Teil der
Gegenbewegung gegen die universalistisch orientierte Aufklärung und den nomologisch-ahistorisch ausgerichteten Libera-
lismus des voll emanzipierten Bürgertums.Die - typischerweise deutsche - Fassung der Geschichtswissenschaften als
partikularistisch, konservativ-affirmativ, romantisch und
anti-einheitswissenschaftlich kann so mit Recht als Folge
der nur sehr unzureichenden Emanzipation des deutschen Groß-
und Bildungsbürgertums im 19. Jhdt. gedeutet werden; und dieses Gefühl der Unzureichendheit scheint bis heute anzudauern.
Geschichte entsteht so aus einem Bedürfnis zur Identitäts-
findung bei einem nicht voll selbstbewußten Bürgertum und
mündet dabei entweder in romantizistische Gegenaufklärung
(z.B. in der Kritischen Theorie)[23] oder in eine affirmati-
ve Staatstheorie und Institutionenlehre (z.B. in der Soziologie bei GEHLEN und LUHMANN).

Gleichzeitig entspricht das partikularistisch-relativisti-
sche Geschichtsverständnis den Anliegen der beginnenden na-
tionalstaatlichen Einigungsbestrebungen und der Behauptung
der Nationalstaaten gegen den kosmopolitischen Imperialismus
im Gefolge der Französischen Revolution; Geschichtsschreibung
als deutend-rekonstruierende Ausformung einer nationalen
(und klassenmäßigen) Einzigartigkeit und Identität korres-
pondiert z.B. auch mit einer Rechtslehre, die das Recht nicht
als Folge rational geplanter Institutionen, sondern als je
einzigartigen und schon von daher legitimen, weil organisch
gewachsenen Teil der Volkskultur sieht (v. SAVIGNY); sie verbindet sich ferner mit einer Sprachwissenschaft, die Sprache
und Kultur als holistische, einzigartige Ganzheit auffaßt
(HERDER u. HUMBOLDT): Die Sprache ist nicht bloß ein Symbol-
system für prinzipiell austauschbare Designata, sondern Denken, Sprechen und Kulturwelt bilden eine je unverwechselbare
Einheit. Diese Ideen, die ursprünglich im Gefolge der Entstehung der kontinentalen Nationalstaaten aufkommen, haben in

der SAPIR-WHORF-Hypothese einerseits und in der klassischen
deutschen Wissensoziologie andererseits ihren Niederschlag
gefunden. Gemeinsam ist ihnen der Relativismus und Holismus:
Es existieren (in der Geschichte, im Recht, in der Sprach-
form) nicht weiter auslösbare Einheiten, in die nur verstehend (bzw. teilnehmend) eingedrungen werden kann; und diese
"Totalitäten" sind ihrerseits in keinerlei Ordnungsrelation
zueinander zu bringen: sie sind einzig und einzigartig und
jede für sich "unmittelbar zu Gott" (RANKE).

In der Geschichtswissenschaft ist der sog. Historismus[24]
der deutlichste Ausdruck dieser relativistischen gegenauf-
klärerischen Strömungen geworden. Ausgehend von HERDERschen
Grundgedanken, der Geschichte als fortwährendem Fluß
des Gewordenen auffaßt, bei dem ja in seiner je einzigartigen Eigentümlichkeit notwendig immer anderes (prinzipiell
Mögliches) ausgeschlossen wird, und der daraus abgeleiteten
Idee des Flusses von Individuationen, gewann der Historismus in Deutschland unter DROYSEN, DILTHEY, TREITSCHKE bis
zu MEINECKE stärksten Einfluß; dies besonders, weil der
Historismus den aufkommenden Nationalismus zu stützen ver-
mochte, traditionell den staatlichen Institutionen gegenüber
sich affirmativ verhielt und überdies im Prinzip der Indivi-
duation des Gewordenen das christlich-jüdische Erbe der
Trennung der Welt in ein Reich der Notwendigkeit und ein
Reich der Freiheit weiterführte. Es ist typischerweise diese
vorwissenschaftliche Hybris, in der für den Bereich des Sozialen ein Sonderstatus der Freiheit, der "Seele", der Intentionalität postuliert wird[25] und entsprechend eine Ein-
heitsmethodologie verworfen wird, und die sowohl im Historismus wie in anderen Varianten der hermeneutisch-dialektischen
Richtung weiterlebt.

Der Historismus ist andererseits auch als direkte Gegenbewegung zu dem anderen "Paradigma" der Gesellschaftswissenschaften des 19. Jhdt. (vor allem in Frankreich und England)

zu sehen: dem Evolutionismus eines COMTE, BUCKLE oder
SPENCER[26]. Dabei kommt dem Historismus sicher das Ver-
dienst zu, die Betrachtung des Konkret-Individuellen gegen
die allzu glatt-abstrakten Analogien des Evolutionismus zu
verteidigen. Andererseits hat sich die allmählich eigenständig werdende Soziologie, die unter Abtrennung von der Geschichte und in enger Verbindung mit der Nationalökonomie
(SCHMOLLER, SOMBART) entsteht, auch gegen den (aus biologischen Organismusanalogien hervorgegangenen)Evolutionismus[27]
zu verteidigen, weil unter der Hand mit den organ-biologi-
schen Analogien normative Aussagen gesellschaftlicher Art
geliefert werden, die für die Erkenntnis sozialer Prozesse
zudem meist irrelevant oder irreführend sind. Soziologie als
nomologisch-analytisch verstandene und z.B. systemtheore-
tisch struktur-funktional betriebene Wissenschaft kann sich
so erst allmählich entwickeln.

Erste und richtungsweisende Ansätze auf dem Weg zu einer
solchen Soziologie, in der die Trennung von der Geschichte
nicht nur aufgehoben, sondern historische Daten unentbehrliche
Voraussetzung einer informationshaltigen Gesellschaftstheorie
sind, sind die Bemühungen von MARX und WEBER. Bei MARX ist
die einheitswissenschaftlich-analytische Auflösung des Historismus zwar noch in der subjektivistisch-eschatologischen
Komponente seiner Dialektik verdeckt, in der ja bekanntlich
z.B. auch die marxistische Theorie selbst als historisch ge-
bundenes Produkt benannt wird. Dennoch wird bei MARX deutlich, daß er eine Trennung von Natur und Mensch, von Geschichte und Sozialwissenschaft als idealistisches Relikt betrachtet. WEBER gelang - insbesondere in seiner Auseinandersetzung
mit der historischen Schule in der deutschen Nationalökonomie - zu seiner bezeichnenden Lösung: Die Beibehaltung eines
spezifisch sozialen Gegenstandsbereiches unter Aufgabe einer
spezifisch "soziologischen Methode"; "Verstehen" wird zwar
erforderlich zur Ermittlung des Gegenstandsbereiches ("soziales Handeln"), die Methode selbst ist aber die vergleichen-

de "kausale" Erklärung, die auch in den Naturwissenschaften
geläufig ist.

Die enge Verknüpfung der historischen Wissenschaften mit dem
Historismus und der Soziologie mit einem (zumindest tenden-
ziell) universalistisch angelegten Strukturfunktionalismus
hat sich bis in die Gegenwart erhalten und ist teilweise
noch verstärkt worden: Die deutschen Historiker hatten z.B.
(so gesehen: begreiflicherweise) kaum Probleme, ihre affir-
mative Grundhaltung und partikularistische Orientierung dem
Faschismus anzudienen, ebenso wie dies auch in der Gegenwart
häufig noch den herrschenden Institutionen gegenüber geschieht. Bezeichnenderweise waren während des Faschismus
nahezu alle empirisch-nomologisch orientierten Soziologen
zur Emigration gezwungen. Der Widerstand gegen den (impliziten) kosmopolitischen Universalismus einer einheitswissenschaftlich betriebenen Soziologie geht in der Gegenwart denn
auch einerseits vom konservativen Partikularismus aus, andererseits von den in der historistischen Tradition stehenden
Strömungen des Neo-Marxismus, beginnend mit der "Kritischen
Theorie" bis hin zu den diversen antiszientistischen,
maoistischen und spontaneistischen Sammlungsbewegungen der
Neuen Linken.

So kann man für das Verhältnis von Soziologie und Geschichte
in der Gegenwart zwei Pole ausmachen: Einmal die Versuche,
die Geschichtswissenschaften als Orientierungswissenschaften gegen eine nomologisch betriebene ("bürgerliche" oder
"positivistisch-blutleere") Soziologie wieder einzusetzen.
Das Hauptproblem ist dann, wie nach dem Zusammenbruch jeder
Letztbegründbarkeit für Orientierungsschemata bei irgendeinem präskriptiven Entwurf überhaupt noch eine Verbindlichkeit begründet werden kann. Damit stellt sich z.B. für
HABERMAS auch das Problem der Begründbarkeit von Normen immer dringlicher. Der Versuch, eine eigenständige Wissenschaft der Geschichte wieder in diesem Sinne abzusondern,

scheitert also mit dem Scheitern der Bemühungen, Normenbe-
gründungen zu liefern.

Auf der anderen Seite stehen die Versuche, Soziologie und
Geschichte unter eine einheitliche Methodologie zu subsumieren. Hierzu zählen alle Bemühungen, nachzuweisen, daß
Historiker (implizit), wenngleich unbeabsichtigt und lücken-
haft, immer schon auch der nomologischen Methodologie unter-
worfen sind, sobald ihre Arbeit über die bloße Quellensamm-
lung hinausgeht. Mit der Subsumtion der Geschichte unter die
nomologische Methodologie verliert sie natürlich jede Sonderstellung, insbesondere auch ihre Funktion der Handlungsorientierung und Legitimation.

Damit ergibt sich jedoch ein schwerwiegendes Problem, das
bereits im Zusammenhang mit der Frage der Relevanzproblematik im Kritischen Rationalismus auftrat: Kann man ohne weiteres auf jede Orientierungswissenschaft verzichten und nach
dem Recht gewissermaßen auch die orientierenden Handlungs-
entwürfe (die PARSONSsche "letzte Realität") "positivieren",
(also: auf sämtliche Relevanzkriterien verzichten) d.h., darauf vertrauen, daß in komplexen Sozialsystemen der spezifische Inhalt einer Orientierung immer irrelevanter wird, wenn
nur irgendein Teilsystem irgendeine Orientierung liefert
(wie LUHMANN vorschlägt)? Oder müssen auch weiterhin die
(vielleicht einheitswissenschaftlich betriebenen) Gesellschaftswissenschaften unter eine bestimmte Wertrelevanz gestellt bleiben, jedenfalls solange wie das bei der LUH-
MANNschen Lösung (implizit) vorhandene Integrationsapriori
nicht gerechtfertigt ist und z.B. immer noch systematisch
die Bedürfnisse von Menschen unterdrückt werden und soziale
Ungleichheit in repressiver Form weiter besteht. Angesichts
dieser Sachlage könnte in der Tat der Vorschlag von
DREITZEL (1972, 47ff.) eine Lösung bedeuten, der eine quasi-
naturalistische Begründung (im Anschluß an einen Vorschlag
von Leslie SKLAIR) für das Problem versucht: Es sei die Auf-

gabe der Gesellschaftswissenschaften, Kriterien zu entwerfen,
wonach entschieden werden kann, welche Sozialsysteme es wert
sind, zu überleben. Diese Kriterien könnten einer interkul-
turell und historisch vergleichenden Systemtheorie entnommen
werden, bei der ermittelt wurde, welche Systeme eher zur Be-
dürfnisentwicklung und -befriedigung von Menschen beitragen
und welche nicht: "Aufgabe einer emanzipatorischen Erkenntnisinteresse verpflichteten Geschichtsforschung wäre die
Aufstellung der Mechanismen und Bedingungen der Befriedigung
individueller und gesellschaftlicher Bedürfnisse bzw. ihrer
Unterdrückung. Aus der Geschichte der Herrschenden muß eine
Geschichte der Unterdrückten werden" (DREITZEL 1972, 5o).
Und hierzu, eine solche Aufhellung zu vollziehen und begründen, ist - so sei hier behauptet - nur eine analytisch
und vergleichend ausgerichtete soziologische System- und
Handlungstheorie in der Lage, die selbstverständlich schon
deshalb auch einheitswissenschaftlich zu betreiben ist, weil
Menschen Teil von Natur sind. Methodendualismus und Historis-
mus haben jedenfalls bislang außer Deklamationen zu dieser
Frage kaum etwas beizutragen gehabt.

2.1.3.2 Zum Eigenständigkeitsanspruch der Geschichts- wissenschaften

Betrachtet man die angeblich qualitativen Differenzen des
historischen und des soziologischen Vorgehens etwas näher,
dann wird klar, daß eigentlich komplementäre methodische
Prinzipien zu Gegensätzen hochstilisiert werden und/oder
haltlose Auffassungen von Kausalität "Gesetz" und "Notwendigkeit" diesen vorgeblichen Methodendualismus erst begründen.
Zunächst einmal ist die Geschichte zweifellos ebenfalls eine
empirische Wissenschaft, mit allen - z.T. beträchtlich ver-
schärften - Basissatzunsicherheiten, die aus der analytischen
Methodologie geläufig sind. Gegenüber einer naiv-empiristisch
betriebenen Soziologie ist sie jedoch insofern weiter entwickelt, als hier der "Zweifel am Basissatz" und die Prüfung

der Einzeltatsachen auf ihre Geltung gewissermaßen zum professionellen Selbstverständnis gehört: Quellenermittlung, Quellenkritik und die Einordnung der Quellen in einen (theoretischen) Gesamtzusammenhang (in der Kunstlehre der Hermeneutik zu einer eigenen Hilfsmethode verfeinert) haben den Primat vor aller abstrakten Theorie.

Unter Hermeneutik versteht man die Lehre der Interpretation und des Verstehens historischer Quellen und Überreste. Das Ziel der Hermeneutik ist die Sicherung der gültigen Tradierung der gemeinten Inhalte und Absichten einer Quelle und ihres Urhebers. Als Verfahren hat diese Technik ihre Anfänge in der Antike, als Kunst des Hermes, der den Menschen die Botschaften der Götter überbringt. Mit der Aufklärung und der Kritik am Intuitionismus als Wissensquelle verfällt auch die Hermeneutik als anerkanntes Verfahren; erst im Gefolge der Romantik, des Idealismus und Historismus gewinnt sie wieder eine Aufwertung. Das Verfahren selbst beruht auf dem Aufbau bzw. Auffinden eines sinnvollen Zusammenhangs, in dem der entsprechende Text "verständlich" wird, und zwar so, daß die Konstruktionsbedingungen des Textes so weit offen gelegt werden, daß eine Reproduktion möglich wäre. Dabei verliert der zu interpretierende Text seine Eigenheiten und wird innerhalb des aufgedeckten Sinnzusammenhangs selbst nicht mehr abgrenzbar: "... Symbol und Symbolisiertes fallen als Sinngebilde zusammen".

Man unterscheidet zwei Arten der Hermeneutik: die Anwendungshermeneutik und die Forschungshermeneutik. Bei der Anwendungshermeneutik geht es darum, Texten mit dogmatischem Gehalt einen Sinn zu unterlegen, der mit den jeweils aktuellen Bewußtseinszuständen vereinbar ist und den Text in seiner Dogmatik unangetastet bleiben läßt. Texte, die eine hohe "überschießende Sinnfülle" aufweisen (also: leerformelhaft sind) eignen sich hierfür besonders. Wichtig ist, daß die dogmatische Auslegung um jeden Preis gelingen muß, wenn der Text nicht seine dogmatisierende Kraft verlieren soll; solche Auslegungen unterliegen also keinem Wahrheitskriterium, sie unterliegen dem "non-liquet-Verbot". Bibel-, MARX-, und LUHMANN-Exegesen sind meist solche Anwendungshermeneutik.

Die Forschungshermeneutik unterliegt dagegen nicht dem non-liquet-Verbot, sondern ist der Versuch, eine hypothetische Interpretation nach bestimmten Kriterien (z.B. logische Stimmigkeit, Umfassendheit) als haltbar nachzuweisen oder als unhaltbar zurückzuweisen. Diese Arbeit fußt auf der Unterstellung allgemeinerer Entstehungsregelhaftigkeiten von Texten (wie z.B. Stil) und ist wie jede Methode von der Richtigkeit solcher Hintergrundtheorien abhängig. Das Problem liegt dabei in der starken Subjektivität des Verfahrens; von daher sollte nichts dagegen einzuwenden sein, wenn moderne Verfah-

ren der Inhaltsanalyse bis hin zur automatischen Textaus-
wertung hier für eine starke Kontrolle sorgen. So gesehen
ist die Hermeneutik als Forschungshermeneutik weder wissenschaftlich fragwürdig (wie die dogmatische Hermeneutik)
noch eine eigene geisteswissenschaftliche Methode.

Der Ausgang von den Einzeltatsachen legt dann auch die be-
vorzugte Methode der Theoriegewinnung nahe: historische Aussagen sind vornehmlich induktiv gewonnene Verallgemeinerungen
mit allen Problemen, die der Induktion als Verfahren anhaften. Damit läßt sich für den ersten (immer wieder genannten)
Unterschied, die Geschichte habe das Individuelle, die Soziologie das Allgemeine zum Gegenstand; die Geschichte liefere
nur Beschreibung, die Soziologie nur Analyse; die Geschichte
basiere auf der Induktion und die Soziologie auf der Deduktion, bereits vorher Festgestelltes wiederholen: Weder Induktion noch Deduktion können als Begründungsverfahren allein genügen; jede singuläre Tatsachenfeststellung verweist
notwendig immer auch auf Allgemeines; jede Beschreibung enthält auch theoretische Verallgemeinerungen; jede allgemeine
und noch so abstrakte Theorie muß durch Detailfeststellungen
gestützt sein. Schließlich haften den Gegenständen und Klassen von Dingen die Prädikate "individuell" und "allgemein"
nicht als ontologisch feste Bezeichnungen an, sondern werden
ihnen aposteriorisch-empirisch nach dem jeweils angelegten
theoretischen Ordnungsgebilden (als Klasseneinteilung, Ordnungsrelation u.ä.) in einem besonderen Prüfprozeß zugewiesen: Was sich unter dem Gesichtspunkt einer rationalen Handlung vielleicht als einmalige, individuelle Irrationalität
ausmacht, mag sich unter Anwendung einer erweiterten, auch
"Irrationales" umfassenden Handlungstheorie als das typische,
allgemein zu erwartende Ergebnis einer besonderen Randbe-
dingungskonstellation erweisen. "Individuell" scheinen Ereignisse immer dann zu sein, wenn noch keine allgemeine
Theorie vorhanden ist, die dieses Ereignis als Explanandum
subsumieren könnte. Damit würde letztlich, wenn Geschichte
nur "Individuelles" behandeln soll, der Bereich der historischen Wissenschaften nach Maßgabe des Fortschritts der

allgemeinen Gesellschaftstheorie, die Individuelles als
Unterfall eines Allgemeinen nachweist, immer weiter eingeschränkt; und wenn die Methode des "Verstehens" das Verfahren ist, das das Individuelle irgendwie als "vernünftig"
einsichtig macht, dann liegt die Vermutung nahe, daß "Verstehen" nichts ist als eine (implizite und unvollständige)
Unterart der nomologischen Erklärung unter Zugrundelegung
einer allgemeinen Handlungstheorie. Individuelles jedoch
lediglich mit intuitiver Evidenz deuten zu wollen und dies
dann noch als genuin humanwissenschaftliches Verfahren auszugeben, hieße letztlich, der Willkür subjektiver Interpretation von Einzelfakten zu Dignitität zu verhelfen (KRAFT
1965, 8o) - und das ist Positivismus.

Geschichte kommt somit ebensowenig ohne allgemeine Theorie
aus, die unabhängig von der Generierung der Theorie zu prüfen ist, wie die Soziologie auf die historischen Einzelfakten verzichten kann, gerade wenn sie eine allgemeine, d.h.
ja: überhistorische, Theorie zum Ziel hat: "Geschichte ohne
Soziologie ist blind, Soziologie ohne Geschichte ist leer"
(TOPITSCH 1966).

Ebenso unhaltbar wie der Gegensatz zwischen Allgemeinem und
Individuellem sind die Unterscheidungen, wonach die Soziologie nach Gesetzmäßigkeiten suche, in der Geschichte dagegen das Konzept der Kausalität verfehlt sei. Diese These hat
drei wichtige Fassungen gefunden. Einmal gäbe es für das
historisch relevante Handeln von Menschen keine "Ursachen",
wohl aber "Gründe"; denn Menschen handelten nicht von blinden Kräften getrieben, sondern durch Absichten motiviert
und an Einsichten orientiert. So könne man auch das nomologische Erklärungsschema deshalb nicht anwenden, weil es für
den freihandelnden Menschen kein "nomos" gäbe; das empathi-
sche Verstehen der Handlungsgründe sei die einzig angemessene Methode.

Zweitens schließe die Einmaligkeit des Historischen und die
Intentionalität und Subjektivität des Handelns (z.B. der
Mächtigen) die Idee einer historischen Notwendigkeit aus.
Hier gilt das gleiche: der (nach Randbedingungen) einmalige
Handlungsakt kann dennoch kausal verursacht sein; und intentionales und "freies" Agieren kann sehr wohl kausalen Regelmäßigkeiten unterliegen, die aufzudecken eine Handlungstheorie leisten könnte, in der auch "Intentionalität" erklärbar
wird (z.B. über eine ausgebaute Lerntheorie). Die soziologischen Verhaltenstheorien, die kognitive Handlungstheorie,
Rollentheorien und Bezugsgruppentheorien sind z.B. einige
wichtige Versuche hierzu; und der Einwand, der allenfalls
probabilistische Bestätigungsgrad dieser Theorien weise auf
die Bedeutung der freien Humanität im Historischen hin, kann
(sicherlich auch etwas voreilig) mit dem Hinweis abgetan werden, daß Zufallvarianz immer noch als eben später noch zu
klärende und erklärbare Restvarianz gedeutet werden kann.

Schließlich beruht auch die beliebte und nicht ausrottbare
(bzw. neuerdings in gewissen neomarxistischen Strömungen wieder aufgelebte) Vorstellung, Geschichte schließe Gesetzmäßigkeit wegen ihrer Individualität aus, auf einem einfach auf-
lösbaren Irrtum: die Existenz der kausalen Abhängigkeit von
Ereignissen besagt nichts darüber, ob die entsprechenden
Randbedingungen sich wiederholen, einmal oder auch überhaupt
nicht auftreten. Selbstverständlich ist kein Ereignis mit einem anderen identisch; dennoch läßt sich die Frage kausaler
Abhängigkeit zumindest nicht apriorisch ausschließen. Mit
dieser Einsicht, daß es sehr wohl allgemeine, "ahistorische"
Gesetze geben kann, die aber jeweils nur unter "einmaligen"
Randbedingungskonstellationen zur Wirkung kommen, fällt auch
die unfruchtbare und hilflose Unterscheidung von Gesetzen und
historischen Quasi-Gesetzen. Quasi-Gesetze sind demnach Regelhaftigkeiten nach Maßgabe allgemeiner Gesetze, für die
sich aber die Randbedingungen nicht universell, sondern nur
raum-zeitlich begrenzt eingestellt haben. Und schließlich

kann die "Einmaligkeit" eines historischen Ablaufs auch als
Kette von Kausalwirkungen (nach Maßgabe allgemeiner Gesetze)
gedeutet werden, die ihrerseits eine neue Randbedingungs-
konstellation herstellen, bei der dann wieder andere allgemeine Gesetze in Wirkung gebracht werden: als genetische Erklärung. Insgesamt erweisen sich somit auch diese Scheidungen
der nomologischen Soziologie von einer (als wahrhaft human-
wissenschaftlich ausgegebenen) Historik unhaltbar.

Die Einwände und Schwerpunkte der methodendualistisch verstandenen Geschichtswissenschaften sind für die Soziologie
allerdings keineswegs bedeutungslos. Vor allem wird durch
eine historisch orientierte Soziologie der Bewährungs- und
Gewinnungsbereich der Theorie drastisch erweitert, kurz:
Soziologische Theorie würde in ihrer Historisierung informa-
tionshaltiger. Außerdem können durch eine historische Erweiterung der soziologischen Theorie quasi-universelle Bestandteile der Theorie als in Wirklichkeit historisch gebunden (d.h. an bestimmte "einmalige" Randbedingungen ge-
koppelt) nachgewiesen und so aus der Axiomatik der allgemeinen Theorie entfernt bzw. als Spezialfälle dieser allgemeinen Theorie aufgewiesen werden. (Beispiele wären etwa die
Dissonanztheorien nach FESTINGER, die HOMANSsche Tauschtheo-
rie, die LUHMANNsche Auffassung eines konstanten Orientie-
rungsbedürfnisses, die funktionalistischen Schichtungstheorien oder die klassische und neoklassische nationalökono-
mische Theorie.) Damit wäre möglicherweise der Weg frei, allmählich eine über interkulturellen und interepochalen Vergleich gewonnene und geprüfte allgemeine sozialwissenschaftliche Theorie zu begründen (BELLAH 1964, 87). Möglicherweise
sind die Versuche des Nachweises von universellen Systemrequisiten und deren evolutionär und historisch unterschiedliche Bedienung (über historisch "einmalige" funktionale
Äquivalente) die ersten Ansätze hierzu (vgl. Kap. 1.4).
Handlungs-, System- und Evolutionstheorien könnten jedenfalls
nur auch unter Zugrundelegung historischer Daten entwickelt

werden; so bleibt es aber uneinsichtig, warum man dann noch
eine Unterscheidung der beiden Disziplinen Soziologie und
Geschichte vornehmen sollte. Es sei denn, man beabsichtige
mit der Geschichtswissenschaft neben ihrer theoretischen
Aufgabe noch eine bestimmte Alltagspragmatik. Aber dies ist
- wissenschaftstheoretisch (und nur wissenschaftstheoretisch!) gesehen - bedeutungslos.

2.1.4 Der methodologische Status hermeneutisch-historischer
      Ansätze

Der Hauptangriff der These des Methodendualismus ist auf
das Konzept der (empirisch-nomologischen) Einheitswissenschaft gerichtet. Abschließend - und vor Neuaufnahme gewisser historistisch-subjektivistischer Argumentationen in
der Dialektik (Kap. 2.2) - sollen die Unhaltbarkeit der
wichtigsten Bestandteile der These des Methodendualismus aufgewiesen und damit die Ideen einer Einheitswissenschaft gegen den hermeneutisch-historischen Anthropomorphismus aufge-
wertet werden. Dabei sollen in einem ersten Abschnitt die
Konzepte der Teleologie und des Mentalismus behandelt werden. Bei der Behandlung des Mentalismus wird im einzelnen
auf die Erklärungsprobleme im Zusammenhang von Motiven, Absichten und Gründen, das Problem einer nicht-mentalistischen
Universalsprache und die Analyse der Methode des "Verstehens"
einzugehen sein (Kap. 2.1.4.1). Schließlich soll - unter Zugrundelegung der gewonnenen Ergebnisse - kurz auf die Diskussion über das Problem der sog. historischen Erklärungen
eingegangen werden (Kap. 2.1.4.2); dieses Kapitel ist auch
als Ergänzung zu Kap. 2.1.3.2 anzusehen.

2.1.4.1 Teleologie und Mentalismus

Ein Grundargument des Methodendualismus bezieht sich darauf,
daß für menschliches Handeln es eine prima causa im Men-

schen selbst in Gestalt seiner Absichten und Motive gebe,
von daher könne man einerseits soziales Geschehen nicht kausal, sondern nur noch in Hinsicht auf diese Zwecksetzungen
erklären, und zweitens verlange diese mentalistische Verankerung sozialen Handelns nach einer Methodologie, die zum
Eindringen in die inneren Beweggründe eines Handelnden befähige. Der erste Aspekt des Arguments zielt auf die Begründung eines nicht-kausalen Erklärungsschemas (in Ab-
setzung vom H-O-Schema) ab: Ein Ereignis soll nicht als Folge
des Wirkens von Gesetzen und der Existenz entsprechender
Randbedingungen erklärt, sondern unter Bezugnahme auf ein
zu erreichendes Ziel in seiner Existenz erklärt werden
(vgl. STEGMÜLLER 1969, 19).

Man unterscheidet zwei Formen solcher teleologischer Erklärungen: die formale Teleologie und die materiale Teleologie.
Die formale Teleologie ist unproblematisch, sie ist identisch mit einer einfachen Prognose nach dem H-O-Schema: ein
Gesetz und entsprechende Randbedingung "erzwingen" das
Eintreten des zu erklärenden Ereignisses. Erst die materiale Teleologie bietet die Schwierigkeiten, die zu der Annahme führten, als seien Ereignisse der Gegenwart durch zu-
künftige Ereignisse determiniert. Die materiale Teleologie
versucht demgemäß, etwas durch einen Zweck, ein Ziel, oder
eine zu erfüllende Aufgabe zu erklären. Bei der materialen
Teleologie wird also unterstellt, daß bereits die Intention
eines Handelnden zum Ereignis führt, während bei der formalen Teleologie nichts anderes geschieht, als zielgerichtet
(vielleicht mit einer entsprechenden Absicht) das H-O-Schema
im Handeln anzuwenden. Bei der materialen Teleologie reicht
also bereits die Ermittlung des Motivs, des Zwecks, des Ziels
zur "Erklärung" des Ereignisses aus.

Bei der materialen Teleologie müssen wieder zwei Fälle unterschieden werden: einmal die innere Zielgerichtetheit von
Systemen und zweitens das zielintendierende Handeln von

Einzelpersonen. Die Systemteleologie wurde bereits als unhaltbar nachgewiesen (vgl. Kap. 1.1); sie beruht auf unzu-
lässigen entelechetischen und vitalistischen Annahmen, die
sämtlich entweder nicht empirisch aufweisbar oder logisch
zirkelhaft sind.

An dieser Stelle sei noch auf eine Besonderheit der These
des Methodendualismus hingewiesen, die vor allem in den Geschichtswissenschaften Bedeutung hat: Das Konzept der "Ganzheit", der "Totalität", des "Holismus". Eine Ganzheit wird
über zwei Kriterien definiert: 1. Die Eigenschaften eines
Gebildes sind nicht aus den Eigenschaften seiner Einzelteile
ableitbar; 2. Die Ganzheit erhält ihre (wesentlichen) Eigenschaften, auch wenn keiner ihrer Teile erhalten bleibt(vgl.
SCHLICK 1965, 215ff.). Der Begriff der Ganzheit wird dabei
häufig als Kurzausdruck für ein auf- und sinnfälliges,
stabiles Gebilde, etwa ein "System", oder eine "Epoche" benutzt.

Wissenschaftstheoretisch bietet das Konzept des Holismus
im Grunde keine besonderen Probleme: ein Gebilde, über das
ein empirisch haltbares Relationssystem definiert ist, kann
natürlich als sprachlicher Begriff gekennzeichnet werden;
allein das Auffinden eines Begriffs oder einer plausiblen
Beschreibung besagt jedoch noch nichts über die empirische
Haltbarkeit dieser Relationen (z.B. die zeitliche Konstanz
von Interaktionsbeziehungen). "Ganzheit" ist eine Form der
"Darstellung" und steht so nicht ontologisch gegen eine in-
dividualisierende Auflösung, die auch nur eine Darstellungs-
form ist; beide Darstellungen müssen sich immer jeweils empirisch als haltbar erweisen und sind nicht schon apriori
für bestimmte Gegenstandsklassen reserviert.

Besonders problematisch wird das Konzept der Ganzheit dann,
wenn einer solchen "emergenten Entität" eigene intelligible
Fähigkeiten zugeschrieben werden: "die Monarchie sorgte dafür, daß ...". Erst im Zusammenhang mit solchen holistischen
"esprit de corps"-Annahmen wird auch die systemtheoretische
Teleologie verständlich. Dabei sind jedoch einige Dinge zu
unterscheiden: Wenn das Konzept der Ganzheit im teleologischen Sinn gebraucht wird, dann kann es sich um eine (allerdings zu grobe) Kurzformel dafür handeln, daß man zwar annimmt, daß Einzelpersonen und kein Korpsgeist handeln und
denken, diese Einzelpersonen aber in ihrem Handeln verhältnismäßig große Wirkung entfalten (weil sie z.B. mächtig
sind). Dieser Gebrauch wäre zwar soweit zulässig, jedoch un-
genau und prinzipiell überflüssig. Daneben handeln natürlich
Menschen so, als ob es Ganzheiten gäbe: sie empfinden als Individuen etwa die (vorgestellte) soziale Kontrolle der "Umgebung", der "Gesellschaft" etc. (vgl. GELLNER 1968, 259ff.).
Dadurch wird aber keine Ganzheit empirisch ins Leben gerufen;

alles was vorfällt, findet bei Individuen statt. Als eigenes, mit Absichten und Einsichten ausgestattetes Wesen ist
eine Ganzheit hingegen bisher noch nicht empirisch aufgetreten. Prinzipiell steht damit einer Eliminierung aller
holistischen Terme aus der Wissenschaftssprache nichts im
Wege; und wegen der Verheerungen die die sprachliche Reifikation von gedanklichen Abstraktionen in den Gesellschaftswissenschaften regelmäßig hervorbringt, sollte man auch auf
den bescheidenen Vorteil verzichten, den die holistische
Sprache bietet: das griffige Kürzel für ansonsten nur schwer
formulierbare Individualzustände (zur Kritik an solchen und
ähnlichen kollektivistischen Ansätzen vgl. VANBERG 1975).

Auch die Erklärung von Ereignissen als Ergebnis zielgerich-
teter Handlungen von Personen ist im Grunde unproblematisch:
wenn bei der Hervorbringung eines Ereignisses Intentionen
von Personen beteiligt waren, dann war dieses Ereignis
selbstverständlich nicht durch die Zukunft determiniert,
sondern (u.a.) durch die Motive der handelnden Personen,
deren Zustandekommen und deren Handlungsrelevanz ihrerseits
möglicherweise ebenfalls (kausal) von anderen Ereignissen
abhängen. Ein kurzer Blick in die moderneren Versionen der
kognitiven Handlungstheorie (z.B. bei LANGENHEDER 1975)
müßte eigentlich diese Fehlannahmen beseitigen können.

Der Einbezug von Motiven und Absichten in die Erklärung von
Ereignissen setzt also das nomologische Schema keineswegs
außer Kraft. Bei der "teleologischen" Erklärung über Motive
("x geschah, damit y eintrete") handelt es sich nämlich um
nichts anderes als um die kausal-analytische Erklärung einer
Handlung unter Anlegung einer (sozial-psychologischen)
Handlungstheorie über die Verbindung von Motiv und Verhalten,
während die (methodendualistische) Auffassung der teleologischen Erklärung allein schon das Motiv als zureichende Erklärung ansieht.

Das Problem ist offenkundig: wenn eine Person eine Handlung
begeht, um das Ziel b zu erreichen, und b tritt_nicht_ ein
(was ja vorkommen soll), dann ist es unsinnig, davon zu
sprechen, es sei a gehandelt worden, weil das Ziel b nicht

eintrat; nicht das "Ziel" war Ursache für das Handeln a,
sondern nur die private (und möglicherweise falsche) Überzeugung der Person, daß das Handeln a auch tatsächlich zum
Ziel b führt. Damit wird das Ereignis a aber ganz wie im
üblichen Sinn nach dem H-O-Schema kausal erklärt; der Fall
der (echten) materialen Teleologie erweist sich damit, wie
dann auch dieser Aspekt des Methodendualismus, als "metaphysisch harmlos" (STEGMÜLLER 1969, 532).

Selbstverständlich wird i.d.R. eine solch einfache Handlungstheorie, wie die oben erwähnte, nicht zur Erklärung einer
Handlung ausreichen bzw. empirisch schlicht falsch sein:
Menschen handeln nicht nur nach ihren jeweiligen Augenblicks-
motiven, sondern auch nach konkurrierenden Absichten, vermuteten Konsequenzen, erwarteten Kosten und - nicht zuletzt -
nach situativ zugelassenen Möglichkeiten des Handelns durch
die Umgebung. Ganz abgesehen davon gibt es natürlich auch
"irrationales" und ritualistisches Handeln. Alles dies müßte
eine gültige Handlungstheorie umfassen, die zur Erklärung von
beliebigen Handlungen anwendbar ist; der einfache "praktische Syllogismus" (x glaubt, daß die Handlung a zum Ziel b
führt; x will b; also: x handelt gemäß a) ist demnach weder
metaphysisch bedeutungsvoll zur Konstituierung einer Sondermethode, noch (überwiegend) überhaupt empirisch-theoretisch
zur Handlungserklärung haltbar; im übrigen sind die o.a.
neueren Handlungstheorien, wie sie z.B. auf TOLMAN, LEWIN
und ATKINSON zurückgehen, weit komplexer und damit prognose-
fähiger als der einfache praktische Syllogismus.

Die Erklärung eines (absichtsvollen) Handelns verläuft demgemäß über ein Schema, das folgende Bestandteile enthalten
muß: 1. Ein Gesetz, das der Handelnde selbst für wahr hält,
und in dem eine Verbindung zwischen seiner Absicht und einer
bestimmten Handlung behauptet ist; 2. ein Gesetz, in dem
handlungstheoretisch begründet wird, daß der Handelnde seine
Absicht nach Maßgabe des für wahr gehaltenen Gesetzes in ein

entsprechendes Handeln umsetzt:

Für alle Personen gilt: wenn eine Person glaubt, daß eine
Handlung a eine notwendige Bedingung für die Realisierung
eines Zieles b ist, und wenn die Person die Absicht b hat,
dann wird die Person nach a handeln.

Es ist _dieses_ Gesetz, daß empirisch wahr sein muß, nicht das
"Alltagsgesetz", das der Handelnde für wahr hält. Natürlich
kann die Handlungstheorie wesentlich komplizierter sein, so
daß auch z.B. "irrationales" Verhalten erklärbar wird. Zusätzlich können leicht auch andere Determinanten einer Handlung eingefügt werden, wie das Vorliegen von Handlungsalternativen und die Veränderung der für wahr gehaltenen Verbindung von Handlung und Zielerreichung[28]. Ebenso selbstverständlich ist, daß das vom Handelnden als wahr angenommene
Gesetz und die von ihm angenommenen Randbedingungen beim
Handeln falsch sein können.

Als Beispiel für eine etwas komplexere Motiverklärung sei
der Fall des Vorliegens von Handlungsalternativen, Handlungs-
begrenzungen und das Lernen von "neuen" Handlungsgesetzen
etwas näher erläutert. Es handelt sich dabei jeweils um einen einfachen praktischen Syllogismus mit entsprechenden Zu-
satzgesetzen (z.B. über den Ausschluß von Handlungsalternativen);

(1) Für alle Personen gilt: wenn eine Person annimmt, daß
    eine Handlung p eine notwendige Bedingung zur Erreichung
    des Zieles z ist, und wenn z beabsichtigt wird, dann
    handelt die Person, wie in p beschrieben ist (Rationali-
    tätstheorie).

(2) Person a hat die Absicht z.

(3) Person a nimmt an, daß p eine notwendige Bedingung für z
    ist.

Hieraus folgt allein noch nicht, daß a die Handlung p aus-
führt; eine (realistische, d.h. empirisch besser fundierte)
Handlungstheorie könnte noch folgendes enthalten:

(4) Für alle Personen gilt: eine Person handelt dann nach
    dem Schema (1) - (3), wenn kein Hinderungsgrund für die
    Handlung vorliegt

und schließlich noch:

(5) Für alle Personen gilt: eine Person führt dann eine Hand-
    lung nach Schema (1) - (3) aus, wenn es zur Handlung p
    keine rationale (z.B. kostensparende) Alternative gibt.

Erst bei Vorliegen der Randbedingungen (6) und (7) folgt
dann die Handlung a.

(6) Für Person a gibt es keine Handlungsbehinderung.

(7) Für Person a gibt es keine (rationale) Alternative
    zu p.
- -
(8) Person a führt p aus.

Die bekannte Tatsache, daß Menschen ihre Überzeugungen ändern und dann nach Maßgabe der veränderten Kenntnislage
und gleichbleibender Absicht auch ihr Handeln ändern, ändert
ebenfalls nichts am Prinzip. Man könnte z.B. - ceteris
paribus - ein weiteres Gesetz aus einer Handlungstheorie
entnehmen, das Kognitionsänderungen berücksichtigt:

(1) Für alle Personen gilt: wenn eine Person die Absicht
     z hat und annimmt, daß eine Handlung p für z notwendig
     ist, und wenn Ereignisse auftreten, wonach die Person
     dann annimmt, daß die Handlungen q oder r oder s für z
     notwendig sind, dann gilt: die Person handelt gemäß
     den jeweils für notwendig angenommenen Beziehung zwi-
     schen z und den Alternativen p, q, r und s.

(1) wie oben.

(2) Person a hat die Absicht z (wie oben).

(3) Person a nimmt an , daß p für z notwendig ist (wie
     oben).

(3) Es treten Ereignisse ein, die veranlassen, daß die Per-
     son a glaubt, daß q für z notwendig ist.

(4)-(7) entsprechend wie oben.
- -
(8) Person a führt q aus.

Es zeigt sich, daß die "teleologische" Erklärung von Handlungen über Absichten einen Methodendualismus nicht begründen kann. Hinweise auf den niedrigen Entwicklungsstand einer
Handlungstheorie berühren diese Feststellung prinzipiell
nicht. Auch der gelegentlich gemachte Einwand, daß das Konzept der "Absichten" immer auf ein konkretes Ziel (nicht
also abstrakt) gerichtet ist, und daß damit Absichten die
Ziel-Handlungen (schon logisch) implizierten, ist unhaltbar:
es gibt keine logische Implikation von Wunsch und Handlung.
Eine Absicht, ein Wunsch, ein Motiv können "Ursache" einer
Handlung sein, müssen dies aber selbstverständlich nicht.

Ebenso ist die Ansicht, daß das, was Personen beabsichtigten
und für wahr hielten, nicht kausal verursacht wäre, nichts
als eine metaphysische Spekulation: Die Existenz von Absichten, Bewußtsein und Reflexionsfähigkeit beim Menschen
schließt nicht die Möglichkeit aus, daß alle diese Zustände
(irgendwie) kausal verursacht würden. Gerade wenn man eine
materialistische Grundposition ernst nimmt, kann man ein
Postulat, wonach die Natur in ein Reich der Notwendigkeit
und eines der Freiheit zerfällt, nicht akzeptieren. Dies
schließt natürlich absolut nicht aus, Intentionen und Motive
als Determinanten des Handelns anzuerkennen und ernstzunehmen; eine soziologische Handlungstheorie wird zwar dazu
erst das Stadium der naiven Lerntheorie überwinden müssen,
um diese Konzepte erklären zu können; in der kognitiven
Handlungstheorie sind jedoch schon einige vielversprechende
Ansätze enthalten.

Wenngleich also der Einbezug von Motiven und "Gründen" in
die Erklärung von Handlungen wissenschaftstheoretisch pro-
blemlos ist, wird in dieser (in dieser Hinsicht falschen)
These des Methodendualismus ein bedeutsamer Aspekt in Erinnerung gerufen, der in der empirisch betriebenen Soziologie verdrängt wird: das physikalische Faktum einer Handlung
allein ist im Sinne der Entwicklung einer empirisch bewährten soziologischen Theorie verhältnismäßig bedeutungslos,
weil Handeln im sozialen Bereich üblicherweise nach Maßgabe
sozialisierter, allgemein geteilter und wechselseitig ver-
schränkter Erwartungen, Deutungen und Aspirationen verläuft; und weil physikalisch identische Verhaltensabläufe
die unterschiedlichsten "Sinn"-gebungen haben können, wird
die Einbeziehung von Motiven, Absichten und "Alltagstheorien"
der Handelnden für die Handlungstheorie unerläßlich. Soziales Handeln ist nahezu ausschließlich symbolisiert und nicht
aus sich heraus bereits bedeutsam. Insofern ist (dem späten)
WITTGENSTEIN sicherlich zuzustimmen; nur: ein Methodendualismus wird dadurch nicht begründet, weil Symbole selbstver-

ständlich ebenfalls Objekte einer universalsprachlichen
Theorie sein können und z.B. als Spezifikationen von Randbedingungen interpretierbar sind, die das Handeln inhaltlich
spezifisch ausrichten, dies aber nach Maßgabe der Vorher-
sage durch eine (empirisch zutreffende) Handlungstheorie bewirken.

Eine besondere Zuspitzung hat die Diskussion um die methodologische Bedeutung mentalistischer Konzepte in der Auseinandersetzung mit dem (psychologischen) Behaviorismus er-
fahren. Der Behaviorismus war ursprünglich angetreten, um
gegen den unkontrollierten und leerformelhaften Gebrauch von
mentalistischen Termini wie "Seele", das "Unbewußte" etc.
anzugehen und forderte, daß in der psychologischen Theorie
nur Terme vorkommen dürften, deren Referenten direkt beobachtbar seien. Insbesondere seien alle mentalistischen Terme
durch nicht-mentalistische zu ersetzen; anders gesagt: mentale Zustände müssen operationalisiert werden. Diese an sich
- im Sinne eines empirischen Wissenschaftsverständnisses -
selbstverständliche Forderung stößt bei den Mentalisten auf
schärfsten Widerstand und wird nicht durch Hinweise auf die
Problematik von Operationalisierungen, sondern durch ein al-
ternatives wissenschaftstheoretisches Programm beantwortet:
die mentalistische Version des Methodendualismus[29]. Danach
sei es dem Behaviorismus unmöglich, den Sinn und die Symbo-
lik von Handlungen zu erfassen, die doch das eigentlich We-
sentliche des Sozialen ausmachten. Dieser Sinn sei nicht von
außen - behavioristisch - erfaßbar, sondern nur durch Teilnahme am Sozialen selbst, dadurch, daß man Sinn selbst erlebe. Die Folge ist dann auch, daß das Wissen und Verständnis über soziale Vorgänge schon eine Apriori-Bedingung der
Sozialwissenschaften sei, während Wissen in den Naturwissenschaften aposteriorisch sei; eine "objektive", äußerlich-
distanzierte Wissenschaft vom Menschen sei prinzipiell un-
denkbar[30], und Soziales sei immer nur in seiner Ganzheit
verständlich und nicht kausal zu interpretieren etc. etc.

Letztlich wird in der mentalistischen Konzeption Sozialwissenschaft mit der unmittelbaren Teilnahme am sozialen
Geschehen gleichgesetzt und jeder Versuch einer Theoriebildung über soziale Prozesse von außen als unangemessen
abgelehnt. Dieses "Kommunikations"- oder Partizipations-
Apriori hat zwei bedeutsame Einzelaspekte: Erstens die These,
daß es für eine soziologische Theorie keine Universalsprache
geben könne (z.B. eine formalisierte Theorie), sondern daß
sozialwissenschaftliche Aussagen in der Sprache der Objekte
formuliert werden müssen; und zweitens, daß es in den Sozialwissenschaften nur eine Art der Darlegung und Explikation geben könne: das einfühlende Verstehen in die Sinnwelt
von Kommunikationsgemeinschaften (HABERMAS 1971b, 231ff.;
APEL 1975, 3of.).

Die These der Unangemessenheit einer Universalsprache für
die Sozialwissenschaften wird - in Nachfolge des späten
WITTGENSTEIN - damit begründet, daß eine Universalsprache
nur Sätze über Tatsachen und logische Beziehungen enthalten
könne, nicht aber auch selbst sozial wirksam sei: es fehle
die Pragmatik. Damit sei eine einheitswissenschaftliche Universalsprache nur "zur Beschreibung und Erklärung einer Welt
reiner Objekte bestimmt; sie ist nicht dazu geeignet, Kommunikation auszudrücken, die die intersubjektive Dimension der
Sprache ist" (APEL 1975, 3o ff.). Die Sprachspiele der
Kommunikationsgemeinschaften folgten ihren jeweils alltags-
weltlich eingeübten Tiefenregeln. Und da Kommunikationsgemeinschaften -auch wegen ihrer Besonderheit des "gemeinsamen Alterns" - somit jeweils einzigartige Komplexe von
Sprachspielen, Intentionen und Interpretationen hervorbräch-
ten, die ihre Bedeutung nur aus sich heraus hätten, könnte
auch keine andere Sprache als die der jeweils individuellen
Kommunikationsgemeinschaft diesen Komplex wieder abbilden.
Diese "Lebensformen" seien somit untereinander unvergleichbar und nur " ... in einer ähnlichen Weise zu untersuchen
... wie Philologen Texte untersuchen": hermeneutisch.

Die Konzeption schließt sich damit an die bekannten (vgl.
Kap. 2.1.3.2) historistischen Thesen der Unvergleichbarkeit
von ontologisch Individuellem und an bestimmte Interpretationen der SAPIR-WHORF-Hypothese an, wonach Sprache, Kultur
und Lebensformen jeweils ineinander verwobene, nicht "über-
setzbare" Ganzheiten bildeten. Damit richtet sich der
Hauptangriff des Mentalismus gegen ein universalsprachliches
Konzept der Einheitswissenschaft; denn die Ablehnung der
Notwendigkeit eines Kommunikationsapriori sei als "methodischer Solipsismus" die "nicht weiter reflektierte Voraussetzung der neopositivistischen Einheitswissenschaft-
Idee" (APEL 1975, 33).

Die einheitswissenschaftliche Erwiderung gegen derartige
mentalistische Konzeptionen kann einerseits an die - bereits behandelte (vgl. Kap. 2.1.3.2) - Kritik an allen relativistischen und historistischen Ansätzen anknüpfen. Dem
sei noch einiges hinzugefügt. Zunächst ist darauf hinzuweisen, daß die mentalistischen Argumente zur Unmöglichkeit einer Universalsprache auf der logisch falschen Annahme beruhen, daß es Sprache als Forschungsobjekt und als Sprache
über Sprache (z.B. "Sprachspiele") nicht geben könne; d.h.,
daß Theoriesprache und Alltagssprache identisch seien. Die
theoretische Universalsprache ist Meta-Sprache in dem Sinne,
daß sie z.B. Sprachspiele (und Kultur, Lebensformen etc.)
als Gegenstand behandeln kann. Und ob eine Theorie über einen Objektbereich (wie Sprache) falsche Aussagen macht, ent-
scheidet sich nach logisch-empirischen Kriterien, und nicht
danach, ob ihre Terme aus einer Alltagssprache stammen. Die
Wahl der Terme ist für die Gültigkeit einer Theorie (zunächst) völlig irrelevant. Kurz: "Sinnwelten" und "Sprachspiele" sind u.a. der Gegenstand einer soziologischen Theorie ,und diese Theorie muß keineswegs sich bei der Auswahl
ihrer Begriffe auf den Symbolvorrat der Akteure ihres jeweiligen Untersuchungsfeldes beschränken. Die Ablehnung
einer Universalsprache beinhaltet letztlich die (apriori-

sche) Annahme der Unmöglichkeit von funktionalen Äquiva-
lenten und der Unzulässigkeit abstrahierender Neu-Ordnungen
von Gegenstandsbereichen, z.B. nach Regeln, die den Personen in einer "Lebenswelt" gar nicht geläufig sind. Die mentalistische Konzeption vermeint, daß nur solche Gegen-
standseinteilungen überhaupt zulässig seien, die auch die
Menschen im Alltag vollzögen (vgl. hierzu auch Kap. 2.1.2).

Dem ist natürlich entgegenzuhalten, daß eine Theorie, die
prognostisch gehaltvoll sein will, sich nicht apriorisch
lediglich mit den Abbildungsregeln bescheiden kann, die
ohnehin schon in der Alltagswelt vorhanden sind: gesunder
Menschenverstand schöpft die Möglichkeiten des Wissens über
die Gesellschaft nicht aus. Damit ist aber auch das entscheidende Unterscheidungskriterium angesprochen, das in
dieser Diskussion sonst kaum explizit wird: das Theorieverständnis. Während die Einheitswissenschaft Theorie lediglich in ihrem empirisch-semantischen Aspekt behandelt und
das Praxis-Problem vor- oder nachtheoretisch einstuft (etwa: nach dem H-O-Schema), beruht die mentalistische Konzeption letztlich auf der Annahme, daß Theorie gleichzeitig
auch schon "praktisch" zu sein hat: wirken muß. Pragmatisch
wirksam kann Theorie aber dann nur sein, wenn sie selbst
verständlich, überzeugend oder aufrüttelnd ist; und dafür
ist eine dürr-formale Universalsprache zu kompliziert und
meist auch nicht spannend genug. Aus diesem Argument speist
sich im übrigen auch die Forderung, für die "Begründung"
von Theorien nicht nur den Nachweis ihrer empirischen Geltung zuzulassen, sondern als Geltungskriterium auch deren
Fähigkeit anzunehmen, "Lebenskrisen", Betroffenheit oder
"Sinn" zu erzeugen (vgl. z.B. die Argumente von HABERMAS
im Positivismusstreit oder das Theorieverständnis von LUH-
MANN).

Für eine solche Pragmatik brauchte man aber andererseits
keine Sozialwissenschaft; geschickte Rhetorik, Predigt und

Propaganda haben die gleichen Effekte; und daß Pfarrer und
Agitatoren in der Tat auf das Kommunikations-Apriori ange-
wiesen sind, zeigt sich an den leeren Kirchen und den mit
ungelesenen Flugblättern gefüllten Abfallkörben in den Uni-
versitäten. Eine prognostisch gehaltvolle soziologische
Theorie kann zwar andererseits nicht auf die Berücksichtigung mentaler Zustände verzichten, kann diese aber prinzipiell in einer anderen (Universal-)Sprache ausdrücken, als
die Alltagsmenschen sprechen. Mehr besagt die Verteidigung
einer Universalsprache nicht. Als Fazit gilt: Die Sprache
des Wissenschaftlers muß nicht die Sprache der Objekte sein,
die er untersucht. Pragmatische Wirksamkeit von Aussagen ist
weder ein Relevanz- noch ein Wahrheitskriterium für Theorien.

Ein zweiter Aspekt des Mentalismus ist leichter lösbar: Die
Partizipationsforderung. Der Mentalismus nimmt an, daß der
Wissenschaftler erst mit dem Gebrauch der lebensweltlichen
Sprache und der Teilnahme an der Kommunikationsgemeinschaft
die bedeutsamen Lebensformen und -gefühle empfinden kann,
was ihn dann auch erst zur Formulierung einer relevanten
Theorie befähige. Damit ist ein Grundproblem angesprochen;
die Frage nach der Möglichkeit, "Fremdseelisches" erfassen
zu können.

Dabei ist festzuhalten: Prinzipiell gibt es kein (sicheres)
Wissen um fremde Gedanken und Empfindungen. Unser Wissen darüber beruht immer auf der Generalisierung von Beobachtungen
äußerer Reaktionen; das heißt: mentale Zustände bleiben immer verborgen und ihr (angenommenes) Vorliegen kann nur unter Zugrundelegung einer (Privat-) Theorie der Verbindung von
äußeren Reaktionen und inneren Zuständen geschlossen werden.
Nichts anderes besagt aber der um Dispositionsbegriffe erweiterte Behaviorismus: Für alle Personen gilt: eine Person
hat den mentalen Zustand a genau dann, wenn gilt: Der Körper
der Person befindet sich in dem (beobachtbaren) Zustand y.

Mentale Zustände werden also immer nur über - prinzipiell
fallible - Parallelhypothesen ("Beobachtungstheorien") er-
schlossen, die einen körperlichen Zustand mit einem mentalen
Zustand verbinden (vgl. BERGMANN 1968, 212). Und das ist
nichts anderes als eine operationale Definition von disposi-
tionellen Eigenschaften mit allen Problemen, die der empirischen Ermittlung von Dispositionseigenschaften anhaften.

Die Fehlannahmen des kommunikationsapriorischen Mentalismus
können damit so umschrieben werden: die Teilnahme an einer
Kommunikationsgemeinschaft verschafft keine Gewißheit über
Fremdseelisches[31]. Auch Mentalisten verlassen sich auf
(meist allerdings implizit gelassene) Beobachtungstheorien
beim Erschließen mentaler Zustände (auch wenn Mentalisten
andererseits selbst postulieren, daß es zwischen "Körper"
und "Geist" keine unmittelbare Verknüpfung gäbe).

Dazu kommt, daß die sicher nützliche Teilnahme des Forschers
an Kommunikationsgemeinschaften (z.B. zur Ermittlung gültiger Beobachtungstheorien), natürlich auch beendet werden
kann und man dennoch das Wissen, das man als Teilnehmer gewann, behalten und (einheits-)wissenschaftlich verwenden
kann. Und schließlich impliziert der Gebrauch einer bestimmten lebensweltlichen Sprache keineswegs, daß der Sprecher
damit auch des zugehörigen mentalen Zustandes inne würde
(dies ist der Versuch der Mentalisten, den Zugang zum Fremdseelischen nicht-behavioristisch zu begründen): die Ungewißheit über Fremdseelisches ist prinzipiell ebenso unaufheb-
bar[32], wie Wissen allgemein nie in Gewißheit möglich ist.
Die mentalistischen Privattheorien beim "Verstehen" fremder
mentaler Zustände können einen Sonderstatus vor anderen
Wissensformen nicht begründen.

Mit der Frage nach den Möglichkeiten zur Gewißheit über
Fremdseelisches ist ein letztes Problem im Zusammenhang der
hermeneutisch-historischen Methodologie angesprochen: der

methodologische Status der Methode des Verstehens. Das Konzept der Methode des Verstehens ist einer der wichtigsten
Bestandteile des Methodendualismus und beruht auf der
(traditionellen) Trennung der Erlebniswelt des Menschen in
naturhafte und symbolische Ereignisse. Naturhafte Dinge - so
die Annahme - können kausal erklärt werden, symbolische Zusammenhänge aber nur durch explizierenden Nachvollzug verstanden werden: "Die Natur erklären wir, das Seelenleben
verstehen wir". Die Grundidee ist demnach, daß die Natur
nur von außen zugänglich, der Mensch aber als einziger Gegenstand auch von innen her einschließbar sei. Verstehen
beruht also auf der Herstellung einer Vertrautheit und Betroffenheit mit einem Vorgang, die über eine bloße Kenntnis
seiner Verursachung nicht möglich wäre. Damit wird ein Problem angesprochen: Ist Verstehen lediglich der empathisch-
kognitive Nachvollzug fremder psychischer Vorgänge durch
ein Gedankenexperiment unter Zugrundelegung einer privaten
psychologischen Theorie? Oder gehört zum Verstehen auch die
kommunikative Betroffenheit hinzu, die weit über den kognitiven Verstehensaspekt hinausgeht?

Die erste Fassung wurde von DILTHEY (im Gefolge älterer Begründungen des Methodendualismus bei VICO etwa; vgl. Kap.
2.1.1) zunächst entwickelt und vertreten und wird auch üblicherweise in der methodischen Diskussion behandelt. Verstehen als gedanklicher Nachvollzug fremdpsychischer Vorgänge ist dabei leicht identifizierbar als die Subsumtion der
zu "verstehenden" Handlung unter eine Reihe von allgemeinen .
Gesetzmäßigkeiten, die ich für wahr halte, und unter die betreffenden Randbedingungen, die als vorliegend angenommen
werden. Verstehen ist dann identisch mit dem "Erklären" einer Handlung: (meist unter Zugrundelegung einer rationalistischen Handlungstheorie): "Thus we understand a given human
activity if we can apply to it a generalization based upon
personal experience." (ABEL 1949, 213).

Verstehen wäre dann im Grunde nichts anderes als eine Form
der "teleologischen" Erklärung unter Zugrundelegung von
mehr oder weniger richtigen Handlungshypothesen. Somit ist
die Methode in ihrer Brauchbarkeit auch danach einzuschätzen,
inwieweit die Regeln einer gültigen Handlungserklärung beachtet werden (vgl. STEGMÜLLER 1969, 36off.). Die Methode
setzt damit voraus, daß sowohl die unterstellten Handlungstheorien wie die angenommenen Randbedingungen empirisch
gültig sind.

Faktisch wird die Methode allerdings meist so angewendet,
daß sie auf eine bloße Plausibilitätsprüfung eines Vorgangs
hinausläuft: Man sucht für die Handlung einer Person "Gründe" derart, daß man zu dem Schluß kommt, man hätte in der
gleichen Situation auch so gehandelt. Offenbar werden dabei
die gleichen vulgärpsychologischen Annahmen gemacht, die bereits bei der teleologischen Erklärung kritisiert worden waren: daß Motive bereits zum Handeln führen und daß der
praktische Syllogismus zur Handlungserklärung ausreiche. Vor
allem ist darauf zu achten, ob nicht die jeweils angewandte
Handlungstheorie immer nur ex post am Fall formuliert und
dann angewandt wurde; dann wäre Verstehen nur eine Pseudo-
erklärung. Ohne unabhängig getestete Handlungstheorie bleibt
das Verstehen damit ein (zweifelhaftes) heuristisches Verfahren ohne Bedeutung für die Begründung einer Theorie.

Als Beispiel sei ein Fall genannt, den ABEL erwähnt: Ich
beobachte, wie mein Nachbar Mitte April während einer plötz-
lichen Frostperiode sein Haus verläßt, draußen Holz zu
hacken beginnt, dann Holz in sein Haus trägt und in den Kamin legt, es anzündet und dann wieder an seinen Schreibtisch
zurückkehrt. Wie "verstehe" ich den Vorgang? Offenbar geht
man von einer Handlungstheorie und einigen Randbedingungen
aus, etwa derart:

(1) Niedrige Außentemperaturen reduzieren die Körpertempe-
     ratur.

(2) Wärme wird in einer Situation x nur durch Feueranzünden
     produziert.

(3) Feuer kann in der Situation x nur durch das Verfahren a
     (Holz hacken, Kamin) angefacht werden

und dazu die "Handlungstheorie" als gültig unterstellt:

(4) Eine Person mit reduzierter Körpertemperatur wird Wärme
    aufsuchen oder selbst Wärme produzieren.

Diese allgemeinen Hypothesen, zusammen mit den entsprechenden
Randbedingungen, erklären die Handlung des Nachbarn.

Die notwendigen Randbedingungen müßten dann empirisch erfüllt sein:

(5) - Die Außentemperaturen sind niedrig
    - Es liegt eine Situation x vor (Wärme kann nur durch
      Feuer produziert werden; Feuer kann nur durch das Ver-
      fahren: Holz hacken / Kamin entfacht werden)
    - die Person kann keinen bereits warmen Ort aufsuchen
      (muß also selbst Wärme produzieren).

Fraglich ist bei alledem, ob sowohl die Hypothesen wie die
Randbedingungen überhaupt zutreffen: Vielleicht wollte der
Nachbar nur vor Bekannten mit dem Kamin protzen; vielleicht
war es ihm nicht kalt, sondern er wollte sich nur am Feuer-
schein erfreuen etc. etc.

Wie verbreitet ein solches "verstehendes" Erklären ist,
zeigt z.B. auch die Struktur der Argumentation von Max WEBER
in seiner bekannten Kapitalismus-Theorie. Zu erklären sei
die Entstehung eines sozialen Phänomens: des Kapitalismus.
WEBER stellt nun fest, daß dieses Phänomen unter gewissen
komplexen sozialen Bedingungen aufgetreten sei: dem Calvinismus. Die Argumentation lautet dann weiter, daß Individuen,
die am kapitalistischen Warenverkehr teilhaben, mit bestimmten subjektiven Zuständen und Dispositionen ausgestattet
seien (z.B. Bereitschaft zum Konsumverzicht; Produktivitäts-
orientierung etc.); gleichzeitig seien die Individuen, die
calvinistisch seien, ebenfalls mit bestimmten subjektiven
Eigenschaften versehen (z.B. innerweltliche Askese). Die
These, daß die protestantische Ethik den Geist des Kapitalismus bilde, beruht nun auf der Annahme, daß von den (damals lebenden) Individuen beide Dispositionsarten als zusam-
mengehörig empfunden würden. Und damit sei "klar": der Kapitalismus tritt mit dem Calvinismus auf.

Alle diese Fragestellungen, und besonders die Handlungstheorie, daß Personen so handeln, daß in ihren Dispositionen
keine Dissonanzen auftreten, müßten natürlich gesondert geprüft werden. So bleibt die These nichts als eine plausible
Idee[33].

Das wichtigste Problem des Verstehens ist demnach, daß subjektive Plausibilität kein Gültigkeitskriterium einer Erklärung ist. Diese subjektive Plausibilität erhält man beim
Verstehen über einen sog. emotionalen Syllogismus, nämlich

der stillschweigenden Annahme, daß privat geglaubte Kausal-
beziehungen über das Entstehen bestimmter mentaler Zustände,
die wir der Alltagserfahrung entnehmen (z.B. Kälte erzeugt
eine Disposition, Wärme aufzusuchen; Angst erzeugt vorsich-
tiges Verhalten etc.) auch für andere Personen gelten und auf
eine gerade vorgefundene bzw. ex post rekonstruierte Randbe-
dingungskonstellation anwendbar sind. Dieser Syllogismus wird
also auf den in Frage stehenden Fall so angewandt, daß dem
Handelnden die gleiche Gesetzmäßigkeit der Entstehung seines
mentalen Zustandes unterstellt wird. Die Folge ist, daß man
über "Verstehen" nur solches Wissen erlangt, das man bereits
hatte, bzw. zu haben glaubte; ich verstehe das, was ich
schon wußte.

Der somit wenig reputierliche Gehalt der Methode des Verstehens und ihre offensichtliche Nähe zum teleologischen Erklärungsschema des praktischen Syllogismus bleibt den Mentalisten natürlich nicht verborgen. Der Methodendualismus wird
so auch von einer Fassung des Verstehens zu begründen versucht, die über die Mängel des von ABEL kritisierten Verfahrens hinausgehen soll. Verstehen sei danach: nicht der private ("monadologische") Nachvollzug einer psychischen Situation, sondern der Nachvollzug einer dem Handelnden sinnvollen Aktion, dessen Ergebnis "im Prinzip von den Akteuren
selbst benutzt werden könnte, um ihr eigenes regelhaftes
Verhalten auf den Begriff zu bringen". Nicht das oben beschriebene monadologische "Tasse-Kaffee-Verstehen" sei gemeint, sondern Verstehen als Verbindung von Forscher und
Sozialwelt, Verstehen als Aufklärung des Handelnden. Erst
dieses "kommunikative" Verstehen erfülle die Bedingungen,
die im Methodendualismus gemeint seien, wenn man von Sinner-
fassung spreche: Verstehen als partizipierende Betroffenheit
am Schicksal einer Kommunikationsgemeinschaft. Letztlich
wird damit für das Verstehen - ähnlich wie für die Wissenschaftssprache - die vollständige Partizipation an der jeweiligen Alltagswelt auch in der Verwendung der Forschungs-

ergebnisse gefordert (vgl. HABERMAS 1973a, 189).

Auch hier zeigt sich damit endlich wieder der eigentliche
Dissens: Es geht um das Theorie-Praxis-Verhältnis. Wenn
Theorie bloß empirisch gültig sein soll, dann ist die ABEL-
sche Verstehen-Kritik gerechtfertigt. In diesem Fall kann
das Verfahren sicherlich einen Methodendualismus nicht begründen, weil es sich erneut als (implizite und unvollständige) H-O-Erklärung erweist. Wenn Theorie dagegen vor allem
pragmatisch wirksam sein soll, dann wird selbstverständlich die ABELsche Kritik ebenso hinfällig wie andere einheitswissenschaftliche Argumente, weil ja nur die Erfüllung
einer pragmatischen Absicht beim Verstehen interessiert[34]:
Handlungsaufklärung und Orientierung. Wie allerdings eine
Aufklärung mit (z.B. über Verstehen gewonnenen) Pseudo-Wis-
sen, Introspektion und gesundem Menschenverstand vollzogen
werden könnte, muß dann allerdings APELs (und der anderen
Methodendualisten) Geheimnis bleiben. Die bloße Absicht, das
bloße Erkenntnisinteresse oder eine bloße pragmatische Wirkung einer Aussage generieren noch kein Wissen, wenngleich
nicht bestritten werden kann, daß wohlklingende, aber vielleicht falsche, Plausibilitäten bei gewissen Personen Orientierung in einer chaotischen Welt hervorzubringen vermögen[35]
mit empirisch valider und praxisfähiger Wissenschaft hat
alles dies jedoch nicht viel zu tun.

Das Fazit der Analyse des methodologischen Status von Teleologie und Mentalismus kann damit so lauten: Von einem wissenschaftstheoretischen Standpunkt, der den pragmatischen Aspekt
von Theorien für untergeordnet ansieht, läßt sich ein Methodendualismus nicht begründen. Die Alternativargumente sind
sämtlich entweder falsch oder versteckte einheitswissenschaftliche Konzepte. Erst bei Hinzunahme der Pragmatik in
die Kriterien der Theoriegeltung (also: bei Vermischung von
Entdeckungs-, Begründungs- und Verwertungszusammenhang) kann
ein Dualismus von Erklären und Verstehen begründet werden.

In diesem Fall lassen sich die wissenschaftliche Arbeit und
deren Ergebnisse allerdings nicht mehr von dem unterscheiden,
was ohnehin "lebensweltlich" sich eingestellt hätte. Eine
solche "Einheit von Theorie und Praxis", die in der Theorie Betroffenheit zu schaffen hat, reduziert Wissenschaft auf die
Alltagsplausibilitäten des gesunden Menschenverstandes. Aber
wen soll man schon daran hindern, dies zu tun?

2.1.4.2 Zum Problem historischer Erklärungen

Neben den allgemein-metaphysischen Erörterungen des Eigenständigkeitsanspruchs der pragmatisch orientierten Geisteswissenschaften hat die These des Methodendualismus einen
handgreiflichen Niederschlag gefunden: In der Diskussion um
die Frage, ob es eine eigenständige Methode der Erklärung in
den Geschichtswissenschaften gibt, oder ob historische Erklärungen grundsätzlich auch unter das sog. "covering-law-
Modell", das H-O-Schema der Erklärung also, unterzuordnen
sind.

Von seiten der Gegner der covering-law-These wird dabei mit
den bereits bekannten Argumenten vorgegangen (vgl. Kap.
2.1.3): Die Geschichtswissenschaften behandelten (unvermeidlich) nur Individuelles, und außerdem seien dort nur teleologische Erklärungen(Handeln aus rationalen Gründen)relevant[36].
Beides rühre daher, daß einerseits allgemeine Aussagen wie
andererseits kausale Beziehungen in der Geschichte nicht
möglich bzw. irrelevant seien. Außerdem seien, selbst wenn
man den nomologischen Erklärungsbegriff auf die Geschichte
ausdehnen wollte, diesem Versuch engste Grenzen gesetzt: In
der Geschichte gibt es keine Möglichkeit des Tests und des
Experiments, um die angewandten Gesetze unabhängig vom zu
erklärenden Fall zu prüfen; das - schärfste - Prüfkriterium,
die Prognose, sei in der Geschichte nicht einsetzbar. Ferner
könne von einer Konstanz der Randbedingungen je bekanntlich
nicht ausgegangen werden, zumal historisch-soziologische

Analysen selbst Randbedingungsänderungen bewirken können.
In diesem Zusammenhang gelte vor allem auch, daß menschliche
Individuen ja keine mit fixen Dispositionen ausgestatteten
Wesen sind, die je nach Situationsbedingung angebbar reagie-
ren, sondern reflexionsfähig und spontan sind und obendrein
ihre je individuelle (Lebens-)Geschichte aufweisen.

Schließlich verlang e das Publikum der Historiker auch etwas
anderes als dürre allgemeine soziologische Theorie, angewandt auf die "lebendige Vielfalt des Historischen": Geschichte soll das Publikum anrühren, ihm Verstehens-Erleb-
nisse ("aha, so ist das!") vermitteln, Handlungsgründe als
nicht absonderlich irrational oder unverständlich aufdek-
ken[37]. In dem geschichtlichen Geschehen soll sich der
Mensch der Gegenwart wiedererkennen können, nicht zuletzt:
um für seine Situation Orientierung und Sicherheit zu finden; kurz: Geschichtliche Analysen sollen "Komplexität reduzieren".

Wenn man das letzte - pragmatische - Argument einmal unbe-
achtet läßt, dann läßt sich die These einer eigenständigen
historischen Erklärung (als Konkretisierung teleologischer,
mentalistischer und historistischer Überlegungen) so zusammenfassen, daß Historiker das covering-law-Modell faktisch
nicht verwendeten,und daß dies auch das dem Gegenstand angemessene Verfahren sei. Dieser Ansicht ist vor allem HEMPEL
entgegengetreten. HEMPEL (197o) argumentiert so: Sicherlich
sei auf den ersten Blick das Vorgehen der Historiker üblicherweise anders, als es von der Methodologie des covering-
law-Schemas verlangt werde; dennoch gingen die Historiker
implizit nach diesem Schema vor. Schon der Gebrauch von
Wörtern wie "weil", "deshalb", "bewirkte" usw. weise darauf
hin, daß Historiker auch im H-O-Sinn "erklären" wollten. Nur:
Historiker arbeiteten mit unvollständigen Formen der Erklärung, etwa mit elliptischen Erklärungen oder Erklärungsskizzen (vgl. Teil I, Kap. 3.4): d.h.,die (für geltend angenomme-

nen) Gesetze und Randbedingungen würden nur kursorisch angedeutet. Wenn es aber zutreffe, daß Historiker meist nur
mit Erklärungsskizzen arbeiten, dann folge daraus, daß sie
prinzipiell dem H-O-Schema folgten. Die - notgedrungene oder
programmatische - Unvollständigkeit der gegebenen Erklärungen konstituiere jedoch keine Alternativmethode, sondern sei
eine mangelhafte Form des covering-law-Modells.

Beispielsweise verwenden Historiker, wenn sie eine revolutionäre Bewegung mit dem sprunghaften Anwachsen der Be-
wußtwerdung von Bedürfnisunterdrückung in einer Bevölkerungs-
gruppe begründen (was möglicherweise seinerseits die Folge
einer besonderen Art der gesellschaftlichen Teilung von Arbeit und Kapital ist) ein implizites Gesetz etwa der Art:
Für alle Personengruppen gilt: Wenn die Bedürfnisunterdrük-
kung den Grad a erreicht hat und mit der Bewußtseinsintensi-
tät b vorliegt, dann erfolgt ein revolutionärer Umsturz. An
diesem Prinzip ändert sich nichts, wenn - wie üblich - die
genauen Werte der Funktionsbeziehung nicht vorliegen, das
Gesetz nicht gesondert geprüft wurde oder noch andere (nicht
aufgeführte) Gesetze bei der Erklärung herangezogen werden
müßten. In jedem Fall bleibt das Prinzip des H-O-Schemas erhalten.

Die Reaktion auf diesen Angriff auf eine der wichtigsten
Konkretisierungen des Methodendualismus war unterschiedlich
(vgl. WEINGARTNER 1968, 352ff.). Einmal wurde grundsätzlich
der HEMPEL-Kritik zugestimmt, allerdings unter Hinweis darauf, daß trotz aller Probleme der Datenbeschaffung und
Theorieprüfung historische (H-O-)Erklärungen auch vollständig sein könnten, jedenfalls nicht hinter den Üblichkeiten
der soziologischen Theoriebildung zurückbleiben müßten
(GARDINER; DONOGAN; SCRIVEN).

Eine zweite Gruppe lehnt die HEMPEL-Interpretation ab und
versucht zu zeigen, daß historische Erklärungen ohne allgemeines Gesetz auskommen (GOUDGE 1958). Ein Ereignis sei nämlich historisch nicht durch die Annahme eines allgemeinen
Gesetzes erklärbar, da es sich bei historischen Abläufen
meist um Ketten von Ursachen für ein Ereignis handele, wobei erst die genaue Beschreibung der Reihenfolge des Ein-
setzens der Einzel-Ursachen bis zur letzten Wirkung: dem

Eintreten des Ereignisses, die Erklärung des Ereignisses
bilde. Die Ursachen seien mit dem Ereignis nicht implika-
tiv, sondern konjunktiv verknüpft. Die historische Erklärung bestehe daher aus der reinen Narration dieser Kette
hinreichender Bedingungen für das Eintreten des Ereignisses.

Diese Interpretation der historischen Erklärung wird schließlich in einer Fassung erweitert, in der einerseits das narrative Modell noch weitergetrieben wird, dann aber auch -
in einer Radikalkritik am covering-law-Modell - zwei andere
Aspekte des Methodendualismus wiederbelebt werden: der historische Individualismus und Holismus im Begriff des "Konzepts" und die historische Teleologie in der Idee der "rationalen Erklärung". Mit dieser Entwicklung ist vor allem
der Name DRAY (1957; 1968; 1975) verbunden; die Kritik des
Methodendualismus soll so auch mit diesem neuesten und radikalsten Angriff auf die Idee der Einheitswissenschaft im
Bereich der Gesellschaftswissenschaft beschlossen werden.

Nach der radikalisierten Fassung des narrativen Erklärungs-
modells (vgl. GALLIE 1959) besteht eine historische Erklärung nicht in der Narration nur hinreichender, sondern auch
der notwendigen Bedingungen für das Eintreten eines Ereignisses. Eine solche narrative genetische Erklärung bestehe
in dem (zunächst hypothetischen) Entwurf von Konjunktionen
von Bedingungen, die zum interessierenden Ereignis führen.
Die Erklärung des Ereignisses bestehe dann in der - durch
die historischen Fakten geleiteten Auswahl einer bestimmten
Konjunktionenkette von (theoretisch) notwendigen Bedingungen
und tatsächlich eingetretenen Ereignissen. Diese Narration
notwendiger Bedingungen sei, so die Behauptung, ohne Angabe
allgemeiner Gesetze möglich und auch schon das Endprodukt
der Arbeit des Historikers. Und das covering-law-Modell sei
allein schon deshalb unangemessen, da in der Geschichte -
wegen der Einzigartigkeit der Bedingungsketten, wie sie sich
nur in einer Narration aufweisen lasse - ein solches "all-

gemeines Gesetz" nur immer einen einzigen Anwendungsfall
hätte: "Rekurs auf dieses Gesetz würde daher in jedem Fall
nur auf eine erneute Beteuerung dessen hinauslaufen, was
bereits vorher festgestellt worden ist ..." (von WRIGHT
1974, 35).

DRAY bringt folgendes Beispiel: Es werde festgestellt, daß
Ludwig XIV am Ende seines Lebens im Volk unbeliebt war, weil
er eine für Frankreich schädliche Politik betrieben habe.
Wie könnte man dieses Faktum nach dem H-O-Schema erklären?
Es müßte ein allgemeines Gesetz gefunden werden, in dem die
Bedingungen angeführt sind, wonach Herrscher unbeliebt werden. Wenn nun der konkrete Fall zu erklären ist, liefe das
dann darauf hinaus, daß in diesem allgemeinen Gesetz genau
die Bedingungen angeführt werden, die für Frankreich und
das Verhalten Ludwig XIV zutreffen. Damit aber könne man
nicht von einem allgemeinen Gesetz sprechen, da es nur einen
Anwendungsfall hätte. Mithin könne das H-O-Schema und die
Idee von allgemeinen Gesetzen in der Geschichte nicht akzeptiert werden.

Bei DRAYs Kritik wird somit letztlich wieder die These der
Individualität historischer Ereignisse belebt (hierzu sei
auf Kap. 2.1.3.2 verwiesen). Richtig ist zweifellos, daß in
der Geschichte häufig Gesetze heranzuziehen sind, für die es
keine gesonderte Testsituation gab. Gesetze sind jedoch auch
dann allgemein, wenn es nur _eine_ (oder auch: keine) reale
Randbedingungenskonstellation für ihr Wirken gab. DRAYs
These beruht demnach - neben dem in Kap. 2.1.3.2 Gesagten -
auf dem (gern gemachten) Fehler, die Allgemeinheit eines Gesetzes mit der Allgemeinheit der Existenz seiner Auftretensbedingungen zu verwechseln.

Nun ist es sicher richtig, daß Ereignisse meist nicht durch
eine isolierte Ursache erklärbar sind, sondern erst durch
die Annahme besonderer Ursachenketten erklärt werden können.
Der Vorgang einer solchen einfachen _genetischen Erklärung_
ist dabei im Grunde unproblematisch (vgl. STEGMÜLLER 1969,
353ff.): Es gebe einen Anfangszustand S_1, und es wirke ein
Gesetz G_1, das S_1 in den Zustand S_2 überführe. Der Zustand
S_2 enthalte nun Randbedingungen, auf die ein gültiges Gesetz G_2 anwendbar seien, wodurch S_2 in den Zustand S_3 über-

führt werde usw. bis der Zustand S_n deduzierbar ist. Eine
solche kausal-genetische Erklärung ist mit dem H-O-Schema
vereinbar und eine wichtige Aufhellung von "black-box"-Ge-
schehnissen, wenngleich oft die erforderlichen Gesetze fehlen. Dabei gibt es nun die Komplikation, daß häufig die Tatsachen, die aus einer vorhergehenden Situation (genetisch)-
"kausal" ableitbar waren, nicht das tatsächlich eingetrete-
ne Ereignis sind, sondern ein anderes, und daß ein entsprechendes erklärendes Gesetz nicht zur Hand ist. Und aus dieser (daten- und theorienmäßig bedingten) Komplikation leitet
DRAY seine (prinzipiellen) Überlegungen ab, die dazu führen,
daß zu den "abgeleiteten" Sätzen ohne weitere Erklärung zusätzliche Einzelheiten eingeschoben werden müssen, aus denen dann in Verbindung mit dem "eigentlich kausal folgenden"
Ereignis (plus Gesetz) der historisch nächst folgende (festgestellte) Zustand sich einstellt (vgl. das Schema nach
STEGMÜLLER 1969, 357).

Schema einer historisch-genetischen Erklärung

$$S_1 \nearrow^{S_2'} \searrow S_2 \nearrow^{S_3'} \to S_3 \ldots S_{n-1} \nearrow^{S_n'} \searrow S_n$$
$$+D_2 \qquad\qquad +D_3 \qquad\qquad +D_n$$

$S_{1,2..}$ = Sätze, die bestimmte Ereignisse
beschreiben

$D_{1,2..}$ = jeweils eingefügte Einzeltatsachen

$S_{2,3..}'$ = aus $S_{1,2..}$ kausal folgende Ereignisse

Bei dieser Erläuterung der Logik einer narrativen Erklärung
als historisch-genetische Erklärung zeigt sich, daß der End-
zustand nicht aus dem Anfangszustand und den zugrundegeleg-
ten Gesetzen deduziert werden kann. Aus diesem Grund muß ja

sukzessiv, narrativ vorgangen werden, wobei die Gründe für
die Auswahl der D-Bedingungen nicht expliziert werden oder
höchstens elliptisch angedeutet werden. Erst wenn die Auswahl der D-Bedingungen über ein übergreifendes Gesetz ge-
steuert würde (dann wäre wieder eine einfache genetische Er-
klärung nach dem Schema: $S_1 \rightarrow S_2 \rightarrow \ldots \rightarrow S_n$, möglich) wäre
dieser Mangel behoben: Das "Individuelle" an der Geschichte
erweist sich damit als das noch nicht entdeckte "Allgemeine".
DRAYs Kritik am covering-law-Modell ist damit eine Variante
der bei Methodendualisten häufigen analytischen Resignation
vor der Vielfalt des historischen Geschehens, so daß nur
noch "Narration" oder eine wie auch immer geartete "Praxis"
als Ausweg verbleiben.

Selbstverständlich erkennt jedoch auch DRAY an, daß es auch
in der Geschichte Verallgemeinerungen gebe. Generalisierungen in der Geschichte seien jedoch nicht die Allgeneralisie-
rung einer Ereignisabfolge im Sinne der Quantorenlogik, sondern eine Menge von Einzelereignissen werde zu einer (emergenten) Entität eigener Art zusammengefaßt und verallgemei-
nert und mit einem "verständlichen" Namen versehen: Es wird
ein (holistisches) "Konzept" gebildet (z.B. "die Revolution",
"der Kapitalismus" etc.). Solche Konzepte seien einerseits
Verallgemeinerungen, ohne allgemeine Gesetze zu enthalten,
könnten aber andererseits historische Einzelereignisse "erklären" (DRAY 1968, 345f.). Vor allem aber sei es durch
solche Konzepte möglich, zu erläutern, "was" historisch geschah ("eine Revolution"); und dies sei die den Historiker
interessierende Frage, nicht die Frage "warum" etwas geschah.

Dem ist zu entgegnen: Natürlich fällt ein "Konzept" nicht
unter das H-O-Schema, weil es sich um eine (nominale) Klassifikation nach (konventionellen) Korrespondenzregeln handelt;
Konzepte sind nichts als Begriffe[38]. Begriffe erklären
aber nichts und informieren auch nicht darüber, "was" geschah. Und wenn DRAY meint, Konzepte könnten über histori-

sches Geschehen aufklären, dann geschieht dies höchstens implizit bei der Angabe der konzeptbildenden Korrespondenzregeln. Solche Konzepte leiten zwar sicherlich die historische
sche Aufmerksamkeit und sind "gestalt"-bildend, für den
Wahrheitsgehalt einer mit ihnen gebildeten Aussage bedeuten
sie dagegen nichts: Sie erklären weder "was" geschah, noch
"warum" etwas geschah.

Ein dritter Aspekt des DRAYschen Angriffs gegen das covering-
law-Modell ist schließlich die Behauptung, historische Erklärungen hätten nicht darzulegen, warum eine Handlung "notwendig" war, sondern nur, wie eine Handlung "möglich" war:
Erklärung als Angabe rationaler Gründe für die Handlung
eines (historischen) Akteurs. Es soll eine Verbindung herge-
stellt werden zwischen den Motiven und Handlungsbeweggründen
eines Handelnden einerseits und den Handlungen andererseits.

DRAY führt zur Erläuterung folgendes Beispiel an: Bei der
erfolgreichen Invasion Englands durch Wilhelm von Oranien
war ein Umstand sehr entscheidend gewesen: der scheinbar
unmotivierte (und schließlich auch höchst fehlerhafte) Ent-
schluß Ludwig XIV, seinen militärischen Druck auf Holland
im Sommer 1688 zu lockern, so daß Wilhelm von Oranien für
seine Invasion Luft bekam. Die "rationale Erklärung" lautet
nun, daß sich Ludwig XIV ausrechnen konnte, daß selbst bei
einer erfolgreichen Landung Wilhelms in England sich dort
sofort Bürgerkrieg und langanhaltende Wirren einstellen würden; und unterdessen hätte Ludwig auf dem Kontinent freie
Hand. Dazu habe Ludwig mit der Landung Wilhelms in England
einen Weg gesehen, sich selbst zu entlasten, wo er - Ludwig
wig - ja gerade dabei gewesen sei, Kaiser Leopold zu schla-
gen. Es werde so ersichtlich, daß Ludwig allen Grund hatte,
so zu handeln, wie er es tat, wenngleich diese Kalkulationen
sich ex post als falsch, damit als "irrational" erwiesen
hätten.

Der Kern dieser Analyse ist also der Nachweis, daß ein zunächst unglaubliches Verhalten (einem Publikum) als wahrscheinlich und "vernünftig" erläutert wird. Das Ziel des
Historikers sei es, für das Verhalten historischer Figuren,
"angemessene Gründe" anzugeben. Dazu reiche es völlig hin
aufzuzeigen, daß der Handelnde Grund gehabt hätte, so zu

handeln, wie er es tat, ohne zu dieser Handlung "kausal"
gezwungen worden zu sein. Dabei spiele es keine Rolle, ob
der Handelnde damals die Situation ebenso beurteilt habe
wie der Historiker heute. Der Historiker hat nur zu ermitteln, was hätte getan werden müssen auf der Grundlage der in
der Situation angemessenen Gründe.

Die Konzeption der rationalen Erklärung erweist sich so
einerseits als eine (neue) Version des "Verstehens": die
Analyse der Motive von Handelnden. Verstehen ist jedoch eine
Form von Motiv-Erklärungen, die leicht als implizite H-O-Er-
klärungen identifizierbar sind (vgl. Kap. 2.1.4.1) und außerdem schwierigen Gültigkeitsproblemen ausgesetzt sind (vgl.
den Hinweis von GARDINER: "... daraus, daß ich x tun würde,
weil ich y wollte, folgt nicht, daß ein mittelalterlicher
Baron x deshalb getan hat, weil er y wollte"). Dieser (üblichen) Kritik versucht DRAY nun dadurch zu entgehen, daß er
das Konzept der rationalen Erklärung über bloßes "Verstehen"
hinausheben will und ihm eine normative Deutung gibt.

Die rationale Erklärung liefert nämlich vor allem eine normative Basis für das Handeln von historischen Personen, und
dies sei die Besonderheit: Das covering-law-Modell werde
durch eine Abweichung im prognostizierten Verhalten wider-
legt, das entdeckte Rationalitätsprinzip durch ein nicht zu
rechtfertigendes Handeln in einer historischen Situation jedoch nicht. Eine etwa aufgetretene Irrationalität (nach Maßgabe der Nichtbeachtung "guter Gründe) der Handelnden war
ein Fehlverhalten, von dem heutige Generationen lernen könnten.

Mit dem Konzept der rationalen Erklärung wird also zweierlei
beabsichtigt: einmal die "Widerlegung" des covering-law-
Modells und zweitens die Grundlegung einer normativen Ge-
schichtsinterpretation. Dabei läßt sich zeigen, daß durch
die Angabe von Gründen für ein Handeln das nomologische Er-

klärungsschema nicht außer Kraft gesetzt wird (vgl. TOULMIN
1975, 298ff.): es gibt natürlich "sinnvolle" Handlungsgründe,
die aber ihrerseits in ihrer Entstehung als verursacht gedacht werden können. Dazu führen "Gründe" natürlich noch
nicht zum Handeln (vgl. Affinität der rationalen Erklärung
zur teleologischen Erklärung), sondern: Gründe können (ebenso wie andere "Ursachen") am Zustandekommen einer Handlung
beteiligt sein, führen aber nicht unmittelbar zur Handlung.
Aber alles dies kann prinzipiell in allgemeinen Gesetzmäßigkeiten ablaufen (z.B. Gesetze darüber, wann Gründe zu "ge-
wichtigen" Gründen werden etc.). Daraus, daß man (einige)
Handlungen als "begründet" rechtfertigen kann, folgt nicht,
daß es keine "Ursachen" gäbe. Zum Beleg sei erneut auf die
neueren Handlungstheorien, z.B. die subjektiven Entschei-
dungstheorien verwiesen, die genau dieses Problem nomologisch
klären (vgl. LANGENHEDER 1975).

Die Kritik an DRAY berührt neben der engeren Diskussion um
das Verhältnis einer nomologisch betriebenen Soziologie und
verstehender Geschichte und die Konzeption des (phänomenologischen) Verstehens als Methode darüber hinaus auch die neueren Versuche LUHMANNs, den "Positivismus" phänomenologisch
bzw. funktional-strukturell zu überwinden (vgl. Kap. 1.4.2).
Nur ein Aspekt sei hier noch genannt[39]: nach LUHMANN ist
es möglich, durch das bloße Anbieten von sinnstiftenden Medien (z.B. Geld, Liebe, Wahrheit etc.) bereits eine besondere
Handlungsmotivation und ein Handeln selbst zu schaffen, das
(angeblich) loslösbar ist von besonderen Legitimationen: Die
Fähigkeit eines Mediums, "Sinn" zu stiften, schaffe eine Ver-
trauensgrundlage genereller Art, auf der beliebiges Handeln
motiviert wird, weil es generell als "legal", nicht mehr als
(spezifisch) legitim gilt. Und gerade dies sei eine der zentralen Voraussetzungen zur Evolution leistungsfähiger, differenzierter Sozialsysteme, weil nun die Handlungsmotivation
der Mitglieder von den Zwecken und Zielen des Systems, dem
sie angehören, loslösbar sind und die Mitglieder zu beliebigen Handlungszielen motivierbar werden.

Einmal von der inhaltlich-soziologischen Fragwürdigkeiten die-
ser Grundthese der LUHMANNschen Evolutionstheorie sozialer
Systeme abgesehen (denn: auch diese formale Legalität von
Selektivitätsmedien muß bei den Handelnden als abstrakter
Wert internalisiert und legitimiert werden, und zweitens ist
zweifelhaft, ob bei steigender sozialer Differenzierung und
damit steigenden Fähigkeiten der Individualität und aktiven
Soziabilität die Handelnden nicht gerade das Vertrauen in die

bloß formale Legalität aufgeben, das möglicherweise zeitweise über apathische Loyalitäten garantiert werden konnte): schon aus methodologischen Gründen ist LUHMANNs Konzept (neben den in Kap. 1.4.2 genannten Aspekten) nicht haltbar. Eine der wichtigsten Implikationen dieser These LUHMANNs ist nämlich, daß Handelnde durch die Angabe von "Handlungsgründen" (z.B. durch eine Institution), d.h. durch das "Verständlichmachen" einer Handlung als allgemeine selektive Leistung für ihn, zu dieser Handlung bewegt wird. Damit entfalle ein Motivationsbegriff, der Handeln als situationelles Umsetzen von Dispositionen in Verhalten (kausal) versteht. Es sind (mindestens) zwei Dinge an dieser Konzeption fragwürdig bzw. unhaltbar: Erstens macht LUHMANN ebenfalls den Fehler, den "Sinn" einer Handlung (d.h. z.B. die spannungsobsorbierende Wirkung auf ein Individuum) mit der Handlung logisch gleich zu setzen; und zweitens wird durch die Angabe des Grundes einer Handlung (nämlich: daß sie rational sei, weil sie Sinn stiftet und Sinnstiftung fürs Individuum überlebenswichtig sei) - ähnlich wie bei DRAY - nichts über die Unmöglichkeit gesagt, auch hierbei nomologisch-handlungstheoretisch vorzugehen. Wenn LUHMANN sich die Mühe machen würde, seine Ausführungen zu präzisieren und als nomologische Hypothesen zu formulieren, träten seine versteckten handlungstheoretischen Annahmen sofort zutage und erwiesen sich (zumindest) als viel zu eingeschränkt: Handeln erfolgt eben nicht nur gemäß "Gründen", die Handlungsmotive erschöpfen sich keineswegs in der durch das Handeln ermöglichten Sinnbereitstellung und müssen auch nicht als kausal-analytisch "undurchschaubar" (LUHMANN) und nur phänomenologisch erschaubar deklariert werden. LUHMANNs phänomenologische Agnostik (GRIMM) ist - ebenso wie seine unhaltbare funktional-strukturelle Version der Systemtheorie - offenbar methodisch notwendig, um seinen inhaltlichen Ansatz schon logisch zu immunisieren. Empirisch ist er ohnehin allenfalls auf Verwaltungsbürokratien beschränkt, wo LUHMANN ja bekanntlich sein soziologisches Weltbild erworben hat.

Die Idee einer eigenständigen rationalen Erklärung fällt somit mit dem Scheitern der Begründung einer (materialen) teleologischen Erklärung. Damit bleibt noch der normative Aspekt der rationalen Erklärung. Und hier liegt nun der grundlegende Dissens, der auch schon bei der These des Kommunikations-Apriori auftrat: Der HEMPELl-Begriff einer historischen Erklärung beinhaltet die Erklärung des faktisch eingetretenen Verhaltens, unabhängig von einer normativen "Rationalität". Und hierzu bedarf es einer Handlungstheorie, die in ihrer Komplexität weit über die beim "Verstehen" übliche Rationalitätsunterstellung hinausgeht. DRAY möchte dagegen

- basierend auf einer recht naiven (rationalistischen)
Handlungstheorie - ein "Verstehen" der in einer historischen
Situation angemessenen und vernünftigerweise gebotenen Handlung liefern, auch unabhängig davon, ob tatsächlich gemäß
dieser "guten Gründe" gehandelt wurde. Geschichte soll eben
nicht (kausal) "erklärt" werden, sondern über die Einsicht
in die historische Situation Normen liefern.

DRAY steht damit letztlich in der Tradition, über die sich
der gesamte Methodendualismus konstituiert. Theorie über
den Menschen soll nicht informieren, sondern orientieren. Und
eine Theorie "orientiert" ja bekanntlich auch dann, wenn sie
nur für wahr gehalten wird, selbst aber keineswegs empirisch
richtig zu sein braucht. Und so kann auch die Methode des
Verstehens bzw. der rationalen Erklärung, die nicht mehr als
ein heuristisches (wenngleich dann: äußerst wertvolles) Verfahren sein kann, solange es keine allgemeine Handlungstheorie gibt, für dieses Erkenntnisinteresse bereits als ausrei-
chend und (ausschließlich) angemessen erscheinen.

(1) Ein solches Gesetz wäre damit Teil der Hintergrund- oder
Instrumententheorien, über die erst Beobachtungsaussagen als
Basissätze interpretierbar werden.

(2) Daß das Einzelne nicht konkret, sondern unbestimmt: "abstrakt", sei, solange man sich nicht der vorgängigen Totalität versichert habe, ist der Kernpunkt einer der wenigen methodologischen Bemerkungen, die von MARX selbst stammen;
vgl. MARX (1924, XXX-XIVI).

(3) Der fundamentale Fehler eines solchen meßtheoretischen
Ontologismus liegt in der Vernachlässigung des Tatbestandes,
daß "Qualität" und "Qantität" als je unterschiedliche Eigenschaften von Relationengebilden im Bereich der natürlichen
Zahlen anzusehen sind, für die nur jeweils bestimmte numeri-
sche Transformationen zulässig sind. Ob diese Eigenschaften
eines numerischen Relationensystems auch in der Wirklichkeit
(etwa bei sozialen Objekten und Eigenschaften) vorliegen,
kann immer nur empirisch-ex post, niemals apriorisch -
ontologisch entschieden werden. Dieser Fundamental-Fehler
hat schon Tradition bei CICOUREL (1970), HABERMAS (1970)
oder bei RITSERT und BECKER (1971) etwa.

(4) Den Grundannahmen des Methodendualismus vgl. z.B. HABER-
MAS (1971b, 71ff.); von WRIGHT (1974, 18ff.); KOFLER (1971,
21f.); WELLMER (1969, 25ff.).

(5) In dieser Auseinandersetzung nimmt Max WEBER eine be-
zeichnende Sonderstellung ein: einerseits ist ihm klar, daß
soziale Sachverhalte nicht ihre "Kulturbedeutung" als Sachverhalte mit sich tragen, sondern ihnen erst "verstehend"
zugewiesen werden muß; andererseits verhindert diese vorgängige Vergewisserung von Kulturbedeutung eine nomologisch-
erklärende, wertneutrale Überprüfung sozialer Zusammenhänge
keineswegs, sondern erlaubt über das bloße "Verstehen" hinaus
noch die Aufdeckung latenter, nichtbewußter Folgen von sozialen Abläufen, wie sie sich aus dem absichtsvollen, "sinn-
haften" Handeln individueller Akteure ergeben. Diese Auffassung ist heute in ihren Grundzügen nicht nur akzeptabel,
sondern die methodologische Position, die sowohl den naiven
Empirismus wie den unbegründbaren Anti-Naturalismus für die
Soziologie allein vermeiden kann.

(6) Hieran wird erneut die Verletzung der Postulate nach
Trennung von Entdeckung, Begründung und Verwertung von Aussagen deutlich; das wichtigste Problem bei der "Begründung"
einer Theorie durch "Praxis" (als Quelle der Entdeckung und
Ort der Verwertung) ist die (verbindliche) Begründung der
"Angemessenheit" der Praxis; anders gesagt: das Problem der
objektiven Begründung von Normen. Insbesondere die mehr geschichtsteleologischen Fassungen der hermeneutisch-dialektischen Richtung kommen ohne irgendeinen Versuch der Normobjektivierung nicht aus.

(7) Vgl. z.B. SCHÜTZ (1971, 152); hier wird also als eine
(zusätzliche) transzendentale Erkenntnisvoraussetzung die
Erhellung des Sinns der jeweiligen wissenschaftlichen Tätigkeit (und der jeweiligen Ergebnisse) postuliert: eine
"Erkenntnis ohne Erkennenden" (POPPER) ist somit unmöglich.

(9) Damit könnte man allerdings die Phänomenologie als ein
Verfahren der Gewinnung von Merkmalsräumen für eine Gegen-
standsklasse auffassen mit dem Ziel der Isolierung von Ex-
tremtypen als "Idealtypen"; vgl. zum Verfahren der Gewinnung solcher "künstlicher Typologien" ZIEGLER (1972, 11ff.).

(1o) Man muß selbstverständlich bei der Behandlung der Frage
der Herausbildung von Intersubjektivität (oder: "kollekti-
ver Repräsentationen" (DURKHEIM); Konsensus; Interaktions-
beziehung etc.) nicht zu dieser Lösung kommen. Sozialisa-
tionstheorie und Interaktionstheorie sind in der Lage, die
Entstehung und Tradierung von "Intersubjektivität" zu erklären, ohne auf die HUSSERLschen Vorschläge Bezug nehmen zu
müssen; vgl. z.B. SIEGRIST (197o).

(11) Vgl. HABERMAS (1971d, 173); vgl. auch die Kritik von
ZIEGLER (1972, 41f.) an dieser Position; allerdings verfehlt auch ZIEGLER das gemeinte Problem: Wenn es tatsächlich
möglich wäre, Tiefenstrukturen zu generieren, ohne der Lebenswelt zuzugehören, dann trifft ZIEGLERs Kritik an HABER-
MAS zu, daß es unnötig sei, daß die Subjekte einer Lebenswelt selbst alle Rekonstruktionsgenerationen durchführen
können um zu einer gültigen Aussage zu kommen. Aber dies
wird ja gerade abgestritten: als sei es außerhalb des
"Kommunikationsapriori" möglich, überhaupt die Alltagstypisierungen zu erfassen, d.h.: das "Wesen" der Dinge zu ermitteln.

(12) An dieser Stelle zeigt sich die Verbindung der phänomenologischen Methodologie mit dem methodischen Ansatz von
LUHMANN deutlich (vgl. Kap. 1.4.2): Theorie muß nicht "wahr"
sein, sondern Sinn stiften, "Komplexität reduzieren"; wenn
dies aber (am sozialpsychologischen Gründen) nur als wahr
geltende Theorie kann, dann sind Geltungskriterien von Theorien nicht deren "Korrespondenz" mit der Wirklichkeit(etwa
im TARSKIschen Sinn) sondern der gelungene Konsensus über die
Eigenschaft "wahr". Im übrigen stammt der Grundansatz LUH-
MANNs, nämlich die Idee der Welt als allgemeinster Handlungs-
horizont, vor dem sich Sinnsysteme zu konstituieren haben,
aber immer auch "kontingent", auch als "anders möglich" verbleiben, unmittelbar von HUSSERL.

(13) Diese ökologische Erklärung der Herausbildung von Denk-
und Sprachmustern - ein klassisches Thema der Wissenssoziologie - löst eine Reihe älterer metaphysischer Spekulatio-
nen über das Verhältnis von Sein und Bewußtsein; vgl. z.B.
BRUNER, GOODNOW und AUSTIN (1965).

(14) Das "Kommunikationsapriori" (APEL) als Erkenntnisbe-
dingung für Sozialwissenschaft könnte damit so gefaßt werden: Ökologisch-soziale Notwendigkeiten erzwingen unaustauschbare Denk- und Sprachdispositionen über Gegenstände in einer
Kooperationsgemeinschaft; diese Dispositionen sind das "Wesen" der Gegenstände; damit ist dieses Wesen ausschließlich
lebensweltlich sozial konstruiert; und diese Konstruktionen
sind nur noch vollziehbar, wenn man selbst über die entsprechenden Kognitions- und Sprachdispositionen in der
Kommunikationsgemeinschaft verfügt. Ansonsten kann ja nicht
das "Wesen", allenfalls die empirische Oberfläche erfaßt
werden. Der damit implizierte Erkenntnisrelativismus ist
unübersehbar und der Vorwurf des (vielleicht auch kollektiven) Solipsismus dann auch so abwegig nicht.

(15) An dieser Stelle sei auf eine Gemeinsamkeit von LUHMANN
etwa und der Ethnomethodologie hingewiesen: Wissenschaft
"reduziert Komplexität" nicht durch die (empirisch gültige)
Erfassung kausaler bzw. funktionaler Relationen, sondern
durch ihr Potential der Sinnstiftung angesichts einer "Über-
lastung" durch komplex-kontingenten Welthorizont. (Sozial-)
Wissenschaft wäre demnach eine solche "Methode" der Sinnge-
bung - nur: keine "Ethno"-Methode.

(16) Die wichtigsten Einzelarbeiten zur Konzeption des Sym-
bolischen Interaktionismus finden sich bei: ROSE (1962);
MANIS und MELTZER (1972); STEINERT (1973); SCHÜTZ (1971);
ARBEITSGRUPPE BIELEFELDER SOZIOLOGEN (1973).

(17) Und - so könnte die Verteidigung der Nomologie weiter
lauten - erst die analytisch-nomologische Erforschung der
Bedingungen, die menschliche Intentionalität verhindern bzw.
konforme Apathie verfestigen, kann das Wissen schaffen, auf
dessen Grundlage eine solche Utopie erst tragfähig würde.
Menschliche Intentionalität läßt sich nicht bloß herbeiwün-
schen, sondern hat materielle Auftretensbedingungen, die zu
erforschen die anti-naturalistischen Verfahren sicher ungeeignet sind.

(18) Vgl. BERGER (1971). Die Existenz von Rollendifferenzie-
rungen, unterschiedlichen Handlungsöffentlichkeiten, Bezugs-
gruppen und Lebenswelten in Alltag und Biographie eines Individuum sind ein deutlicher Hinweis dafür. Dennoch: selbstverständlich kann man prinzipiell auch dann von der Klasse
"dogmatischer", "delinquenter", "normkonformer" etc. Personen sprechen und untersuchen, welche Ursachen dazu geführt
haben, daß sie (in bestimmten Situationen) diese Eigenschaften haben. Überdies erlaubt die Entwicklung von Ich-Identität - ein zentraler Satz der MEADschen Sozialisationstheorie-
es auch wieder, von der Existenz übersituationeller Eigenschaften von Personen (die Bestandteile der Identität sind)
zu sprechen.

(19) An dieser Stelle sei noch darauf hingewiesen, daß die Annahme des Symbolischen Interaktionismus über Dispositionseigenschaften von Menschen allgemein (Intentionalität, Impulshemmung, Situationssteuerung etc.) erwiesenermaßen typische Bestandteile der Mittelschichtkultur sind; damit würde eine apriorische Hypostasierung dieser Annahmen als "typisch menschlich" Unterschichten etwa zu "Un"-Menschen degradieren; vgl. als Beleg etwa: GERHARDT (1971).

(2o) "Soziologie ist Geschichte ohne harte Arbeit, Geschichte ist Soziologie ohne Verstand"; McRAE (1957).

(21) Vgl. WEHLER (1972); CAHNMAN und BOSKOFF (1964); EISERMANN (1974).

(22) Vgl. die Darstellung der Entwicklung bei EISERMANN (1974, 342ff.).

(23) Aus der Kennzeichnung der Romantik bei CAHNMAN wird der Gegensatz zwischen (nomologischer) Soziologie und (gegenaufklärerischer) Geschichte in allen Nuancen beschrieben: Die Romantik sei eine Gegenbewegung gegen "... uniformity, generality, calculated simplicity, and the reduction of living phenomena to common denominators; the aesthetic antipaty to standardization; the abhorrence of platitudinous mediocrity. More positively: the attentiveness to the detailed, the concrete, the factual; the quest für local color; the endeavor to reconstruct in imagination the distinctive lives of peoples remote in space, time, or cultural condition; the cult of individuality, personality, and nationality; indulgence in the occult, the emotional, the original, the extraordinary"; CAHNMAN (1964,1o4).

(24) Der Historismus ist nicht zu verwechseln mit dem POPPERschen Begriff des Historizismus; zur Beziehung zwischen Historismus und der klassischen deutschen Wissenssoziologie vgl. BERGER und LUCKMANN (197o, 5ff.).

(25) Die Arbeiten von HABERMAS haben letztlich alle dieses Ziel: Die "zunächst magische Vorstellung einer aktiven Weltüberlegenheit der in die Region des Göttlichen emporgehobenen Seele" für eine moderne Sozialwissenschaft zu retten; vgl. HABERMAS (1971b, 1oo).

(26) Es ist bezeichnend, daß die evolutionistischen Entwürfe, die typischerweise analytisch-nomologisch ansetzen, aus politisch zentralisierten Ländern mit starken Traditionen des Römischen Rechts stammen und der Historizismus sich im Deutschland der Partikularstaaten entwickelt: Zentralisierung, ein Recht, das schon Ansätze zur Positivierung zeigt, und Ideen der Einheitswissenschaft sind sowohl historisch aufeinander bezogen, wie ihr gemeinsames Auftreten soziologisch plausibel ist.

(27) Vgl. zum Evolutionismus: SKLAIR (197o), BOCK (1964).

(28) Von WRIGHT führt eine Reihe weiterer möglicher Komplikationen des Modells an, die aber alle eines gemeinsam haben:
Sie ändern nichts an der prinzipiellen Anwendbarkeit des nomologischen Erklärungsschemas; von WRIGHT (1974, 93-121).

(29) Vgl. zu dieser Auseinandersetzung BRODBECK (1968).

(3o) Ähnlich der Versuch von APEL, für die Sozialwissenschaften das sog. Kommunikationsapriori zu begründen. Der "szien-
tische Reduktionismus" nehme (unberechtigterweise) an, "...
daß ein einzelnes Erkenntnissubjekt in der Lage, die ganze
Welt einschließlich seiner Mitmenschen zu objektivieren".
Und das Soziale bestehe aus "unabdingbaren Konventionen über
.. Bedeutungen", die vorgängig zu ermitteln seien. Da aber die
die "vor- und metaszientische Rationalität" der Deutungen,
Intentionen und Interpretationen sich nur im alltäglichen
"intersubjektiven Diskurs" erschließe, sei so das Apriori
der Kommunikation als Voraussetzung für den Zugang zu der
"Dimension der Rationalität von Konventionen" begründet. Behaviorismus (APEL nennt ihn: "logischen Positivismus") sei
mithin, in seiner Annahme, daß Fremd-Seelisches prinzipiell
unzugänglich bleibe bzw. der Notwendigkeit der Operationalisierung von mentalistischen Termen, genauso solipsistisch
wie die private Introspektion; vgl. APEL (1975, 25ff.).

(31) Offenbar gehen die Mentalisten von einer Kommunikationsgemeinschaft aus, deren Zusammenhalt man mit DURKHEIM mit
"mechanischer Solidarität" umschreiben kann. In einfachen,
unstrukturierten Sozialsystemen bilden sich Individualität
und Selbst-Bewußtsein der Mitglieder nicht aus, es herrscht
ein rigide kontrolliertes Normensystem und die Sozialkontakte
beschränken sich auf den Primär-Bereich der persönlichen
Interaktion. Die Folge ist: "Toutes les consciences vibrent
à l'unisson" (DURKHEIM). Unter solchen Bedingungen fallen
Individual- und Kollektivbewußtsein zusammen, und es löst
sich die Frage des Fremdseelischen auf, weil jeder mit jedem
gleich ist; es ist nur fraglich, ob dort überhaupt Soziales
problematisiert und reflektiert werden kann. Die Idee der
Universalsprache und der behavioristischen Interpretation
mentaler Zustände berücksichtigt demnach, daß der Individu-
ierungs-, Differenzierungs- und Selbst-Bewußtwerdungsprozeß
weit über die Verhältnisse unbewußter Solidaritäten hinaus
entwickelbar ist.

(32) Selbstverständlich liefert auch die behavioristische
Fassung mentaler Konzepte keine Gewißheit des Fremdseelischen; es wird nur angenommen, daß explizite Beobachtungstheorien, die sich in einem weiteren, empirisch bewährten,
theoretischen Zusammenhang als haltbar erwiesen haben, brauch-
barer sind als die mentalistische Einfühlung. Insofern berührt die Diskussion natürlich alle Fragen der Basissatzun-
sicherheit und der Theorienbegründung; mentalistisch-subjek-

tivistisch kann man dem jedoch nicht entgehen.

(33) Vgl. NAGEL (1968, 41f.); es sei natürlich zugestanden, daß besonders bei historischen Prozessen strenge Erklärungen wegen schwieriger Datenlage faktisch kaum möglich sind. Dennoch: Aus solchen faktischen Problemen kann man keine Sondermethode und keinen Methodendualismus ableiten.

(34) Vgl. APEL: "Die These, daß es nicht nötig sei, menschliche Handlungen zu 'verstehen', weil man sie manchmal durch allgemeine Prinzipien erklären könne, ohne sie durch Einfühlung zu verstehen, kann im Prinzip als wahr angenommen werden, wenn und nur wenn man a priori nicht interessiert daran ist, Überzeugungen, Gründe oder Ziele menschlicher Wesen zu verstehen, sondern nur an 'covering-law'-Erklärungen der tatsächlichen Vorgänge"; und solche (nomologische) Theorien könnten nie auch Normen sein; sind also pragmatisch unwirksam und verfehlen mithin den Sinn von Wissenschaft: Handlungsanleitung zu sein; APEL (1975, 36).

(35) Genau hier trifft sich LUHMANN mit dem Methodendualismus: auch für LUHMANN hat Theorie vor allem die Funktion der Orientierung - unabhängig von ihrem empirischen Wahrheitsgehalt (vgl. Kap. 2.4.2).

(36) Vgl. zu diesen Argumenten und den folgenden Ausführungen vor allem: STEGMÜLLER (1969, 335-427); GARDINER (1959); GIESEN und SCHMID (1975); WEINGARTNER (1968).

(37) Man achte bereits hier darauf, daß historisches Verstehen offenkundig mit einer allgemeinen Rationalitäts-Hypothese für Handeln arbeitet: Historische Analysen sollen zunächst "Unverständliches" (="Irrationales") als - angesichts der besonderen Umstände - rational aufweisen. "Erklären" heißt somit hier: Angabe von Rechtfertigungsgründen für eine Handlung. Es wird zu zeigen sein, daß solche "rationalen Erklärungen" nichts anderes sind als eine besondere Spielart der H-O-Erklärung.

(38) Vgl. hier die Nähe zum Begriffsessentialismus: mit der Namengebung könne bereits empirisch Gültiges behauptet werden; davon unberührt bleibt natürlich, daß die Einteilung der Geschichte in "Konzepte" (etwa: Entwicklungsstufen) bei einem Publikum soziale Wirksamkeit entfaltet. Sprachliche Konstrukte beeinflussen ja bekanntlich Denken und Wahrnehmung,ohne auch nur einen empirischen Referenten aufweisen zu müssen.

(39) Vgl. hierzu und insbesondere zu einer Kritik an LUHMANN und DRAY aus der handlungstheoretischen Position von Max WEBER die aufschlußreichen Ausführungen von GRIMM (1974, 94ff.; 1o7ff.; 118ff.). GRIMM weist überdies deutlich daraufhin, daß Max WEBERs Position, obgleich nicht naiv-behavioristisch, keineswegs mit einem analytisch-nomologischen Theo-

rieverständnis in Widerspruch steht:Soziales Handeln muß
zwar "sinnhaft" sein;aber was sinnhaft ist, kann erst die
Analyse ermitteln, bzw. ist vom Stand der soziologischen
Handlungstheorie abhängig und geht immer über das Alltagswissen der handelnden Subjekte hinaus. Damit verschwimmt
- auch bei WEBER - die Unterscheidung von sinnhaftem Handeln und bloß reaktivem Verhalten zur Ununterscheidbarkeit.
Wenngleich dies WEBER zu seiner Zeit - in Auseinandersetzung
zu einem rigiden Psychologismus und aus der Nähe zum Historismus - noch beunruhigt haben mag und zu seiner (unübersehbaren) Ambivalenz diesbezüglich bewogen haben wird, gibt
es _keine_ Veranlassung, den Methodendualismus auch nur resi-
dual zuzulassen und z.B. WEBER zu unterstellen.

2.2 Dialektische Ansätze in der Methodologie der Sozialwissenschaften

Die bisher behandelten Versionen des Methodendualismus haben eines gemeinsam: die Betonung der Subjektivität des Sozialen und der sozialen Relativität des soziologisch-historischen Erfahrungswissens. Erst in den als dialektisch bezeichneten Richtungen methodologisches Selbstverständnisses gelangt die volle Ambivalenz zum Tragen, die POPPER in seiner Charakterisierung des Historizismus angesprochen und beschrieben hatte: Die Verbindung einer methodendualistischen Absonderung des Bereichs des Sozialen vom Bereich der Naturtatsachen mit dem gleichzeitigen Anspruch einer allgemeinen und (zumindest: quasi-) nomologischen Theorie der überhistorischen Entwicklung der menschlichen Gesellschaft auf materieller Basis. Dialektik als Methode stellt sich insgesamt als eine Weltorientierung, als ein Verfahren, ein Apriori dar, von dem aus die (im Verlauf der Darstellung hinreichend deutlich gewordene) Doppelnatur des Sozialen endlich methodisch angemessen berücksichtigt werde, während alle anderen Methodologien notwendig in Einseitigkeiten verhaftet blieben: die empirisch-einheitswissenschaftlichen Verfahren übersähen das typisch Subjektive am Sozialen und die hermeneutisch-historischen Ansätze verfielen aus ihrem anti-materialistschen Ansatz in resignativen Relativismus und pseudowissenschaftliche Romantik.

Dialektik als Methode beansprucht so auch zur Lösung all der Fragen und Problemstellungen in der Lage zu sein, die in der Soziologie als Schnittpunkt traditioneller Geisteswissenschaften und naturwissenschaftlicher Einzeldisziplinen ständig diskutiert werden: erst die Dialektik berücksichtige die subjektive Intentionalität menschlichen Handelns und deren gleichzeitig entstehende Objektivationen. Erst sie vermöge es, die Vermittlung materieller Prozesse mit ideellen Ent-

wicklungen zu leisten. Geschichtlicher Relativismus und eine
überhistorische Entwicklung könnten erst in ihr methodisch
gleichermaßen zur Geltung kommen. Einerseits sei Dialektik
das erste (und einzige) wirklich nicht-metaphysische Verfahren, ohne daß damit aber gleichzeitig die nicht-verba-
lisierbaren Träume und Sehnsüchte einer geknechteten Menschheit bloße Utopie verbleiben oder als Schimäre verkommen
müßten. Schließlich finde - nicht zuletzt von daher - erst
im dialektischen Verständnis die Vereinigung einer informationshaltigen Theorie mit einer als vernünftig begründeten
Praxis statt. Dialektik sei - so läßt sich ihr Anspruch und
ihre Selbsteinschätzung zusammenfassen - als einziges Verfahren in der Lage, einerseits den Gedanken einer totalen
Vernunft hochzuhalten, diesen Gedanken aber auch dann in
wahre Erkenntnis umzusetzen: Ihr sei es gegeben, Wesentliches
von bloßen Oberflächenerscheinungen zu unterscheiden; sie
könne die "abstrakten" Einzelerscheinungen in einer umfassenden Totalität "konkret" deuten, aus der heraus erst das
Einzelne als sinnhaft auf das Ganze bezogen erkennbar würde
und dennoch seine Besonderheit nicht verliere. Und angesichts
dieser Leistungsfähigkeit der Dialektik, die ja auch die
zweifelsfreie Bestimmung eines Telos aller Entwicklung liefert, kann das methodische Vorgehen nicht wertneutral-di-
stanziert oder relativistisch-kontemplativ bleiben: Die Methodik der Dialektik umschließt die aktive Parteinahme für
den absolut erkannten Gang der Dinge (bzw. für die historisch
"letzte" Klasse).

Dialektik als Methode erweist ihre kennzeichnende Spannung
schließlich in einem letzten Aspekt: Sie selbst ist historisches Produkt und als Meta-Regel an eine bestimmte historische Konstellation gebunden, d.h. selbst Teil der von ihr
behandelten Bewegungen. Dialektik ist so Meta-Regel, Handlungsanleitung, revolutionäres Agens und - historisch-rela-
tive - Überbauerscheinung in einem - ein wahrhaft faszinie-
render Entwurf. Faszination allein konstituiert jedoch noch

keine Methodik und Deklamationen allein begründen noch keine
Leistungsfähigkeit eines Verfahrens. Schon deshalb wird -
mit der näheren Darstellung - jeweils immer auch zu prüfen
sein, inwieweit die Dialektik diese ihre Ansprüche überhaupt
begründen und erfüllen kann.

Demgemäß wird zunächst eine Übersicht über die wichtigsten
Grundprämissen der Dialektik als Methode- schwerpunktmäßig
im marxistisch-materialistischen Selbstverständnis - gegeben.
Anschließend sollen die beiden wichtigsten Versionen dialektischer Ansätze in den Sozialwissenschaften behandelt werden.
Die dialektischen Ansätze zerfallen nämlich ihrerseits in
wieder mehr anti-naturalistische, subjektivistische Richtungen und in mehr objektiv-nomologisch orientierte Versionen.
Die ersteren sind auch unter der Bezeichnung kritischer Ansätze bekannt geworden und stellen eine typisch (west-)deut-
sche Variante einer deutlich idealistisch-historistisch
orientierten Dialektik dar. Bezeichnend ist die z.T. heftige
Abkehr von MARX und die Zuwendung zu HEGELschen Kategorien
("Kritische Theorie"; "Frankfurter Schule"; auch z.B. KOF-
LERs sozialistischer Humanismus). Zur zweiten Richtung können
einerseits die stark nomologisch-objektivistisch orientierten sozialwissenschaftlichen Konzeptionen im Gefolge der Entwicklung einer selbständigen Soziologie in der UdSSR, DDR,
Polen und der CSSR gezählt werden. Hier stellt die Dialektik
häufig nur einen bekenntnishaft-deklamatorischen Rahmen für
eine ansonsten faktisch empiristisch betriebene Soziologie.
Dann aber gibt es auch Versuche der Entmythologisierung der
Dialektik durch angelsächsische Marxisten, die - bei ihrer
landsmannschaftlichen Herkunft nicht verwunderlich - die
marxistische Dialektik faktisch in eine Art des kritischen
Rationalismus überführen (z.B. CORNFORTH). Diese Gedanken-
gänge werden jeweils kurz geschildert werden müssen.

Abschließend soll dann eine (kurz gefaßte) Kritik des dialektischen Ansatzes aus einheitswissenschaftlicher Sicht gelie-

fert werden, in der jedoch nicht zuletzt auch die Frage zu
untersuchen sein wird, welche Elemente der dialektischen
Methode für eine einheitswissenschaftlich verstandene und betriebene Soziologie unentbehrlich sind. Mit dieser Kritik
soll allerdings keine harmonisierende Konvergenz aller Richtungen beabsichtigt werden, sondern das Ausgangsinteresse
verfolgt werden: die parteiliche Verteidigung einer prinzipiell nomologisch einheitswissenschaftlichen und um gewisse
sozialwissenschaftlich relevante Besonderheiten informierten
Methodologie für die Sozialwissenschaften.

2.2.1 Grundprämissen des dialektischen Methodenverständnisses

Jeder Versuch einer etwas präzisierten Darstellung der Dialek
tik als Methode stößt auf eine prinzipielle Schwierigkeit:
Die Dialektik sträubt sich schon aus ihrem methodischen
Selbstverständnis heraus gegen jede Präzisierung dessen, was
sie zu sein beansprucht und welche Verfahrensweisen ihr denn
nun genau entsprechen: "Es gehört zur dialektischen Methode,
daß sie auf Definitionen verzichtet, weil Definitionen ja
immer eine endgültige und damit absolut geschichtsfreie Aussage über das, was bestimmt werden soll, treffen und Dialektik gerade das bezeichnet, was an den Begriffen und den von
ihnen bezeichneten Gegenständen nicht fix und ein für allemal gegeben, sondern im historischen Prozeß begriffen ist"
(LENK 1968, 279). Denn weil die Dialektik in so enger historischer Verbindung mit den großen Emanzipationsbewegungen
und Kämpfen der Menschheit, "mit den tiefsten Leidenschaften
und höchsten Hoffnungen" stehe, verbiete es sich, die dialektische Methodik "als eine Disziplin aufzufassen, die in einem
säuberlich abgegrenzten Bezirk der Erkenntnis nach beschreib-
baren Regeln verfährt und auch so gelernt werden könnte"
(KAMPER 1974a, 88). Diese Eingeständnisse sind dabei nicht
Hinweise auf einen vielleicht noch etwas unentwickelten
Stand des Verfahrens, sondern offenkundig ein genuiner Bestandteil der Methode selbst; trotz der anklingenden - und

von anderswo wohlbekannten - Berufung auf ein nicht mitteilbares Wissen, soll der Versuch einer Explikation der wichtigsten Bestandteile der dialektischen Methode gemacht werden.

Die Grundidee der Dialektik[1] ist das Postulat von der Universalität der Bewegung aller Dinge, die sich aus einer den Dingen immanenten Widersprüchlichkeit ergibt und den historisch-materiellen Prozeß der Entfaltung aller Dinge zu immer neuen und (qualitativ) höheren Stufen einer sich in Sprüngen vollziehenden Entwicklung treibt. Gelegentlich beinhaltet die dialektische Idee auch ein Ende (ein "Telos") dieses universalen Prozesses. Damit setzt sich die Dialektik - ihrem Selbstverständnis zufolge - einmal von einer "positivistischen" Isolierung der Einzelfakten von ihrer überhistorischen Totalität ab und vermag die Dinge aus ihrer (scheinbaren) Starrheit und ahistorischen Konstanz herauslösen. Und zweitens wendet sich die Dialektik (in ihrer Konzeption einer widersprüchlichen und sprungweisen Entwicklung) gegen harmonisierende, evolutionäre und zyklische Entwürfe des Wandels. Drittens schließlich vermöge die Dialektik in ihrer Eigenschaft als inhaltlich-soziologische Theorie, als Meta-Theorie und als eschatologische Geschichtsbestimmung in einem, eine wahre Erkenntnis der realen Welt, die Umsetzung der Erkenntnis in Handeln und die normativ richtige (bzw. unausweichliche) Orientierung für dieses Handeln gleichzeitig zu liefern. Dialektik als Methode ist schließlich selbst ein historisch vergängliches Element und kann erst zu einer bestimmten Entfaltungsstufe der Entwicklung auftreten, wie sie bei Auflösung dieser historischen Konstellation anderen Wissensformen Platz machen wird. Gleichwohl erlaube sie es, diese Wahrheiten erkennbar zu machen: Im Dialektiker blitzt das Ingenium des Weltgeistes für einen kurzen Moment auf, offenbart sich der Menschheit, um schließlich in der allumfassenden Einheit von Denken und Sein nach Durchlaufen auch dieser historischen Station die Dialektik als Prozeß und Denkform

aufzulösen; die Methode des Widerspruchs verfällt mit der
Realität von Widersprüchen.

Die Idee der Dialektik hat ihren Ursprung in gewissen Formen
der argumentativen Beweisführung und unterredenden Klärung
von Begriffen. Aus der Setzung einer Behauptung (Thesis)
und der Gegenüberstellung einer Gegenbehauptung (Antithesis)
erwachse schließlich - in einem "vernünftigen Diskurs" -
ein Gesprächsergebnis, das die falschen Teile beider Ausgangs-
behauptungen nicht mehr enthalte, jedoch den "rationalen
Kern" von beiden Behauptungen. Das Ergebnis ist keine bloße
Zusammenfassung beider Behauptungen oder deren gemeinsame
Schnittmenge, sondern eine qualitativ neue Stufe der Erkenntnis (Synthesis), die nun ihrerseits als Thesis diene und der
eine neue Antithese entgegengesetzt werde etc.

Diese Form der Beweisführung beherrschte die wissenschaftliche Disputierpraxis bis weit in das 18. Jhdt. Erst mit
der zunehmenden Hineinnahme von empirischem Wissen in wissenschaftliche Aussagen verliert die Dialektik als rationalistische Beweisführung ihre Bedeutung als universales Er-
kenntnisinstrument; KANTs Philosophie ist z.B. der (erfolg-
reiche) Versuch der Destruierung der Dialektik. Mit der
grundsätzlichen Kritik der Möglichkeit einer Erkenntnis über
"reine Vernunft" verliert auch die Dialektik als Erkenntnisverfahren ihre (transzendentale) Rechtfertigung.

Von dieser Destruktion der Dialektik als rationalistisches
Erkenntnisverfahren nimmt die Wendung ihren Ausgang, die zur
heutigen Fassung der Dialektik geführt hat. KANT hatte gezeigt, daß die rationalistische Erfassung der Welt durchaus
zu unterschiedlichen Resultaten (zu "Widersprüchen") führen
könne, und daß die Leistung des Verstandes bei der Erkenntnis lediglich die synthetisierende Ordnung der empirischen
Eindrücke einer prinzipiell verstandesunabhängigen Welt ist.
Die Rekonstruktion der Dialektik erfolgt nun bei HEGEL in

direkter Auseinandersetzung mit KANT. HEGELs Philosophie hat
drei Grundbestandteile: Erstens die identitätsphilosophische
Auffassung, daß Wirklichkeit und (erkennende) Vernunft identisch sind. Aus dieser Annahme leitet HEGEL seine Fassung
des Rationalismus ab, die auf eine Radikalisierung des Rationalismus hinausläuft: Der Geist erkennt die Welt nicht, weil
er die empirischen Eindrücke sinnvoll zu ordnen imstande ist,
sondern weil er mit der Welt identisch ist. Das zweite Element ergibt sich aus der KANTschen Vernunftkritik unmittelbar: Zwar könne die verstandesmäßige Argumentation zu Widersprüchen führen, dies aber spiegele nichts anderes als die
Widersprüchlichkeiten der mit dem Geist identischen Welt. An
dieser Stelle werden somit auch logische Widersprüche (Kontradiktionen) systematisch erlaubt und als real existierende Zustände (x und nicht −x existieren gleichzeitig) behauptet[2]. Aus der Identitätsphilosophie ergibt sich
schließlich das dritte Element: Das Denken bewege sich nach
Maßgabe der Stufenfolge in der dialektischen Triade fortwährend und weil die Welt mit dem Geist identisch ist, entwickelt sich auch die reale Welt über These, Antithese und
Synthese fort.

HEGEL begründet seine erkenntnistheoretischen Prämissen mit
einer historischen Darstellung der Entwicklung des menschlichen Denkens und einer Projektion des Endzustandes (den
HEGEL zu seiner Zeit im Preußischen Staat für realisiert
sah). Danach befindet sich der Geist (das Denken) in seinem
Urzustand in einem Zustand der unreflektierten Gewißheit
über die unmittelbar gegebenen empirischen Eindrücke. In einer zweiten Stufe wird sich der Geist seiner selbst inne: Er
entdeckt, daß die dingliche Welt ihm nicht in Gewißheit und
Unmittelbarkeit gegeben ist, sondern von ihm selbst in der
Wahrnehmung konstituiert wird. Hier beginnt die Bewußtwer-
dung einer Distanz von Wahrnehmung und Wahrgenommenem. Allerdings wird noch nicht erkannt, daß auch die Dinge und das
erkennende Bewußtsein in ständiger Bewegung sind und daß

sich auch weiterhin Geist und Welt in einer Einheit befinden. Erst die Entdeckung der allgemeinen Wandlungsgesetze
in der dritten Stufe erlaubt erstmals die Nutzung dieses
Wissens (z.B. der Naturgesetze) im Interesse des Erkennenden: Die Entdeckung der Gesetzmäßigkeiten ist eine Leistung
des Subjektes, das sich darin dann auch seiner selbst bewußt wird, d.h. Selbstbewußtsein erlangt. Der Mensch erkennt, daß hinter der scheinbar dinghaften Welt und den
scheinbar starren Gesetzen der Natur er selbst und seine Arbeit verborgen sind. Distanz zum Erkenntnisobjekt ist somit
Ausdruck einer verdinglichten Welt wie Anzeichen eines noch
nicht zu Selbstbewußtsein gelangten Geistes. In dieser vier-
ten Stufe der Selbstbewußtwerdung verharrt das Selbstbewußtsein jedoch noch in einem "Zustand der Begierde": Selbstbewußtsein weckt Bedürfnisse. Im selbstbewußten Egoismus
erkennt der Mensch aber noch nicht, daß hinter seinen ding-
lichen, individuellen Bedürfnissen ein tiefes Verlangen nach
Vereinigung mit anderen Individuen steckt, eine Vereinigung,
die im Urzustand auf einer unbewußten Stufe bereits einmal
vorhanden war, aber in der Ursünde der Erkenntnis verloren
ging. Die Folge ist, daß der Andere (zunächst) nur in seiner
Instrumentalität erkannt werde; die Formen wechselseitiger
Anerkennung sind auf die formale und juristische Regulierung
beschränkt. Dieser Zustand - in der bürgerlichen Warenverkehrsgesellschaft und der individualistischen Konkurrenz von
selbstbewußten und utilitaristisch handelnden Monaden verwirklicht - tendiert jedoch zur Auflösung in einen Zustand,
in dem sich Selbstbewußtsein und Kollektivität in "vereinig-
ten Wir" versöhnen[3]. Hier, im "Reich der Sittlichkeit" (das
für HEGEL im Preußischen Staat gekommen ist) findet die Geschichte zu ihrem erlösenden Ende. Hier vereinigt sich der
subjektive Geist des Selbstbewußtseins mit dem objektiven
Geist der Kollektivität und Institution zum absoluten Geist
der auf das Allgemeine gerichteten Übereinstimmung selbstbe-
wußter Subjekte. Hier ist das verwirklicht, was bis heute
der Soziologie den Lehrstoff liefert: die Aufhebung des Ge-

gensatzes zwischen Individuum und Gesellschaft; und dies
aber nicht in bewußtloser Einheit einer "mechanischen Solidarität", sondern in der freiwilligen Übereinstimmung der
selbstbewußten Subjekte in den dann jedermann einsehbaren
Sinn der objektiven Institutionen.

Die Grundidee der Dialektik: die Welt als eine Einheit in
Widersprüchen aufzufassen, wird bei MARX auf den Bereich der
materiellen Welt übertragen und gleichzeitig die HEGELsche
idealistische Identitätsphilosophie aufgelöst: Die Materie,
nicht der Geist, sei die letzte Substanz der Wirklichkeit.
Der Geist sei nichts als ein Reflex materieller Prozesse,
und die Dialektik der Bewußtseinsprozesse lediglich eine
Folge der dialektischen Bewegung der Materie selbst. Damit
löst MARX die HEGELsche These der bewegenden Kraft des _logi-
schen_ Widerspruchs auf und setzt an seine Stelle die Prämisse, daß die Universalität der historischen Bewegung ökono-
misch-materiellen Interessengegensätzen, also: _realen_ Widersprüchen, entspringt.

Dialektik wird so bei MARX (und bei ENGELS in einer naiven
Radikalisierung in eine Naturdialektik) zu einer Theorie der
geschichtlichen Entwicklung über gesellschaftliche Antagonismen. Der MARXsche Materialismus fordert damit einerseits, bei
der Analyse des Sozialen von den wirklichen, den materiellen
Problemen der lebendigen (und leidenden) Menschen auszugehen
und somit Geschichte nicht als das Wirken übermenschlicher
Ideen und unbeeinflußbarer Kräfte zu deuten, sondern als Ergebnis des Handelns tätiger Individuen, die ihrerseits nichts
sind als Teil der materiellen Natur. Andererseits setzt sich
MARX von älteren, radikalen Materialismus-Ideen ("dialektisch") ab, indem er den tätigen und intentionalen Beitrag
des reflektierenden Bewußtseins der Menschen bei der Veränderung der materiellen Verhältnisse berücksichtigt und damit
jeden materiellen Determinismus ablehnt: das materiell bestimmte Bewußtsein wirkt auf die Materie verändernd zurück

und bringt so in den Lauf der Geschichte das typisch mensch-
lich-subjektive Element kreativer Spontaneität.

Diese Fassung lasse es damit methodisch zu, einerseits die
Realität der materiellen Welt anzuerkennen(vor allem in der
Forderung, daß die Analyse sozialer Vorgänge von den materiellen Verhältnissen auszugehen hat) und damit Erkenntnis
nur als empirisch fundiertes Wissen zuzulassen. Andererseits
verharre die marxistische Methodologie aber nicht - wie der
"Positivismus" - in der Anerkennung des bloß Faktischen,
sondern schaffe die Bewußtseinsvoraussetzungen, die zur aktiven Herbeiführung einer - als geschichtliche Notwendigkeit
erkannten - Entwicklung führe: Die MARXsche Dialektik ist
nach ihrem Selbstverständnis die Absage des Menschen an seine ohnmächtige Stellung in der Geschichte. Weil die Dialektik (in der MARXschen Form) selbst Teil dieser Bewegung ist,
impliziert ihre Anwendung folgerichtig eine Parteinahme für
das Telos der Geschichte und den historischen letzten Träger
der Entwicklung: das Proletariat.

Die Dialektik als Methode wird somit als das Verfahren vorgestellt, das der immanenten Entwicklungstendenz der Geschichte entspreche: sie erst erlaube die Auflösung der Widersprüche zu einer Einheit. Die analytische Methode der
bürgerlichen Wissenschaften reduziere dagegen(schon per Methode) die Ursachen des Geschehens auf eine atomistisch ge-
dachte Natur und eine individualistisch konzipierte Gesellschaft. Sie leugne die Veränderbarkeit der menschlichen Natur, hielte an der unveränderbaren Substanialität der Dinge
fest und vermöchte es nicht, die Dinge in ihrer totalen geschichtlichen Entwicklung zu sehen. Dies verurteile die
bürgerliche Wissenschaft zur Irrelevanz, Unwissenschaftlich-
keit, Rückständigkeit, ja Volksfeindlichkeit, und dies vor
allem deshalb, weil die bürgerliche Wissenschaft in ihrer
individualisierenden Methode einerseits den Marktindividua-
lismus nachahmt und so diese Sozialorganisation schon in der

Methode stützt, und weil zweitens die Suche nach allgemein
gültigen Gesetzmäßigkeiten (bzw. deren Feststellung) zur
Festschreibung der bestehenden Verhältnisse führe und sie
so den dialektisch ohnehin vorgeschriebenen Gang der Geschichte künstlich verlängere. Die bürgerliche Methodik
(in Gestalt des "Positivismus") wird damit zum Hemmnis einerseits der wirklichen Erkenntnis der Welt und andererseits
zur Barriere der Veränderung der Dinge hin zur wahren Humanität.

Zur Beurteilung des methodischen Kerns der Dialektik müssen
die Einzelheiten noch etwas näher erläutert werden. Die Prämissen der dialektischen Methode lassen sich in fünf Einzelaspekte zusammenfassen (nach KISS 1971, 14-39, 127-156):
die These der Universalität der Bewegung, das Prinzip des
Widerspruchs, das Umschlagen von Quantität und Qualität, das
Prinzip der Negation der Negation und den Begriff der Totalität, bei dem dann noch auf das Verhältnis
zwischen Wesen und Erscheinung, von Objektivität und Subjektivität und auf das Postulat der Parteilichkeit einzugehen ist.

Die These der Universalität der Bewegung besagt, daß alles
Seiende sich in unaufhörlichem Wandel befindet und dieser
Wandel alle Bereiche (Materielles, Ideelles, Soziales) durch-
zieht. Die Folge ist, daß nichts eine unabänderliche Qualität hat, sondern sich ständig - auch in Phasen scheinbarer
Stabilität - ändert. Diese Bewegung ist aller Materie innerlich, d.h. sie bewegt sich aus sich heraus und bedarf keiner
Anstöße. Wichtigster Aspekt der These einer inhärenten Be-
wegungstendenz ist die Vorstellung, daß die menschliche Be-
wußtwerdung als Folge der Selbstorganisierung der Materie
gefaßt wird. Damit kann die Dialektik einerseits materia-
listisch orientiert sein und andererseits berücksichtigen,
daß der Mensch das "Resultat seiner eigenen Arbeit" ist. Die
dialektische Theorie der Gesellschaft unterbindet von daher
jeden Versuch eines deterministisch-kausalen Materialismus.

Von hierher erklärt sich die Affinität der Dialektik zu den
methodendualistischen Unterscheidungen von stimuliertem Verhalten und intentionalem Handeln.

Als Ursache dieser universalen Bewegung gilt der dialektische Widerspruch, der allem Sein ebenso innerlich sei wie
die Bewegung. HEGEL begründet dies etwa so:

"Wenn freilich positive Elektrizität gesetzt ist, ist auch
negative an sich notwendig; denn das Positive ist als Beziehung auf ein Negatives (denkbar) oder das Positive ist
an ihm selbst der Unterschied von sich selbst, wie ebenso
das Negative."

Die den Dingen innewohnende Spannung der ihnen eigenen Widersprüche treibt die Entwicklung weiter. Widerspruch bedeutet dabei den Konflikt von zwar aufeinander bezogenen,
aber gegenseitig sich ausschließenden Gegensätzen. Widersprüche entstehen aus einer gemeinsamen Quelle, bekämpfen
sich und heben sich schließlich auf. Widersprüche nehmen verschiedene Formen an: Verschiedenheit in der Einheit, Gegensätze und Antagonismen. Verschiedenheit in der Einheit bezeichnet den Umstand, daß ein Gegenstand zwei gegensätzliche
Eigenschaften gleichzeitig haben könne: eine Gesellschaft
könne z.B. gleichzeitig integriert und doch voller (latenter)
Antagonismen sein[4]. "Gegensätze" meint, daß es zu offener
Polarisierung innerhalb eines Systems gekommen ist. Und unter Antagonismen versteht man den offen ausgetragenen Kampf
der Gegensätze. Die Widersprüche haben ihrerseits eine Ten-
denz zur Verschärfung und schließlichen Auflösung. Und über
diesen Prozeß verlaufe dann auch die irreversible Höherént-
wicklung der Geschichte. In der MARXschen Theorie handelt es
sich dabei um die zunehmende Diskrepanz zwischen den latent
(und technisch-wissenschaftlich) möglichen Formen der Bedürfnisbefriedigung (Entwicklungsstand der Produktivkräfte)
und den immer deutlicher werdenden Fesseln des sozialen
Überbaus (Produktionsverhältnisse) zur vollen Entfaltung der
Produktivkräfte, wobei Produktivkräfte und Produktionsver-

hältnisse ursprünglich jeweils einen gemeinsamen historischen Ausgangspunkt hatten[5].

Die Auflösung der Widersprüche erfolgt nach einer Periode
relativ allmählicher und gradueller Zunahme ihrer Intensi-
tät im Umschlagen in eine neue Seinsweise der sozialen Verhältnisse: das Gesetz des Umschlagens von Quantität in Qualität. Damit wendet sich die Dialektik gegen Evolutionstheorien der linearen Ausdifferenzierung eines eigentlich in
seiner Ursprungsqualität gleichbleibenden Gegenstandes. Bei
dem Umschlag von Quantität in Qualität[6] handelt es sich
"nicht nur um ein Fortschreiten der immer schon dagewesenen
Aggregate, aber auch nicht um eine totale Negation des vorausgegangenen Zustandes, sondern um einen sich historisch
- also: vergangenheitsverbundenen - entfaltenden Prozeß,
dessen Eigenart,in seiner spiralenförmigen Höherentwicklung
und darin zu sehen ist, daß er nur bestimmte Elemente des
vorausgegangenen Zustandes 'negiert' (KISS 1971, 32).

Damit ist eine weitere Besonderheit des dialektischen Prozesses angesprochen: das Gesetz der Negation der Negation.
Danach besteht die neue Qualität des aus der dialektischen
Entwicklung hervorgegangenen Zustandes nicht aus völlig neuartigen Elementen, sondern der neue Zustand wiederholt "we-
sentliche" Seiten des ursprünglichen Zustandes, wenngleich
auf einer gewissermaßen höheren Ebene, in der nur die "rationalen" Elemente des Urzustandes aufgehoben sind. Damit
wird einerseits an gewisse historische Thesen angeknüpft,
daß Entwicklungen immer nur denkbar sind als Ketten historisch einmaliger Ereignisse. Andererseits scheint aber auch
ein allgemeines Entwicklungsgesetz auf: die im dialektischen
(und äußerst konfliktreichen) Prozeß der Weiterentwicklung
sich immer deutlicher abzeichnende Rationalität, wie sie
immanent in allen Vorstufen immer schon vorhanden war. Die
HEGEL-MARXsche Idee einer Wiederholung der Kollektivität
der Urhorden, verbunden mit der Selbstbewußtheit der Men-

schen in den entfremdeten Sozialsystemen der bürgerlichen
Gesellschaft im gesellschaftlichen Zielzustand der differen-
zierten Kollektivität, in dem Freiheit und Sozialismus verwirklicht sind, ist das deutlichste Beispiel für die These
der Negation der Negation als Entwicklungsgesetz[7].

Die Idee der Durchdringung von aktuellen Zuständen mit Elementen vergangener und auf ein Telos hinstrebender Zustände
("die Anatomie des Menschen ist der Schlüssel zur Anatomie
des Affen") hat in der dialektischen Forderung nach der Beachtung sämtlicher Verursachungs- und Verweisungsbeziehungen
eines zur Analyse anstehenden Problems ihren Niederschlag
gefunden: die Forderung nach Beachtung der Totalität der Zusammenhänge. Ausgehend vom Postulat der prinzipiellen Einheit der Welt könne kein Ereignis losgelöst von den anderen
betrachtet werden. Und hierin sei der wichtigste Unterschied
der dialektischen zur bürgerlichen analytischen Methodik zu
sehen: in der ständigen Beachtung der Verflechtung eines
Problems in seinem sozialen, historischen und utopischen
Gesamtzusammenhang.

Der Aspekt der Totalität hat in der dialektischen Methode
drei Bezugspunkte: das Problem der Objektivität des Sozialen,
das Verhältnis von Wesen und Erscheinung und das Theorie-
Praxis-Problem bzw. die Forderung nach Parteilichkeit.

Der erste Bezugspunkt beinhaltet den Vorwurf an die nicht-
dialektische Soziologie, daß sie eine unerlaubte Abspaltung
subjektiver und objektiver Prozesse vornehme. Damit werde
einerseits das Faktische zum Unabänderlichen hochstilisiert
und andererseits die Verankerung des Subjektiven in objektiven, materiellen Bedingungen ausgeklammert. Nur die Dialektik nehme die systematische Wechselwirkung von Subjekt
und Objekt ernst. Und hieraus resultiere auch das typisch
dialektische Praxis-Verständnis: Die subjektive Aneignung
des theoretischen Wissens sei einerseits nur in der "Praxis",

der faktischen Auseinandersetzung mit der Realität möglich,
andererseits werde jede Theorie notwendig gleich auch wieder Praxis: Sie wirkt auf die Verhältnisse zurück. Vor allem
bedeute die Suche nach und die Formulierung von allgemeinen
Gesetzen in Analogie zur Naturwissenschaft eine Festschreibung der bestehenden Verhältnisse. So weist z.B. MARX nach,
daß die Theoreme der klassischen Nationalökonomie (RICARDO,
SMITH) nur historisch gebundene Geltung haben und daß diese
Theorie damit Teil der Legitimation einer historisch be-
grenzten Situation und Klasse - der Bourgeoisie -, mithin
Ideologie ist. Die Geltung der Theorie falle mit der Überwindung des Kapitalismus als der materiellen Grundlage der
Herrschaft der Bourgeoisie. Damit greift MARX das bekannte
historische Argument auf: Gesetze in der Geschichte seien
raum-zeitlich eingegrenzt. Und dazu behauptet MARX einen
Zusammenhang der Theorie mit dem Fortbestand eines bestimmten Sozialsystems (offenbar allerdings: unter impliziter Zugrundelegung eines allgemeinen Gesetzes, für das es keine
raum-zeitliche Begrenzung gibt).

Die Beachtung der Totalität der Dinge soll zweitens leisten,
daß man das Wesen der Dinge erkennt und nicht in Oberflächenerscheinungen verhaftet bleibt. Unter Wesen wird dabei offenkundig (mindestens) zweierlei verstanden: Einmal das, was
an den Erscheinungen im Wechsel identisch bleibt. Hierin entspricht das "Wesen" der phänomenologischen (typologischen)
Interpretation (vgl. Kap. 2.1.2). Dann wird zweitens unter
Wesen die hinter allen Dingen verbleibende Konstante verstanden: die allen unterschiedlichen Erscheinungen zugrunde-
liegende Gesetzmäßigkeit: "Die Kenntnis des Wesens der Welt
schränkt die Kategorie des Zufalls allmählich ein: der Zufall wird als Notwendigkeit erkannt, die im Wesen der Dinge
und Erscheinungen begründet ist"[8].

Diese beiden Aspekte des Wesens (die ohne Probleme völlig
herkömmlich nicht-dialektisch deutbar sind) werden ergänzt

durch eine Hypothese über die immer deutlichere Entfaltung des Wesens der Dinge. Und diese verlaufe selbst über einen dialektischen Prozeß, der mit der HEGELschen Theorie der Entfaltung des Geistes beschreibbar ist: In der ersten Stufe des Bewußtseins (im Stadium der unbewußten Kollektivität werden die Erscheinungen selbst als Wesen betrachtet, ohne Wesen zu sein. In der zweiten Stufe des entfremdeten Selbstbewußtseins fallen Wesen und Erscheinungen auseinander. Erst in der Endstufe, wo sich das Selbstbewußtsein mit der Kollektivität versöhnt, sind die Erscheinungen mit dem Wesen identisch: die Erscheinung ist die Erscheinung des Wesens[9]. Der Verweis auf den selbst dialektisch-finalen Aspekt des Wesens deutet schließlich auf den dritten Aspekt: Dialektik ist keine der Geschichte gegenüber indifferente Methode. Wenn man nicht zur Irrelevanz verurteilt sein will, darf man der dialektischen Überwindung des gegenwärtigen Zustands, in dem Wesen und Erscheinungen getrennt sind, nicht indifferent gegenüber bleiben: wahre Wissenschaft erfordert Parteilichkeit.

Parteilichkeit heißt damit nicht: Subjektivismus und Willkür, sondern die freiwillige und bewußte Unterordnung unter den als wahr erkannten Gang der Geschichte. Parteilichkeit heißt vor allem auch Parteinahme für die historisch letzte Klasse vor Hereinbrechen der letzten Epoche, in der dann ja Wesen und Erscheinungen sowie Individualität und Kollektivität vereint sind und zur Ruhe kommen können. Damit heißt "dem Volke Dienen" auch, die einzig wahre Wissenschaft betreiben, vor der alle theoretisch-kritische und empirisch-analytische Arbeit zur kleinbürgerlichen Borniertheit wird.

Damit wird mit der Dialektik nicht nur die Wertbasis, sondern auch die bewußte Wertung auf objektsprachlicher Ebene in den Dienst der historischen Entwicklung gestellt: die pragmatische Funktion von Theorie (die in den anderen methodendualistischen Versionen als unausweichlich, aber

prinzipiell ungerichtet galt) wird so ausdrücklich als Teil
von "Praxis" zur Beförderung der dialektischen Gesellschafts-
entwicklung genutzt. Im Wissen um den Gang der Geschichte
kann die Theorie nicht Rücksicht auf irgendeine "empirische
Wahrheit" nehmen, die sich ja ohnehin nur als Oberfläche
zeigen kann, solange das Telos noch fern ist. "Wertfreiheit"
als methodisches Postulat, daß Aussagen, die rein normativer
Art sind, nicht als empirische Wahrheit ausgegeben werden,
verliert damit jede Grundlage. Die offenkundige Problematik
dieser Konzeption ändert jedoch andererseits nichts an der
Frage, ob nicht mit der Ablehnung der Idee der Parteilichkeit die analytische Wissenschaftstheorie die Relevanzfrage
weiterhin so leichtfertig abtun kann wie bisher, wenngleich
dies keine wissenschaftstheoretische Problematik im engeren
Sinne ist. Hierauf wird noch zurückzukommen sein (Kap. 2.2.4).

Insgesamt stellen sich die Grundprämissen der Dialektik teils
als ein System empirischer Hypothesen, die apriorisch als
geltend gesetzt werden, teils als aus analytischer Sicht un-
problematische, aber auch teils als logisch fragwürdige Annahmen dar. Die Hauptproblematik ergibt sich aus der Ableitung eines Geschichtstelos, ohne das die wichtigsten methodischen Postulate unbegründet bleiben müssen (z.B.: Parteilichkeit). Andererseits enthalten die Grundprämissen eine
Reihe wichtiger Hypothesen (etwa: zur Theorie des sozialen
Wandels) und auch beachtenswerter methodischer Empfehlungen.
Da aber diese (haltbaren) Hypothesen und Empfehlungen gegenüber nicht-dialektischen Entwürfen keine Besonderheiten darstellen (bzw. dort viel weniger metaphysisch formuliert
sind), bleibt das Hauptproblem der Dialektik: die Begründung
eines Geschichtstelos, d.h. die Begründung von Normen. Erst
wenn dies gelänge, könnte die Dialektik sich als Besonderheit verstehen. Ohne dies ist sie es in einem ihr vielleicht
nicht angenehmen Sinne.

Der wahrhaft dialektische Charakter der Dialektik erweist

sich schließlich nicht zuletzt in ihrer Selbsteinschätzung
(vgl. z.B. LENK 1969). Einerseits gilt die MARXsche Dialektik als erste konsequente Anwendung der einheitswissenschaftlichen Methodik der modernen Naturwissenschaften auf die Gesellschaft. Marxistische Dialektik kann so als - wenngleich
mit noch verständlichen Irrtümern befrachteter - Versuch gesehen werden, die Soziologie in die einheitswissenschaftlich-analytische Tradition zu setzen. Und MARX muß es selbst
so verstanden haben: "Die Naturwissenschaft wird später
ebensowohl die Wissenschaft vom Menschen, wie die Wissenschaft von dem Menschen die Naturwissenschaft unter sich
subsumieren: es wird eine Wissenschaft sein" (MEGA, I, 3,
123). Dies kann es erlauben, MARX als Vorläufer einer einheitswissenschaftlichen und kritischen Methodologie unter
Abstreifung jedes Methodendualismus zu interpretieren, dessen subjektivistische Reste aus der Nähe zur HEGELschen Tradition, den Geist über die Natur triumphieren zu lassen, nur
zu verständlich werden. Diesen Subjektivismus wieder zu begründen und gegen die einheitswissenschaftliche Konzipierung
der Soziologie zu wenden, ist das Hauptanliegen der sog.
Kritischen Theorie und anderer romantizistischer "kritischer"
Strömungen.

2.2.2 Dialektik und Kritische Gesellschaftstheorie

Die sog. Kritische Theorie betreibt die Destruktion des einheitswissenschaftlichen Kerns der Dialektik am radikalsten.
Deshalb, und weil von ihr die stärksten und bis heute wirk-
samen Impulse gegen eine einheitswissenschaftliche sozialwissenschaftliche Methodologie ausgehen, muß auf sie näher
eingegangen werden. Die Kritische Theorie hat insbesondere
das Anliegen, eine Radikalkritik an der sog. instrumentellen
Vernunft zu liefern; d.h. der Vernunft, die den Menschen von
den Naturkräften mit Hilfe der Wissenschaft emanzipiert hat.

Neben einer - von deutsch-konservativer, rechtshegeliani-
scher Seite her wohlbekannten - Zivilisationskritik führt
dies zu einer deutlichen Absage auch an MARX: an die nicht-
subjektivistischen Komponenten der MARXschen Gesellschaftstheorie, an die Rolle des Proletariats als revolutionäres
Subjekt und an dem Festhalten an bloß physischer Verelendung als Antrieb zur Revolution. Dies macht die Kritische
Theorie für Intellektuelle oberer Schichten so attraktiv:
Nicht Arbeit, nicht das Proletariat und nicht materielles
Elend sind die Träger und bewegenden Momente einer emanzipatorischen Geschichte, sondern die (herrschaftsfreie)
Kommunikation und Interaktion, die (kritische) Intelligenz
und eine in Psychoanalyse (künstlich) erzeugte Einsicht in
eine vorher nicht bewußte Triebrepression bei äußerlichem
Wohlergehen.

Die Kritische Theorie soll dabei zunächst in ihrer Entwicklung bis zu HABERMAS (kurz) dargestellt werden. Dann soll
der methodisch bedeutsamste Ausfluß der Kritischen Theorie
behandelt werden: der Positivismusstreit in der deutschen
Soziologie. Schließlich ist auf die neueren Konzeptionen
zur Begründung einer emanzipatorischen Wertbasis in der sog.
Konsensustheorie der Wahrheit und auf die HOLZKAMPsche Version einer Wertbasisbegründung für eine kritische Sozialwissenschaft einzugehen.

2.2.2.1 Negative Dialektik und Kritische Theorie

Ausgangspunkt der Kritischen Theorie, die unter der Bezeichnung "Frankfurter Schule" mit Namen wie HORKHEIMER, ADORNO,
MARCUSE und HABERMAS verbunden ist, ist die tiefgreifendste
Katastrophe, die der säkulare Modernisierungsprozeß in Nachfolge der Aufklärung erlebte: der Faschismus. Die Kritische
Theorie versucht, dieses "Umschlagen der bürgerlichen Aufklärung in spätbürgerlich-faschistoiden Wahn" zu erklären
und gelangt dabei rasch an den vermuteten Kern: die bloß noch

instrumentelle Vernunft, die alle praktischen und ethischen
Fragen als unentscheidbar und damit irrelevant erklärt habe;
die bürokratische Zivilisation, die den Menschen vom lebendigen Subjekt zur verdinglichten Marionette undurchschau-
barer und sogar nicht einmal empfundener oder bedauerter
Zwänge degradiert habe; hier besonders: die Warenverkehrsgesellschaft und der Primat des Ökonomischen, die alle
Menschlichkeit zur Tauschabstraktion herabsinken lassen. Und
schließlich: als besonders bezeichnendes und wirksames Element die "positivistischen" (Gesellschafts-)Wissenschaften,
die den konkreten und lebendigen Menschen zum abstrakten und
isolierten und monadischen Träger von prädikatenlogisch ab-
bildbaren Eigenschaften herabwürdige,und wodurch einerseits
jede so betriebene Wissenschaft notwendig zu falschen Aussagen kommen müsse und zweitens die Spaltung der Vernunft in
eine instrumentelle und eine praktische als metatheoretische
Notwendigkeit ausgegeben werde,und somit alle Versuche, diese Spaltung aufzuheben, zur Aussichtslosigkeit verurteilt
sind.

Gegen diese Hintergründe der im Faschismus virulent gewordenen Irrationalität der Rationalität verficht die Kritische
Theorie die Idee einer "aufs Ganze" gerichteten totalen Vernunft, die Idee der Aufhebung von Verdinglichung, Isolation
und repressivem Zwang; insgesamt also den Anspruch, Wissenschaft im Interesse an "vernünftigen Zuständen", im Interesse des "Guten" zu betreiben. Insbesondere HORKHEIMER
(HORKHEIMER und ADORNO 1969; HORKHEIMER 1974) verficht diese
Grundanliegen, die methodisch als wichtigste Folge haben,
den Wert von Theorien nicht mehr länger bloß an ihrem deskriptiven Gehalt - in ihrer "Problemlösungskapazität" -
zu messen, sondern an ihren Fähigkeiten, diesen totalen Begriff von Vernunft zu befördern. Da die Verfahren der traditionellen Theorie, wie sie als einheitswissenschaftliche
Methodologie auch in die Gesellschaftswissenschaften Einzug
gefunden hätten, vor dieser Aufgabe nicht nur versagen,

sondern geradezu Teil der Spaltung der Vernunft sind, müsse
an ihre Stelle ein neuer Typus von Theorie treten: die Kritische Theorie[1o].

Die Kritische Theorie hat eine typische Entwicklung durchge-
macht und hat ihren radikalsten Ausdruck in ADORNOs "Negati-
ver Dialektik" gefunden, verbindet sich bei MARCUSE mit der
FREUDschen Psychoanalyse und wird von HABERMAS teils weitergetrieben (z.B. in seiner MARX-Kritik), teils ergänzt (z.B.
in seinen Versuchen, einen Wahrheitsbezug für Legitimationen - "Vernunft" - zu begründen) und teils destruiert (z.B.
in seiner Anerkennung der empirisch-nomologischen Verfahren
als Organon der Kritik über Faktisches). An ihrem Grundanliegen hat sich indessen nichts geändert: Gesellschaftstheorie als Philosophie der totalen Vernunft wieder zu begründen.

Damit wird die Kritische Theorie einerseits zu einer radikalisierten Variante des Methodendualismus, allerdings mit
einer ausgeprägten geschichtsteleologischen Komponente. Die
Darstellung der wichtigsten Argumente der Kritischen Theorie
soll anschließend erfolgen. Die methodendualistischen Argumente werden in der Behandlung des "Positivismusstreit" deutlich werden. Und das mit der Kritischen Theorie immer angesprochene Problem der Wertbasis, die ja bei Vorliegen eines
Geschichtstelos "a priori eingesehen" bzw. objektiv begründet werden kann, wird mit der HABERMASschen Konsensustheorie
und HOLZKAMPs marxistisch gewendetem Konstruktivismus erläutert werden.

Bei ADORNO (1966), dem typischsten Vertreter der Kritischen
Theorie, wird die Kritische Theorie als Theorie konzipiert,
die sich radikal gegen alles Selbstverständliche, Starre,
unveränderbar Scheinende wendet: als Negation alles Bestehenden, als Negative Dialektik (vgl. zum Folgenden ROHRMOSER
1973). Begründet wird dies mit der Absicht, eine Theorie zu
entwerfen, in der die in der instrumentellen Vernunft zer-

fallene Fortschrittsidee - Fortschritt gedacht als Herausbildung einer totalen Vernunft - wieder begründet werden
soll. Nach ADORNO sei alle Theorie und alle Geschichte, die
einmal im Namen der Selbstbefreiung des Menschen von den
Fesseln der Natur begonnen habe, in eine totale Herrschaft
gemündet. Denn die Idee der Emanzipation sei von Anbeginn
an mit der Sünde der Herrschaft verunreinigt worden: die
Herrschaft des Menschen über die Natur, und nach der von
ADORNO vertretenen Identitätsphilosophie (in Nachfolge der
deutschen Romantik) impliziert dies, daß damit alle Theorie
und alles Denken notwendig der Konstitution von Herrschaft
dient - mag die Erleichterung des alltäglichen Lebens für
die Masse der Bevölkerung noch so weit gehen. Dieses - von
der "Ursünde" des Herrschaftsaspektes der instrumentellen
Vernunft her unausweichliche - Scheitern jeder Emanzipa-
tionsidee im Namen der Vernunft habe in Auschwitz und in der
Verdinglichung der Gegenwart seinen unübersehbaren Aufweis
gefunden: Der Fortschritt in der Gegenwart ist in das Gegen-
teil seiner selbst umgeschlagen. Die Wurzel aller Herrschaft
ist die Vernunft, die Befreiung des Menschen aus der Beherrschung der Natur hat in eine totale Beherrschung des
Menschen gemündet.

Hier setzt die Negative Dialektik an als Versuch, die Geschichte nicht als bloßen Ablauf zu begreifen (dies führte
ja nur zur Verdoppelung des Gewesenen und damit einer Beschreibung der Herrschaftsgenese), sondern als Hintergrund
für eine Utopie, in der das Prinzip der Herrschaft nicht
gilt. Theorie habe die Aufgabe, die faktische Irrationalität der Geschichte darauf zu "hinterfragen", daß Geschichte
auch hätte anders werden können. Die Rettung der Idee einer
totalen Vernunft erfolge aus der Einsicht in die Nicht-Notwendigkeit der Geschichte und die Nicht-Notwendigkeit ihrer
Irrationalität.

Das Problem ist dann allerdings nur, wie man - angesichts

der Totalität von Herrschaft und Irrationalität der Gegenwart - sich aufmachen kann, eine solche Kritische Theorie
zu entwerfen, die ja - bei einmal unterstellter Richtigkeit
der Analyse durch die Kritische Theorie - auch nur ein Ausfluß der Allmacht der instrumentellen Vernunft sein kann:
Auch die Theorie der Negativität müßte dann dem Bann des
Negativen unterliegen. ADORNO muß also sich und seine Theorie vor anderen und anderen Theorien auszeichnen. Und - wen
wundert's?- es gelingt ihm. Die Bedingung, unter der sich
eine Theorie ihrer eigenen Negativität entledigen kann, sei
die Erfahrung der Negativität im Leiden, in der die "leiden-
de unglückliche Subjektivität" das Zeichen der Positivität
bekomme. Und hier - bei der Artikulation des Leidens - bekomme Theorie als Kritische Theorie, als Theorie einer totalen Vernunft Gestalt.

Eine wahre Kritische Theorie also ist Ausdruck einer Leidens-
erfahrung und als solche gegen die Form ihrer Darstellung
dann natürlich nicht gleichgültig: Theorie muß pragmatische
Wirksamkeit haben und ist so an eine bestimmte sprachliche
Form gebunden. Nun muß aber das Leiden irgendwo einen Bezugspunkt haben, denn Deprivation ist ja immer eine Abweichung
von einem als normal gedachten Zustand; anders gesagt: der
Mensch muß sich - in aller Negativität - eine Erinnerung an
einen - heilen - Urzustand bewahrt haben. Und dieser Urzustand sei - so ADORNO - bestimmt durch die sog. Mimesis;
d.h. die unmittelbare Verbindung von Mensch und Natur, in
der die Menschen die Natur noch nicht beherrschten, sie noch
eins mit ihr waren. Diese Erinnerung an einen "vor-ichlichen"
Zustand, die sich als unwillkürlicher Impuls und ungesteuerte
Spontaneität melde, sei einerseits die Basis für die Möglichkeit zu einer Kritischen Theorie und andererseits die Folie
des Zielzustandes: der mimetische Zustand soll sich in der
Utopie in verwandelter Form wiederholen und zwar so, daß die
über Herrschaft gewonnene Freiheit erhalten bleibt, die
Herrschaft jedoch verfällt.

Kritische Theorie als Theorie der Mimesis und des Leidens,
muß damit vor allem gegen jede (rationale, also: partielle)
Vernunft - als stärkstem Ausdruck der Herrschaft - angehen:
Die Vernunft muß gegen sich selbst angehen, um "mit dem
Denken gegen das Denken über das Denken hinaus zu gelangen".
Folgerichtig erscheint somit auch denkerischer Anarchismus
nicht als Verstoß gegen die Regeln und Voraussetzungen der
Verständigung von Menschen untereinander, sondern als Rettung aus den Fesseln der Vernunft, weil erst im Irrsinn der
mimetische Rückgang in eine blinde, amorphe Natur sichtbar
werde. Diese Emporstilisierung des "wilden Denkens" zum
Instrument der wahren Vernunft muß sich letztlich damit auch
gegen die MARXsche Theorie wenden. Zwar führt ADORNO die
totale Herrschaft auch auf das Vorwalten des Marktprinzips
und die Verdinglichung durch die Tauschabstraktion zurück,
doch ist für ihn die MARXsche Theorie selbst ein Teil der
Theorie der Entfaltung der partiellen Vernunft, die ja die
totale Herrschaft mit sich gebracht hatte.

Während für MARX also mit der Formulierung seiner Theorie
gleichzeitig die Möglichkeit, die Notwendigkeit und das Subjekt der Veränderung zu begründen versucht worden war, ist
die ADORNOsche Theorie die Begründung von Resignation, die
Theorie der Auflösung des Subjekts, das sich dann nur wieder
im Irrsinn der Kritischen Theorie gesondert herausbilden
muß, dann aber in dieser Theorie keine Handlungsorientierung
finden darf (weil dies ja wieder die instrumentelle Vernunft
inthronisiert) und kann.

Auch für MARCUSE (1967; vgl. auch LIPP 1970) ist der Ausgangspunkt die totale Herrschaft der instrumentellen Vernunft in der Gegenwart. Die instrumentelle Vernunft habe nun
einerseits im Bereich der Technik zu einem ungeahnten Anwachsen der technischen Rationalität und im Bereich der Politik - in Gestalt der politischen Technokratie- zu einer
ebenso großen Irrationalität geführt. Diese "Dialektik" von

Rationalität und Irrationalität spiegele sich wider in der
Zerrissenheit des Einzelnen; und hier könne nur eine Revolution für eine Auflösung sorgen, weil Reformen und Toleranz
die Repressionen und die Irrationalität des Ganzen nur noch
verstärken. Bei der Suche nach einem Subjekt für diese Revolution konstatiert MARCUSE, daß es dieses Subjekt von einer
materiellen Basis her nicht gibt, weil im Überfluß der Waren-
gesellschaft alle revolutionäre Subjektivität eingeebnet sei.
Erst aus der Teilnahme an einem revolutionären Prozeß selbst
werde sich auch das Subjekt herausbilden. Damit wird eine
Praxis, die revolutionär **gemeint** ist, die Voraussetzung für
eine dann auch objektiv begründete Praxis: Das Subjekt muß
sich in der Praxis erst konstituieren.

An dieser Stelle wird nun die FREUDsche Psychoanalyse eingeführt: die Psychoanalyse soll die verborgenen Repressionen
aufdecken, die trotz allen Wohlergehens auf den Menschen
lasten und somit die fehlende revolutionäre Motivation
schaffen; denn ökonomisch-materiell ist ja für eine Umwälzung
eigentlich kein Grund mehr. MARCUSE postuliert, daß mit der
Erhöhung des Potentials der Triebbefriedigung (Wachstum des
Sozialprodukts) die Repressionen mitwachsen und so ein immer
größerer Widerspruch zwischen den Möglichkeiten und der Realisation von Trieberfüllung entstehe. Das Wachsen der Repressionen findet aber dann nicht mehr in Gestalt von ökonomi-
schem Elend statt, sondern als wachsende Enthumanisierung und
institutionelle Verdinglichung der Lebenswelt. Die schwinden-
de Humanität bemißt sich dabei an der zunehmenden Manipula-
tion und Kalkulation der lebendigen Menschen. Die ursprünglich instrumentellen Wissenschaften (einschließlich einer logischen Sprache) werden zunehmend zu Techniken, diese Verdinglichung immer weiter durchzusetzen. Damit entfällt natürlich eine empirisch-analytisch orientierte und informationshaltige Gesellschaftstheorie als Mittel der Herstellung der
gemeinten Rationalität, sie wäre sogar Teil der Enthumanisierung. An ihre Stelle hat die permanente Revolution und

eine Ästhetisierung der politischen Praxis zu treten - Vorstellungen, die im Hitler-Faschismus und im kulturrevolu-
tionären China Wirklichkeit geworden sind, und zeitweise in
der spontaneistisch-romantischen "Kritik" an den nomologisch
betriebenen Sozialwissenschaften einen unüberhörbaren Ausdruck gefunden haben.

Eine besonders radikale Version des Zusammenhangs von einheitswissenschaftlicher Methodologie und formalen Verfahren
mit den Strukturen der kapitalistischen Warenverkehrsgesellschaft entwirft neuerdings SOHN-RETHEL (1970). Er versucht
nachzuweisen, daß es eine "geheime Identität von Warenform
und Denkform" gebe, woraus sich dann ergebe, daß die naturwissenschaftlichen Verfahren als methodische Regeln nur von
historisch begrenzter Geltung seien: Die "gesellschaftlich
notwendigen Denkstrukturen einer Epoche stehen im engsten Zusammenhang mit den Formen der gesellschaftlichen Synthesis
dieser Epoche". Das Geld ist in der warenproduzierenden Gesellschaft der Träger der gesellschaftlichen Synthesis und
bedarf hierzu "gewisser Formeigenschaften auf höchster Ab-
straktionsstufe". Geld werde zum Geld durch Geltung einer
allgemeinen "Wertabstraktion", die alle Lebensbereiche durch-
ziehe. Diese Wertabstraktion spalte den Wert einer Ware von
ihrer Produktion, Verwertung und Bedürfnisbefriedigung ab
und reduziere die Individuen zu "abstrakten Eigentümern".
Diese totale Abstraktion übertrage sich auf das menschliche
Bewußtsein, das dann die menschlichen Verhältnisse der Sachen
immer nur als sachliche Verhältnisse der Menschen ausmachen
könne. Über diese Abstraktion funktioniere der geldliche Aus-
tausch und vollziehe sich so die gesellschaftliche Synthesis.
Der Tausch setzt aber seinerseits Quantifizierung voraus:
Logik und mathematisches Denken kommen erst mit der Geldwirt-
schaft auf. Und dies wird noch behauptet: da das formal-ab-
strakte Denken, wie es in den Naturwissenschaften üblich sei,
mit den Tauschabstraktionen entstanden sei, seien auch die
mit ihm gewonnenen Erkenntnisse auf die historischen Bedin-

gungen der Warenverkehrsgesellschaft beschränkt. SOHN-RETHEL
kann somit als der radikalste Gegener der empiristischen
Idee vom äternalistischen Wissen bzw. POPPERs Idee der "Dritten Welt" der "objektiven Ideen" gelten.

Die Spaltung der Vernunft in eine instrumentelle und eine
praktische Vernunft und das Überhandnehmen der Herrschaft der
instrumentellen Vernunft im Verlauf der Modernisierung ist
die Grundthese der Kritischen Theorie. Und die Kritische
Theorie versteht sich als der Versuch, der umfassenden Rationalität der praktischen Vernunft wieder zu ihrem Recht zu
verhelfen. Für den Anspruch der Kritischen Theorie stellt
sich damit - neben der empirischen Richtigkeit ihrer Ver-
elendungshypothesen, die ja weit über den MARXschen Begriff
von Verelendung hinausgehen - ein besonderes Problem immer
dringlicher: Ihre Ausnahmestellung im Kanon der Theorien
begründen zu können, wenn sie nicht selbst ebenfalls als ein
Teil der instrumentellen Vernunft gelten soll. Diese Frage
hat HABERMAS (1968; 1973a) in seiner bekannten Analyse von
"Erkenntnis und Interesse" aufgegriffen und damit die Kritische Theorie auf ihren Kernpunkt gebracht: auf das Problem
der Begründung von gesellschaftlichen und historischen Zielen, auf die Begründung einer Gesellschaftsutopie, die als
"objektiv" einsehbar gelten kann und nicht mehr dezisionistisch hintergangen werden kann.

HABERMAS geht von der These aus, daß sich bei allen For-
schungsprozessen ein genauer Zusammenhang zwischen den methodischen Regeln und dem zugrundeliegenden erkenntnisleiten-
den Interesse feststellen lasse. Die empirisch-analytischen
Wissenschaften seien von dem Interesse auf eine möglichst
lückenlose Verfügungsgewalt über ihre Gegenstände bestimmt;
und die hermeneutisch-historischen Wissenschaften seien vom
Interesse an der Verständigung über die wichtigen Lebensfra-
gen und am eingespielten Konsens einer Kommunikationsgemeinschaft geleitet. Diese beiden Interessen leitet HABERMAS

aus den Begriffen der "Arbeit" und der "Interaktion" ab,
über die sich - als instrumentales und als kommunikatives
Handeln - das Identitätsbewußtsein der Menschen in Produktion und Reproduktion konstituiert. Wegen der Usprünglich-
keit dieser beiden Handlungsbezüge sei es für das Subjekt
nicht möglich, über die bei diesem Handeln zugrundeliegenden
Erkenntnisinteressen zu reflektieren: Sowohl das <u>technische
Erkenntnisinteresse an Verfügung</u> wie das <u>praktische Erkenntnisinteresse an Verständigung</u> seien in Hinsicht auf mögliche
Erkenntnisinhalte wie in ihrer gesellschaftlichen Verwendung
festgeschrieben. Die fehlende Reflektion beider Interessen
auf ihre Erkenntnisgrundlagen hätte dann die Erkenntnistheorie zur bloßen Methodenlehre der jeweiligen Richtungen ohne
Problematisierung von Wertbasis und Wertrelevanz verkümmern
lassen. Und dieses Defizit habe eine Theorie zu füllen, die
aus der "Sehnsucht nach echter Objektivität" alle Objektivität der instrumentellen und praktischen Wissenschaften in
Frage stelle und so (objektiv) feststelle, daß es Objektivität nicht gibt: die Selbstreflektion in der Kritik.

Bei diesem Vorgang stellt sich aber doch eine - wenngleich
ganz andere - Objektivität ein. Denn während die beiden anderen Erkenntnisarten stets einen dahinterliegenden - "uneigent-
lichen" - Interesses überführt werden könnten (also: Erkenntnis und Interesse darf nicht identisch sein), sind Erkenntnis und Interesse in der Selbstreflexion deckungsgleich. Und
dies, weil das <u>emanzipatorische Erkenntnisinteresse</u>, das
Interesse an Mündigkeit, von dem die kritische Selbstreflexion
geleitet wird, als einziges Interesse apriori als objektiv
eingesehen werden kann: "In der Selbstreflexion gelangt eine
Erkenntnis um der Erkenntnis willen mit dem Interesse an
Mündigkeit zur Deckung ... sind Erkenntnis und Interesse
eins" (HABERMAS 1968, 164).

HABERMAS verbindet diese Begründung seiner Version der Kritischen Theorie mit einer radikalen MARX-Kritik: MARX habe

die Identitätsbildung des Menschen auf die Kategorie der
Arbeit allein reduziert und damit impliziert, daß allein die
(technisch-instrumentelle) Entwicklung der Produktivkräfte,
Wissenschaftsfortschritt und Industrialisierung zur Emanzipation der Menschengattung führe. Und diese Zurückführung
der Selbsterzeugung des Menschen auf die Kategorie der Arbeit habe der Verkümmerung der Erkenntnistheorie und der
Allherrschaft der instrumentellen Vernunft endgültig auf den
Weg geholfen. Wen könnte es da schon wundern, wenn MARX sich
selbst (etwa in den Pariser Manuskripten) als Einheitswissen-
schaftler versteht? Da in der MARXschen Theorie aber immer
auch ein subjektiv-revolutionärer Aspekt enthalten sei, hätte
eine wirklich materialistisch-emanzipatorische Theorie in
mindestens so starkem Maße wie an MARX an die Psychoanalyse
FREUDs anzuknüpfen, da es auch deren erkenntnisleitende Absicht sei, durch Selbsterkenntnis von Repressionen diese aufzulösen. Der Mensch sei eben nicht bloß das "Werkzeuge fa-
brizierende Tier", wie MARX gemeint habe, sondern eben so
sehr das "triebgehemmte und zugleich phantasierende Tier",
wie FREUD erkannt habe. Theorie sei daher in dem Maße dem
eigentlichen Interesse des Menschen (dem an Emanzipation)
verpflichtet, wie es ihr gelingt, durch allen Zwang und alle
(noch so unbewußte) Triebunterdrückung zur unverzerrten und
herrschaftsfreien Kommunikation vorzustoßen: daß sie Theorie
und Therapie gleichzeitig ist[11].

Neben der - nun wirklich offenen - Frage, ob die Psychoanalyse als therapeutisches Verfahren dies zu leisten vermag,
ob nomologisch betriebene Wissenschaft nur einem Erkenntnisinteresse notwendig verpflichtet sei und per Interesse schon
auf eine bestimmte Erkenntnis festgelegt ist, bleibt als
wichtigstes Problem, wie HABERMAS den Sonderstatus des emanzipatorischen Erkenntnisinteresses begründen will. Seine
Lösung ist ebenso einfach wie unhaltbar: Unter Rückgriff
auf den "Jenenser HEGEL" nimmt HABERMAS an, daß durch das
Wesen der Sprache die Idee der Mündigkeit für die Menschen-

gattung objektiv gesetzt sei: "Mit dem ersten Satz ist die
Intention eines allgemeinen und ungezwungenen Konsensus unmißverständlich ausgesprochen" (HABERMAS 1968, 163).

HABERMAS versucht also eine intuitionistische Begründung für
die Idee der Herrschaftsfreiheit durch die Angabe einer anthropologischen Anlage zur Kommunikation mittels Sprache.
Aber keine noch so elegische Beschwörung der "Idee einer
freien, zwangslosen Übereinstimmung und Anerkennung aller"
kann dies irgendwie objektiv begründen[12], es ist ein Interesse neben anderem und muß vom Menschen selbst gesetzt und
durchgesetzt werden.

An dieser Stelle wird deutlich, daß - neben allen anderen
Schwierigkeiten - jede Kritische Theorie mit dieser Frage
steht und fällt: mit der Begründbarkeit ihres Sonderstatus
aus der Begründbarkeit eines objektiven Interesses, das sich
von allen anderen Interessen abhebt und von einer analytischen Wissenschaft nicht betrieben werden kann; kurz: Kritische Theorie ist eigentlich keine Wissenschaftstheorie, sondern eine Theorie der Wertbasis[13]. Und dies ist eine Frage
der Ethik oder eine wissensoziologische Theorie. Ethik ist
jedoch mit wissenschaftlichen Mitteln allein nicht begründbar - sie bleibt Dezision; und Wissenssoziologie ist eine
empirische Theorie, für deren Begründung Reflexion allein
mit Sicherheit nicht ausreicht, und die normative Aussagen
und Wertbegründungen erst recht nicht liefern kann.

2.2.2.2 Der Positivismusstreit in der deutschen Soziologie

Den sichtbarsten Ausweis hat die Kritik der kritischen Theorie an der Wertbasis des analytisch-nomologischen Wissenschaftsverständnisses im sog. Positivismusstreit in der
deutschen Soziologie (in den 60er Jahren) gefunden. Dort
wurden - bislang zum letzten Mal - offen die Argumente aus-
getragen, die der Streit um den Methodendualismus immer wie-

der provoziert und zu einem vorläufigen Ende gebracht: daß
der Methodendualismus im Grunde unbegründbar ist und daß die
Auseinandersetzung eigentlich immer eine Diskussion der
Wertbasis und gesellschaftlichen Zielsetzung der Sozialwissenschaften war. Damit hat sich diese Diskussion endgültig
aus der historischen Indifferenz des Methodendualismus gelöst und ist - bis heute ungebrochen - in eine Diskussion
der Parteilichkeit von Wissenschaft eingemündet.

Der Streit beginnt eigentlich schon früh mit einem Vortrag
von ADORNO über "Soziologie und empirische Forschung" im
Jahre 1957. Er wird fortgesetzt durch zwei Referate von
ADORNO und POPPER auf einer Arbeitstagung der Deutschen Gesellschaft für Soziologie im Jahre 1961; diese Referate lassen jedoch noch kaum die tiefgreifenden Differenzen erkennen.
In sein eigentlich bedeutsames Stadium tritt der Methoden-
streit erst mit der von HABERMAS begonnenen und von ALBERT
replizierten Kontroverse. Die dabei entstandenen vier Aufsätze bilden den Kern der Auseinandersetzung. Auf sie stützt
sich die folgende Darstellung, die wegen ihrer Bedeutung etwas ausführlicher ausfallen soll[14].

In seiner Einleitung zum "Positivismusstreit" resümiert
ADORNO seine Ansicht der Dinge. Vor allem verwahrt er sich
gegen den Vorwurf, daß Kritische Theorie von "ohne logische
Selbstkritik und ohne Konfrontation mit den Sachen eitel
Drauflosdenkenden" betrieben werde. Kritische Theorie sei
keine bloße Willkür, sondern ein Denken, das "seiner eigenen
Borniertheit sich entäußert und dadurch Objektivität gewinnt"[15]. Der "Positivismus" vergesse demgegenüber, daß
der Mensch Schöpfer seiner eigenen Geschichte sei, sich aber
mit der Anerkennung der Logik unter den Primat der Verdinglichung stelle: "Nichts hat innerhalb der verdinglichten Gesellschaft eine Chance, zu überleben, was nicht seinerseits
verdinglicht wäre" (S. 13). Somit sei der Positivismus Ausdruck der Übermacht der instrumentellen Vernunft, die den
"Geist zugunsten der Fakten ... fesselt" (S. 15).Die Dialektik ließe sich dagegen nicht ausreden, daß die Fakten nicht
"jenes letzte" sind, daß es einen Unterschied zwischen Wesen
und Erscheinung mache, und daß erst eine Erkenntnis der alles
beherrschenden Totalität, der gegenüber empirische Verfahren

blind seien, die "Reduktion der Menschen auf Agenten und
Träger des Warentausches" beende und damit "der treibenden
Sehnsucht, daß es endlich anders werde", genügen könne (
S. 20ff.). Zwar könne der volle Begriff der Wahrheit nicht
auf Empirisches verzichten; szientistischer Empirismus allein müsse jedoch vor diesem totalen Vernunftbegriff resig-
nieren, ja, wissenschaftliche Neutralität und Wertfreiheit
würden unter der Hand parteiisch: "Darin differiert eine
Kritische Theorie der Gesellschaft von dem, was im allgemeinen Sprachgebrauch Soziologie heißt: Kritische Theorie orientiert sich trotz aller Erfahrung von der Verdinglichung, und
gerade indem sie diese Erfahrung ausspricht, an der Idee der
Gesellschaft als Subjekt, während die Soziologie die Verdinglichung akzeptiert, in ihren Methoden sie wiederholt und
dadurch die Perspektive verliert, in der Gesellschaft und ihr
Gesetz erst sich enthüllte" (S. 44). Wissenschaft bliebe so
reine Technokratie, deren Auflösung am ehesten über "Gedan-
ken-Musik" möglich sei, in der "Wörtlichkeit und Präzision
nicht dasselbe sind" (S. 45). Der Positivismus verinnerlicht
die Zwänge der geistigen Haltung, welche die total vergesell-
schaftete Gesellschaft auf das Denken ausübt, damit es in ihr
funktioniert. Er ist der "Puritanismus der Erkenntnis", die
seinerseits "zur wiederholenden Nachkonstruktion" resigniere
(S. 67f.). Die positivistische Wissenschaft verarmt wie das
Leben unter der Arbeitsmoral und folglich sei "als soziales
Phänomen ... der Positivismus auf den Typen des erfahrungs-
und kontinuitätslosen Menschen gleicht" (S. 70).

ADORNO wiederholt hier alles, was die Kritische Theorie ausmacht: die These der Überherrschaft der instrumentellen Vernunft; daß die empirischen Wissenschaften und die formale
Logik Ausdrücke und Agens der totalen Verdinglichung seien;
daß sie unfähig seien, bestimmte (wissenssoziologische) Erkenntnisse zu gewinnen und zu berücksichtigen; daß sie Wissenschaft zur puritanischen Arbeit degradierten (für Bil-
dungsbürger in der Tat ein Graus); daß sie unter der Hand

im Namen der Verdinglichung parteiisch seien; und schließlich,daß die unspekulative Spekulation der kritischen Theorie hier Heilung verspreche, indem sie die Utopien des guten
Lebens wachhalte vor aller maskenhaften und oberflächlichen
Stillstellung wahrhaft humaner Bedürfniserfüllung. Erneut
wird deutlich, daß ADORNO in seiner Charakterisierung der
Kritischen Theorie eine wissenssoziologische Kritik der
Wertbasis der analytischen Wissenschaften mit der Beschwörung eines Geschichtstelos verbindet.

Erst mit dem Beitrag, mit dem HABERMAS nach dem harmonisie-
renden Abtausch von ADORNO und POPPER auf der Tübinger Ta-
gung die Diskussion wieder aufnimmt, beginnt die eigentliche
Kontroverse. HABERMAS beginnt mit der dialektischen Hart-
näckigkeit, Gesellschaft als "Totalität" zu begreifen. Man
könne diesen Begriff zwar nicht mit logischen Mitteln beschreiben, doch nehme man den Vorwurf der Mythologie gern
auf sich, weil in dem Mythos der Totalität eine dem Positivismus verloren gegangene Einsicht aufscheine: "daß der von
Subjekten veranstaltete Forschungsprozeß dem objektiven Zusammenhang, der erkannt werden soll, durch die Akte des Erkennens hindurch selber zugehört" (S. 156). Und diese Eigenart der Gesellschaftswissenschaften setze die Beachtung von
Totalität voraus[16]. Hieraus ergäbe sich dann die Unterscheidung zweier Typen von Gesellschaftswissenschaften, deren Unterschiede an vier Kriterien beschreibbar sind: Das
Verhältnis von Theorie und Gegenstand, von Theorie und Erfahrung, von Theorie und Geschichte, sowie von Wissenschaft
und Praxis, das dann noch zu einem fünften Problem führe:
dem Werturteilsproblem.

Mit dem Verhältnis von Theorie und Gegenstand kritisiert
HABERMAS die Indifferenz der analytischen Theorie ihren
Objekten gegenüber; in den Gesellschaftswissenschaften sei
die Wahl der Kategorien (= Terminologie) nicht freigestellt,
man müsse sich ihrer Angemessenheit versichern, "weil Ord-

nungsschemata, denen sich kovariante Grössen nur zufällig
fügen, unser Interesse an der Gesellschaft verfehlen"
(S. 156)[17]. Diese Vergewisserung angemessener Begriffe
sei nur dialektisch zu leisten; hier gemeint als: verstehend
"die natürliche Hermeneutik der sozialen Lebenswelt dialektisch zu durchdenken". An Stelle des hypothetisch-deduktiven
Zusammenhangs von Sätzen tritt" die hermeneutische Explikation von Sinn" (S. 158). Und so generierte Theorien seien
dann in der Lage, auch die eigene Arbeit subjektiv reflek-
tierend in die Totalität des Ganzen aufzunehmen (was immer
damit gemeint sein soll).

Die Unbeweglichkeit der analytischen Theorie ergebe sich vor
allem aus ihrem Verhältnis von Theorie und Erfahrung. Die
analytische Theorie dulde nur einen Typ von Erfahrung: die
kontrollierte Beobachtung. Dem sträube sich die Kritische
Theorie, weil der Gegenstand der Gesellschaft eben mehr sei
als nur eine verdinglichte Regelhaftigkeit. Zwar dürfe auch
die Dialektik einem noch so engen Erfahrungsbegriff nicht
widersprechen, doch dürfe die Erfahrung nicht so eingeengt
werden; denn: "Nicht alle Theoreme lassen sich in die formale Sprache eines hypothetisch-deduktiven Zusammenhangs
übersetzen; nicht alle sind brauchbar durch empirische Be-
funde einzulösen - am wenigsten die zentralen" (S. 160).
Mit anderen Worten: Das, was empirisch erfaßt werden kann,
ist irrelevant und das was gesellschaftlich relevant ist,
ist empirisch nicht faßbar[17].

Die Mißachtung der Totalität werde schließlich in dem analytischen Verständnis des Verhältnisses von Theorie und Geschichte deutlich: Geschichte werde dort unter das covering-
law-Modell subsumiert, während Dialektik demgegenüber die
Richtung, in die Geschichte objektiv tendiere, zentral mit-
berücksichtige. Der auf Geschichte angewandte Begriff der
Totalität schränkt Theorie einerseits ein: es gibt epochale
Individualitäten; andererseits wird der Theoriebegriff er-

weitert: diese Individualitäten durchdringen eine geschichtliche Ganzheit in allen Aspekten. Wegen der Individualität
der geschichtlichen Totalität und weil "Geschichte sich über
die Subjekte vermittelt" (S. 164), muß Theorie hermeneutisch
verfahren. Dazu aber müsse sie auch über die latenten, nicht-
intendierten Funktionen informieren; mit ADORNO gesprochen:
"Die Theorie muß die Begriffe, die sie gleichsam von außen
mitbringt, umsetzen in jene, welche die Sache von sich aus
sein möchte, und es konfrontieren mit dem, was sie ist"
(S. 165). Dialektik verbinde so Verstehen mit kausaler Analyse und wehre sich gegen Historismus und A-Historizität
gleichermaßen. Dies sei aber nur möglich, wenn "Historie zur
Zukunft hin" geöffnet wird; und diese Telos ergebe sich nur
aus dem, was Gesellschaft z.Zt. nicht ist, aber sein könnte.

Die Forderung nach Theorien, die der Traditionsvermittlung
wie der Zielorientierung dienen können,zielt dabei auf ein
besonderes Verhältnis von Wissenschaft und Praxis. Analyti-
tische Theorie, die der Pragmatik indifferent gegenübertrete,
eigne sich nicht für eine lebenspraktische Anwendung. Gesellschaftliche Systeme gehören aber nicht "zu den repetitiven
Systemen, für die erfahrungswissenschaftlich triftige Aussagen möglich sind" (S. 166), sondern stehen in "historischen
Lebenszusammenhängen", angesichts derer eine Praxis als bloße
Sozialtechnik (nach dem H-O-Schema) versagen müsse. Die Differenzen im Praxisproblem zwischen analytischer und dialektischer Theorie ergäben sich dabei vor allem aus der unterschiedlichen Einschätzung des Verhältnisses von Tatsachen
und Entschlüssen. Die analytische Theorie gehe davon aus,
daß keine Geschichte einen objektiven Sinn (ein Telos) abgebe; Sinn müsse vom Menschen selbst aktiv gesetzt werden und
mit Hilfe des theoretischen (und empirisch wahren) Wissens
durchgesetzt werden. Dialektik entgegnet dem, daß erst, wenn
die praktischen Absichten ("Sinn") aus der puren Dezision
entlassen und in einer (dialektisch gewonnenen) Geschichtsteleologie objektiviert sind, Wissenschaft zur vollen Ratio-

nalität gelangt: nämlich eine wissenschaftliche (objektive)
Antwort auf die Sinnfragen des praktischen Lebens liefert[18].

Mit dieser Grundfrage, "ob die Dialektik die Grenzen nach-
prüfbarer Reflexion überschreitet, und für einen um so ge-
fährlicheren Obskurantismus den Namen der Vernunft bloß
usurpiert - ..., oder ob umgekehrt der Kodex strenger Erfahrungswissenschaften eine weitgehende Rationalisierung
willkürlich stillstellt und die Stärke der Reflexion im Namen pünktlicher Distinktion und handfester Empirie gegen
Denken selber verkehrt", (S. 169) ist die Frage der Wertur-
teilsfreiheit angesprochen. Das Postulat der Wertfreiheit
wissenschaftlicher Sätze folgt aus der Annahme eines Dualismus von deskriptiven und normativen Aussagen: Empirische
Hypothesen sind Feststellungen, die wahr oder falsch sind und
als solche festgestellt werden können. Normen sind dagegen
Empfehlungen bzw. Anweisungen, die nicht wahr oder falsch
sein können. Ihre Geltung beruht auf Entscheidung (Dezision).
Allgemein gelte, daß aus deskriptiven Aussagen keine präskriptiven Aussagen folgen: praktische Fragen sind nicht entscheidbar. Damit geschähe die Eliminierung aller Fragen der
Lebenspraxis aus dem Horizont der Wissenschaften überhaupt,
zumal sich alle Versuche der Normobjektivierung (intuitive
Begründung, objektive und subjektive Wertkritik) gegenüber
dem Dezisionismus nicht hätten behaupten können. Diesem
Dezisionismus entgehe so auch der Positivismus nicht, weil
er ja immer noch seine Wertbasis (irrational) setzen müsse,
wodurch seine Vernunft auf die Befolgung formaler Regeln
herabsinke. Für HABERMAS stellen sich zwei Fragen: Erstens
wie eine "praktische Beherrschung geschichtlicher Prozesse"
ohne Normenbegründung möglich sein soll[19], und zweitens,
ob es wertfreie deskriptive Aussagen überhaupt geben könne.

Beide Fragen geht HABERMAS in einer Analyse des Basissatz-
problems an. Die Einigung bei Basissätzen könne - anders
als POPPER meine - nur unter vorheriger Einigung auch über

Tatsachen erfolgen, die mit dem formalen Regelsystem der
Akzeptierung und Zurückweisung von Basissätzen vereinbar
sind, anders gesagt: zum Konsensus komme man nur, wenn man
zuvor den "Sinn" des Gesamtunternehmens begriffen habe
(also: gewissermaßen einen "nicht-kontraktuellen Teil des
Vertrags" befolge). Die Annahme von Basissätzen geschieht
auf dem Boden einer Welt der Selbstverständlichkeiten, die
damit nur noch hermeneutisch explizierbar sind[20]. Und das
bei der analytischen Theorie verschwiegene "hermeneutische
Vorverständnis", das erst den Konsensus ermöglicht, seien die
"Bedingungen des Leistungserfolges handelnder Menschen":
das technische Erkenntnisinteresse. Die Grundlagen der Ba-
sissatzgenerierung seien die gleichen wie die des technischen
Praxisverständnisses. Dieses Interesse werde - wegen seiner
langen und gesellschaftswichtigen Tradition in der Beherrschung der Natur - unter dessen nicht mehr thematisiert (und
ungebrochen in die Sozialwissenschaft übernommen): "So kann
sich dann der Schein reiner Theorie auch noch im Selbstverständnis der modernen Erfahrungswissenschaften erhalten"
(S. 183). Die wertfreien Techniken seien gar nicht wertfrei,
sondern seien aus Interessen entstanden und würden Interessen bedienen. Mit dem Primat des technischen Interesses würden aber alle anderen Interessen ausgeblendet, und insbesondere das an praktischer Lebensbewältigung. Das Technokratie-
konzept - ohnehin nur sehr restriktiv anwendbar - verfehle
das wirkliche Anliegen der Wissenschaft: die programmatische
Handlungsanweisung. Und hier trete die Dialektik ein, "wenn
Dialektik ... nichts anderes heißt als der Versuch, die Analyse in jedem Augenblick als Teil des analysierten gesellschaftlichen Prozesses und als dessen mögliches historisches
Selbstbewußtsein zu begreifen" (S. 191), d.h.: Dialektik
liefere die fehlende Objektivierung von Handlungsprogrammen,
indem sie jede Analyse in einen objektiven pragmatisch-
orientierenden und teleologischen Zusammenhang stelle, kurz:
Sinn über objektivierte Ziele schaffe.

ALBERT beginnt seine Erwiderung, indem er die HABERMASsche
Argumentation dahingehend zusammenfaßt, daß HABERMAS mit der
Dialektik beanspruche, ein Verfahren zur Hand zu haben, wo-
durch die bloß partikulare Vernunft der Einzelwissenschaften
in eine Einheit von Theorie und Praxis und in die Aufhebung
des Dualismus von Beschreibung und Bewertung zur totalen
Vernunft finde. Die Haltlosigkeit dieses Anspruchs versucht
ALBERT dann an den von HABERMAS in die Debatte geworfenen
Einzelproblemen aufzuzeigen.

Zunächst moniert ALBERT, daß der Begriff der Totalität, der
in der HABERMASschen Argumentation so zentral ist, als nicht
explizierbar hingestellt würde; damit aber immunisiere sich
HABERMAS von vornherein gegen jede Kritik. Zum Verhältnis
von Theorie und Gegenstand und der Behauptung von HABERMAS,
daß die analytische Theorie ihrem Gegenstand gegenüber indifferent, äußerlich und beliebig bleibe, und dialektische
Theorie sich statt dessen der Angemessenheit ihrer Kategorien hermeneutisch vergewissere, verweist ALBERT auf eigentlich Wohlbekanntes: Erstens ist es für den (prognostischen)
Erfolg einer Theorie gleichgültig, in welchem "Interesse"
sie generiert wurde; denn Interesse ist für den Wahrheitsgehalt einer Aussage bedeutungslos. Zweitens hieße die Festschreibung der Theoriebildung auf eine bestimmte Terminologie ("Hermeneutik der natürlichen Lebenswelt") eine unnötige
- und erwiesenermaßen unfruchtbare - Einschränkung der Möglichkeit von Theoriebildung (vgl. Kap. 2.1.2.1). Dialektik
bedeute somit die Aufgabe der Freiheit in der Wahl der Kategorien und Modelle (als vor-empirische Entwürfe), weil nur
die Kategorien des Alltags zugelassen seien. HABERMAS re-
kurriere für die Geltung von Theorie auf deren Herkunft, und
dies sei ja bekanntlich nicht möglich (es sei denn, man habe
ein anderes Geltungskriterium als empirische Wahrheit, nämlich z.B. pragmatische Wirkung).

Bezüglich des Verhältnisses von Theorie und Erfahrung und des

Vorwurfs, die analytische Theorie beschränke sich (unangemessen) auf einen restringierten Erfahrungsbegriff, bemerkt
ALBERT, daß natürlich sich auch die Dialektik Prüfkriterien
ihrer Aussagen gefallen lassen muß. Und wie der von HABERMAS
propagierte "hermeneutische Vorgriff auf Totalität" sich z.B.
im Gang der Explikation als richtig erweist", nämlich als
"ein der Sache selbst angemessener Begriff", müsse schon erläutert werden können. Nicht die Deklaration von Aussagen
als "dialektisch" rechtfertige schon ihre Triftigkeit[21].

Und bezüglich der HABERMASschen Deutung des Verhältnisses
von Theorie und Geschichte fragt sich ALBERT - unter Verweis
auf die wohlbekannten Argumente gegen den Historismus - wie
denn HABERMAS Geschichte in ihrer Totalität erfassen wolle,
wenn einerseits keiner explizieren könne, was Totalität ist
und an keiner Stelle sichtbar werde, wie man denn dabei überhaupt verfahren solle; "an ihrer Stelle werden die Umrisse
einer großartigeren Konzeption (als das analytische Geschichtsverständnis) angedeutet ... aber es fehlt bisher jeder Ansatz zu einer einigermaßen nüchternen Analyse des skiz-
zierten Verfahrens und seiner Komponenten" (S. 210).

Am Problem von Wissenschaft und Praxis erweist sich schließlich der hauptsächliche Dissens. HABERMAS verstehe Wissenschaft als "praktisch" im Sinne einer objektiven Rechtfertigung des Handelns und vertrete Dialektik als eine als Wissenschaft aufgezäumte Sozialphilosophie zur Begründung objektiver Maßstäbe für diese Rechtfertigung. HABERMAS suche demzu-
folge auch immer in der Geschichte bzw. in der Totalität einen rechtfertigenden Sinn, der "naturgemäß von einer Soziologie realwissenschaftlichen Charakters nicht geleistet werden kann" (S. 212). Nicht eine Über-Gewalt gebe der Geschichte Sinn, sondern wir müssen der Geschichte einen Sinn geben,
den wir vertreten zu können glauben. Damit wird der Nachweis
eines objektiven Sinns zum Problem, an dem sich HABERMAS'
Konzept messen lassen muß.

Zur Frage der Wertfreiheit, die in der analytischen Theorie
in ihrem impliziten technischen Interesse immer schon verletzt werde, verweist ALBERT auf zweierlei: Erstens ist der
Hinweis auf die Interessenlage der an der Basissatzfestle-
gung Beteiligten für die formale Lösung des Problems nach
POPPER (vorläufige und revidierbare Einigung nach formalen
Regeln) irrelevant; die "Lebensbezüge" des Forschers sind
zwar vorhanden, aber methodisch bedeutungslos. Und außerdem
werde an keiner Stelle klar, wie hier Hermeneutik weiterhel-
fen könne. Und zweitens sei zwar der HABERMASsche Hinweis
auf die Verbindung zwischen Wertfreiheit und Verdinglichung
vielleicht (wissenssoziologisch) interessant, aber wiederum
methodisch bedeutungslos; das Prinzip der Wertfreiheit wird
nicht dadurch verletzt, daß die damit generierten Theorien
bestimmte Interessen bedienen. HABERMAS könne zu solchen
Auffassungen nur durch die Mißachtung der sehr verschiedenen
logischen Ebenen bei der Frage des Werturteilsproblems
kommen.

Zu all diesen Unhaltbarkeiten komme HABERMAS aber nur, weil
er immer den Gesichtspunkt "der Rechtfertigung des praktischen Handelns" verfolge. Von einer solchen Einsicht her -
einem objektiven Telos etwa - müsse natürlich alle analytische
Wissenschaft irrational erscheinen. Und die Verbindung von
technischem Interesse und Irrationalität ist ja ein altes
Erbe der Kritischen Theorie (vgl. Kap. 2.2.2.1). Da diese
Irrationalität aber nur (als "Ideologiekritik") über eine
solche Rechtfertigung von objektiven Handlungszielen benennbar ist, müsse hier darauf verwiesen werden, was eigentlich
zur irreversiblen Einsicht der Wissenschaftsphilosophie gehört: daß Rechtfertigungen und Gewißheit nur über einen un-
endlichen Regreß, einen logischen Zirkel oder irgendeine Art
von dogmatischer Setzung zu erlangen sind. Und eine Ideologiekritik sei die Offenlegung solcher "Rechtfertigungen",
die eigentlich nicht zu begründen sind. Dialektik sei ein
solcher unmöglicher - dann: ideologischer - Rechtfertigungs-

versuch, der wegen seiner Leerformelhaftigkeit überdies beliebigen Dezisionen Tür und Tor öffne.

Die Entgegnung von HABERMAS beginnt mit einer (vermeintli-
chen) Klarstellung: ihm sei nicht an einer Kritik der er-
fahrungswissenschaftlichen Forschungspraxis gelegen, sondern
an einer Explikation des Hintergrundinteresses dieser Forschungspraxis, das in seiner Pragmatik als falsches Bewußtsein auf eine möglicherweise richtige Praxis zurückwirke.
Dieser Hintergrund wirke sich vor allem in dem vom Positivismus nur zugelassenen Erfahrungstyp aus. Technisches Interesse determiniere einen eingeschränkten Erfahrungstyp und
dadurch würde bereits "der mögliche Sinn der empirischen Geltung von Aussagen im vornhinein festgelegt" (S. 238). Es
gebe auch andere Erfahrungen als Prüfinstanz für Sätze, an
denen sich andere - nicht-technische - Interessen als forschungsleitend erwiesen: "Moralische Gefühle, Entbehrungen
und Frustationen, lebensgeschichtliche Krisen, Einstellungs-
änderungen im Zuge einer Reflektion" (S. 238). Hier erhielte
auch die Psychoanalyse ihre Bedeutung für die Begründung von
Aussagen, freilich nicht auf dem Boden eines bloß technischen
Interesses. Zwar erkenne auch POPPER die Theoriegetränktheit
von Feststellungen an, doch blieben für ihn - in Anerkennung
der TARSK Ischen Wahrheitstheorie - Tatsachen externe und
keine produzierten Ereignisse[22].

Hierzu sucht HABERMAS nachzuweisen, daß Basissätze eben doch
nach dem Vorverständnis der Forscher akzeptiert werden, das
seinerseits nur hermeneutisch zu ermitteln ist. Er vermutet,
daß dieses Vorverständnis "unter dem leitenden Interesse an
der möglichen informativen Sicherung und Erweiterung erfolgs-
kontrollierten Handelns stehe", genauer: daß Gesetzmäßigkeiten antizipiert würden und daß sich diese Antizipationen
dann auch immer als "richtig" erwiesen, weil hieran die All-
tagsidentitäten der Forscher geknüpft seien: man findet in
den Daten, was man antizipiert. Damit setze sich in der Ba-

sissatzfindung das technische Erkenntnisinteresse letztlich
immer wieder durch.

Mit diesem Hinweis auf den sozialen Gehalt der Theorieprü-
fungsveranstaltung greift HABERMAS den Vorwurf auf, er habe
die Genesis von Aussagen mit ihrer Begründung vermischt. Und
hier wird es vollends deutlich: HABERMAS kritisiert, daß
auch die analytische Methodologie als Norm der Rechtfertigung bedürfe (und POPPER selbst nenne ja die kritische Ein-
stellung einen Glauben). Methodologie werde zur quasi-mora-
lischen Entscheidung,und hier gelte es somit, einen objektiven Geltungsgrund für diese Entscheidung zu finden. Und
HABERMAS meint, die Rechtfertigung für eine dialektische
Methodologie in dem dahinterstehenden Interesse an herrschaftsfreier Diskussion gefunden zu haben, das seinerseits
sich im Verlaufe einer "reflexiven Selbstrechtfertigung" als
umfassende Rationalität entfalte (S. 253f.). Da aber wiederum dieser methodologische,normative Rahmen (die Wertbasis)
die Tatsachen im Basissatzkonsensus konstituiert, zerfalle
auch die säuberliche Scheidung von Tatsachen und Wertungen,
die ALBERT verfechte[23]. In dieser Fundierung der Theorie
und der methodischen Standards (und damit der Tatsachen)
auf einer als objektiv gerechtfertigten Wertbasis (das emanzipatorische Erkenntnisinteresse) bewege man sich auf einer
Stufe umfassender Rationalität, die den Dualismus von Tatsachen und Entscheidungen überwinde. Und diese sei im All-
tagsdenken "von Haus aus am Werk" und müsse für die Wissenschaften wieder zurückgewonnen werden (S. 260). Beim bloß
technischen Interesse als Wertbasis (als "transzendentale
Voraussetzung")würden Menschen ihre Identität verlieren und
ihre "entmythologisierte Welt wäre, weil die Macht des Mythos positivistisch nicht gebrochen werden kann, voller Dä-
monen" (S. 262). Menschen müßten ihre stets prekäre Sozietät
immer wieder neu aufbauen und dies sei die (objektiv begründbare) Aufgabe der Sozialwissenschaften; FREUDs Psychoanalyse
und HEGELS Phänomenologie seien ein Musterbeispiel dafür.

So wird die Erfüllung dieser Aufgabe - Identitätsschaffung -
zum Geltungskriterium von Theorie und mithin werden auch
"Lebenskrisen" zur Prüfinstanz für diese Fähigkeit von
Theorie möglich und unaufgebbar; denn Lebenskrisen erinner-
ten an das allen bekannte Problem: die stets gefährdete
Identität. Der "hemdsärmelige" Positivismus stelle sich angesichts dessen dumm, wenngleich auch er sich im Rahmen der
Bedingungen "eines gemeinsam vorausgesetzten Vorverständ-
nisses immer bewegen muß" (S. 265/6). Insofern befinde er
- HABERMAS - sich hinter dem Rücken des Positivismus, auf
der Ebene der transzendentalen Bedingungen von Wissenschaft,
deren Behandlung die analytische Theorie für bedeutungslos
halte. Damit kann HABERMAS dann dem Positivismus eine halbierte Rationalität vorwerfen, weil dieser die Reflexion
über seine eigenen Bedingungen stillstelle.

In der neuerlichen Erwiderung verwahrt sich ALBERT gerade
gegen den letzten Vorwurf: die analytische Theorie schließe
keineswegs die Diskussion ihrer eigenen Standards aus; nur:
analytische Theorie kommt zu anderen Schlüssen, nämlich, daß
die Wertbasis und das Erkenntnisinteresse den Wahrheitsgehalt von Theorien eben nicht bestimmen und somit auch keine
Überwindung des Dualismus von Tatsachen und Entscheidungen
möglich ist, ganz abgesehen von der Unbegründbarkeit irgendeiner Wertbasis im Sinne von Rechtfertigung. Im Einzelnen
verweist ALBERT darauf, daß die HABERMASsche Fassung der
methodologischen Rolle der Erfahrung auf einer falschen Voraussetzung beruhe: die "Prüfbedingungen" würden den Sinn der
empirischen Geltung nicht im vorhinein festlegen. Die Methode der Konfrontation einer Theorie mit Tatsachen sei "nichts
als eine Weise, Theorien der Kritik und dem Risiko des
Scheiterns auszusetzen, die durch nichts präjudiziert wird,
was nicht schon durch diese Theorien selbst festgelegt ist"
(S. 271). Und die Hineinnahme von Lebenskrisen etwa als
Prüfinstanz für die Geltung von Theorie hieße der Willkür
alle Türen öffnen. Obendrein mißverstehe HABERMAS die Kor-

respondenztheorie der Wahrheit: sie sei keine herkömmliche
Abbildtheorie und impliziere keineswegs die (alt-)positi-
vistische Idee einer "an-sich-Tatsache". Im übrigen sei
POPPERs Kritizismus von einer Annahme der TARSKI-Theorie
nicht einmal abhängig.

Zum Vorwurf, der Positivismus mißachte den Zirkel, in dem
Basissätze und Theorie stehen, bemerkt ALBERT: "Die Verfahrensweisen, die ihre (der Basissätze) Annahme bestimmen,
gehen auf Regeln zurück, die zwar zur Theorie gehören, aber
keineswegs identisch sind mit den anzuwendenden theoretischen Gesetzen" (S. 278). Die Regeln bestimmen nicht den Inhalt der Basissätze. Und wenn es einen solchen Zirkel gebe,
führte auch keine Dialektik heraus. Selbstverständlich stehe
Wissenschaft eng mit Verfahren der Identitätssicherung und
Bedürfnissen nach Orientierung in Zusammenhang, aber diese
praktische Verwertbarkeit ("Interesse") determiniere doch
nicht die Art der von der realen Struktur der Welt abgerunge-
nen (wahren) Aussagen. Die Wertbasis einer Methodologie
schließt keineswegs die Bedienung der unterschiedlichsten
Interessen aus (z.B. technisches Wissen zur Emanzipation).
Und noch einmal: Keine Wertbasis läßt sich rechtfertigen.

Der Positivismusstreit reduziert sich so auf einen Grundla-
genstreit um die Wertbasis und Wertrelevanz von Wissenschaft,
um die Möglichkeit der Rechtfertigung eines bestimmten Erkenntnisinteresses als ein besonders ausgezeichnetes und um
die These, daß eine bestimmte Wertbasis bereits den Inhalt
und die mögliche Verwendung einer Theorie festlege; kurz:
um das Theorie-Praxis-Verhältnis (vgl. auch BAIER 1966;
KÖNIG 1972). ALBERT bestreitet die Rechtfertigungsmöglich-
keit einer Wertbasis und eine Verbindung von Wertbasis und
Theoriegehalt und Pragmatik, während HABERMAS die dialektische Tradition in Rechtfertigung und pragmatischem Theorieverständnis, verbunden mit einer aus der Kritischen Theorie
stammenden Fundamentalkritik an der instrumentellen Ver-

nunft, wieder zu beleben versucht. Sein Konzept steht und
fällt - wie alle dialektischen Ansätze - mit dem Gelingen
einer objektiven Rechtfertigung der Wertbasis der Dialektik
und der Lösung der Frage der Wertrelevanz im Rahmen einer
umfassenden Gesellschaftstheorie. Beides läuft letztlich
darauf hinaus, bestimmte Normen und Ziele und/oder eine bestimmte Gesellschaftstheorie als vor anderen Normen bzw.
Theorien ausgezeichnet zu begründen.

2.2.2.3 Wertbasis und Wertrelevanz der Sozialwissenschaften: kritisch-emanzipatorische Lösungs-
versuche

Die Wertbasis eines methodologischen Programms ist die normative Entscheidung für eine bestimmte wissenschaftstheoretische Richtung. Diese Entscheidung ist - nach analytischem
Verständnis - nicht letztgültig begründbar, wenngleich sich
Gründe angeben lassen. Die Wertrelevanz von wissenschaftlicher Arbeit bedeutet, daß eine über-wissenschaftliche Zielsetzung von Wissenschaft gesetzt und auch verfolgt wird;
Voraussetzung ist die letztgültige Begründung eines Ver-
wertungszusammenhangs. Auch die Bestimmung einer letztgülti-
gen Wertrelevanz ist nach analytischem Verständnis nicht
möglich.

Beide Aspekte: Wertbasis und Wertrelevanz von Wissenschaft,
beansprucht die Dialektik eindeutig lösen zu können; kurz:
es sei möglich, eine Parteilichkeit von Wissenschaft zu begründen. Die dialektische Besonderheit ist dabei, daß mit
der - gesellschaftstheoretisch begründeten - Wertrelevanz
der Sozialwissenschaften die Begründung der Wertbasis für
dialektische Verfahren gleich mit erfolgt: wirklich gesellschaftlich relevante ("emanzipatorische") Theorie sei auch
nur mit einer dialektischen (nicht-analytischen) Methodologie generierbar. An dieser Argumentation wird die programmatische Verschmelzung von Entdeckungs-, Begründungs- und Ver-

wertungszusammenhang von Theorien in der Dialektik hand-
greiflich.

Es gibt zwei bemerkenswerte Versuche, Wertbasis und Wertrelevanz der Sozialwissenschaften dialektisch auszuzeichnen:
einerseits der Versuch von HABERMAS, eine Rechtfertigung für
"apriori einsehbare" Interessen, nämlich: das an Mündigkeit,
Emanzipation und Herrschaftslosigkeit, zu liefern. Dieser
Versuch hat zwei Aspekte: einerseits die Wiederbelebung einer subjektivistischen Wahrheitstheorie und andererseits das
gesellschaftstheoretisch-empirische Interesse der Behandlung
von Legitimationsproblemen in komplexen Gesellschaften
(vgl. HABERMAS 1968; 1971a; 1973b).

Der andere Versuch, das "Wesen" von Wissenschaft zu klären,
stammt von HOLZKAMP (197o; 1972), der - angesichts der Forschungspraxis in der internationalen Psychologie und Sozialpsychologie nur zu verständlich - die chaotische Orientie-
rungslosigkeit der Sozialwissenschaften beklagt und ihr die
Richtung über die nicht mehr hintergehbare marxistische Gesellschaftstheorie geben möchte. Beide Versuche seien kurz
erläutert.

2.2.2.3.1 Konsensus und Legitimität

Für HABERMAS hatte sich schon in der Positivismusauseinander-
setzung immer dringender das Problem gestellt, gegen den
Dezisionismus des Kritischen Rationalismus ein besonderes,
unhinterfragbares Erkenntnisinteresse auszeichnen zu müssen.
Dies war vor allem dann in der Idee des apriori einsehbaren
Interesses an Mündigkeit geschehen, wie es mit dem ersten gesprochenen Satz sich zeige und auf eine zwanglose Kommunika-
tionssituation notwendig hinziele. Herrschaftsfreie Kommunikation als Geschichtstelos ergebe sich aus der anthropologischen Anlage des Sprechvermögens der Menschengattung als
nicht mehr dezisionistisch hintergehbares, objektives Inte-

resse der Menschengattung.

Da diese Auszeichnung des emanzipatorischen Interesses jedoch - selbst für HABERMAS (hier: HABERMAS 1971c) - zunächst zu intuitionistisch ist, tritt HABERMAS in eine tie-
fere Analyse ein, die in seiner sog. Konsensustheorie der
Wahrheit mündet. Ausgehend von der in den Wissenschaften ein-
gebürgerten Forderung nach Intersubjektivität der Aussagen
und der konventionalistischen Überprüfungspraxis in der empirischen Forschung: "wahr" ist eine Aussage dann, wenn sie
intersubjektiver Prüfung standhält, sei mit der Idee der
Intersubjektivität von Aussagen die anderenorts skizzierte
Voraussetzung "herrschaftsfreie Kommunikation" immer schon
impliziert: eine Aussage kann nur dann intersubjektive Geltung beanspruchen, wenn bei dem Überprüfungsverfahren die
Konventionsschließung in einem Diskurs kompetenter Diskutan-
ten unabhängig von besonderen Eigenschaften, Rechten und
Pflichten der Dialogpartner geschieht.

Das Grundpostulat der Argumentation ist somit eine radikale
Abkehr von allen objektiven Wahrheitstheorien (einschließlich der TARSKIschen Korrespondenztheorie der Wahrheit):
eine Aussage bekommt nicht dann das Prädikat "wahr", wenn
sie enthält, was "der Fall ist", sondern dann, wenn außer
mir "auch jeder andere, der in ein Gespräch mit mir eintreten könnte, demselben Gegenstand das gleiche Prädikat zu-
sprechen würde" (S. 124). Die Bedingung für die Wahrheit
von Aussagen sei "die potentielle Zustimmung aller anderen".

Nun entgeht HABERMAS nicht, daß es auch konventionelle Eini-
gungen zwangloser Art gibt, die - z.B. von keinerlei Sach-
verstand getrübt - gelegentlich faktisch Falsches zum Inhalt haben. Hierfür führt er das Zusatzkriterium ein, daß es
sich um kompetente Beurteilung handeln muß: "ich darf p von
x behaupten, wenn jeder andere kompetente Beurteiler mir darin zustimmen würde" (S. 125). Damit verschiebt sich die

Konsensusfrage auf eine weitere Einigung: wie kann ich
feststellen, wer "kompetent" ist? Denn "Kompetenz" ist ja
ein wahrheitsfähiges Prädikat wie jedes andere auch. Auch
hierfür findet HABERMAS eine Lösung: Die Kompetenz eines
Beurteilers bemißt sich daran, ob er "vernünftig" ist
(S. 125). "Vernünftig" seien nun aber alle, "die den nicht-
konventionellen Weg der Nachprüfung von empirischen Behauptungen wählen, also zu Beobachtung und Befragung fähig sind",
der vernünftige und damit kompetente Beurteiler "muß in der
öffentlichen Welt seiner Sprachgemeinschaft leben und darf
kein Idiot sein, also unfähig, Sein und Schein zu unterscheiden" (S. 129)[24]. Hinzu tritt eine weitere Bedingung,
daß ein vernünftiger Beurteiler auch eine wahre Aussage
tut; der sachverständige Beurteiler muß an seiner "Wahrhaftigkeit" gemessen werden, d.h. der Sprecher täuscht weder sich noch andere (S. 131). Damit geht die Kriteriums-
kette von der Vernünftigkeit zur Wahrhaftigkeit des Sprechers über.

Was bedeutet nun aber "Wahrhaftigkeit"? Hier kommt HABERMAS
zum Kern seines Argumentes: weil die Wahrhaftigkeit eines
Sprechers nicht an die Wahrheit seiner Aussagen gebunden
sein kann - denn dann wäre das gesamte Argument zirkulär:
"wahr" ist eine Aussage genau dann, wenn sie "wahr" ist -
muß ein weiteres Kriterium gefunden werden: die Wahrhaftigkeit von Äußerungen eines Sprechers erweist sich an der
Richtigkeit seiner Handlung (S. 133). Der Zirkel ist damit
zwar durchbrochen, doch erhebt sich nun die Frage, wie denn
die Richtigkeit von Handlungen ermittelt werden kann. Die
Richtigkeit von Handlungen meint dabei nichts anderes als
die empathisch korrekte Deutung der Intentionen anderer Subjekte und daß im Handeln diesen Intentionen gefolgt wird.
Weil dies aber nur in intersubjektiven Zusammenhängen erlebt und beurteilt werden kann, müssen der Handelnde und
der die Richtigkeit der Handlung Prüfende an dem Handlungs-
zusammenhang selbst "kompetent" teilnehmen; "Zur Überprüfung

der Regelkompetenz eines Handelnden ist mithin die Regelkompetenz eines Prüfers erforderlich"(S. 134). Daraus - aus
der Regelkompetenz von Handelndem und Beurteiler und aus dem
Teilnahmeerfordernis - ergibt sich, daß die Beurteilung der
Richtigkeit von Handlungen sich wiederum aus einem Konsensus zwischen Handelndem und Beurteiler ergibt.

Damit ist eigentlich ein klassischer Zirkel geschlossen:
Wahrheit erweist sich in einem Konsensus, dessen Angemessenheit sich wiederum in einem Konsensus erweist. Aus diesem
Zirkel versucht nun HABERMAS dadurch zu entkommen, daß dieser neuerliche Konsensus nun seinerseits problematisiert
wird und in einem Diskurs - außerhalb des nicht-problemati-
sierten Handlungszusammenhangs - überprüft wird. Dieser Diskurs soll einen wahren Konsensus von bloßer Loyalität unterscheidbar machen. Und dazu müsse nun dieser Diskurs einige
Eigenschaften aufweisen, bei deren Vorliegen ein faktisch
erzielter Konsensus auch ein wahrer Konsensus wäre. Die Kriterien hat HABERMAS als "ideale Sprechsituation" beschrieben; d.h.: eine Sprechsituation, "in der die Kommunikation
nicht nur nicht durch äußere kontingente Einwirkungen, sondern auch nicht durch Zwänge behindert wird, die aus der
Struktur der Kommunikation selbst sich ergeben. Die ideale
Sprechsituation schließt systematische Verzerrung der Kommunikation aus. Nur dann herrscht der eigentümlich zwanglose
Zwang des besseren Arguments, der die methodische Überprüfung von Behauptungen sachverständig zum Zuge kommen läßt
und die Entscheidung praktischer Fragen rational motivieren
kann" (S. 137).

Ein solcher Diskurs[25] leistet somit zweierlei: Einmal ist
er das Kriterium für die Richtigkeit und Wahrhaftigkeit und
Vernünftigkeit und Kompetenz eines Beurteilers und damit für
die Wahrheit eines Konsensus und damit für die Wahrheit einer
Aussage. Und zweitens erweisen sich in einem solchen Diskurs
eingebrachte und als vernünftig festgestellte Interessen als

(diskursiv) verallgemeinerungsfähige Interessen und damit als:
legitime Interessen (HABERMAS 1973b, 148f.). Und daß dies
eine ideale Sprechsituation leisten kann, liegt daran, daß die
Diskursteilnehmer mit ihrem Eintreten in den Diskurs schon einen Vorgriff auf die ideale Sprechsituation leisten und in diesem Vorgriff ein Modell des reinen kommunikativen Handelns
entwerfen, wie es das Apriori jeder Kommunikationsgemeinschaft
ist. Dieser apriorische Gehalt der idealen Sprechsituation ist
die Gewähr für die Möglichkeit einer Konsensustheorie der
Wahrheit, für die Legitimierung von Interessen und damit
schließlich: für die Auszeichnung des Interesses an der Herstellung herrschaftsfreier Kommunikation, das emanzipatorische
Erkenntnisinteresse, vor allen anderen Interessen.

Da HABERMAS letztlich - trotz aller Bemühung - nicht über
seine Ursprungsidee, der Behauptung einer apriorisch-objekti-
ven Geltung des Interesses an herrschaftsfreier Kommunikation,
hinauskann bzw. dieses Apriori zur Letztbegründung aller anderen Aspekte (Konsensustheorie der Wahrheit und Verallgemeine-
rungsfähigkeit von Interessen) heranziehen muß, fällt seine
Konstruktion mit der Unhaltbarkeit dieses Apriori (vgl. schon
Kap. 2.2.2.1)[26]: HABERMAS gelingt es damit nicht, diese
Wertbasis als vor anderen Interessen ausgezeichnet zu begründen.

Damit fehlt ihm natürlich auch die Grundlage, die ihm im Positivismusstreit geholfen hatte, die Dialektik als Verfahren an-
zuführen, das angesichts eines rechtfertigbaren Erkenntnisinteresses die halbierte Rationalität der analytischen Theorie (in der Erfassung einer so gesetzten "Totalität") überwinden könne. Der Notwendigkeit, Interessen selbst zu setzen
und vermittels kognitivem Wissens auch durchzusetzen, ist niemand enthoben. Die Einsicht in die letztgültige Unbegründbarkeit von normativen und teleologischen Orientierungen mag
zwar "angesichts individueller Heilsbedürfnisse trostlos"
(HABERMAS 1973b,11o) sein, kann aber nicht - auch nicht unter

dem fassungslosen Hinweis auf ihre Trostlosigkeit - rück-
gängig gemacht werden. Davon unberührt bleibt natürlich die
evtl. Gültigkeit einer empirischen Hypothese etwa der Art,
daß z.B. Sozialsysteme nur als integrierte fortbestehen können, wenn bei den Akteuren Orientierungen als letztgültig
legitimiert gelten; d.h.: die Einsicht in den letztlich de-
zisionistischen Charakter von Interessen habe eine desinte-
grierende Wirkung. Dies wäre aber eine emprische Hypothese
über den Zusammenhang von Legitimitätsgeltung und Systemgleichgewicht bzw. personaler Integration (die vielleicht
einiges an Richtigkeit z.B. gegenüber der LUHMANNschen[27]
institutionalisierten Beliebigkeit von Normen hat). Die Richtigkeit (oder Falschheit) einer solchen objektsprachlichen
Hypothese besagt indessen nichts über die meta-theoretische
Rechtfertigbarkeit von Wissenselementen irgendeiner Art.

2.2.2.3.2 Konstruktion und Kritik

Neben den HABERMASschen Versuchen der Bestimmung und Rechtfertigung von Wertbasis und Wertrelevanz der Sozialwissenschaften gibt es einen zweiten - bemerkenswerten - Ansatz:
Die "Kritische Psychologie" von HOLZKAMP. HOLZKAMP unterscheidet sich in mehrerlei Hinsicht von HABERMAS: Seine Konzeption stammt aus einer langjährigen und fundierten empirischen Forschungspraxis (er weiß also praktisch, wovon er
spricht) und sein Vorschlag beruht nicht in einer intuitioni-
stischen Ableitung der Wertrelevanz, sondern in der naturalistischen Begründung durch die MARXsche Theorie, die HOLZ-
KAMP als - empirisch und theoretisch - wahre Gesellschaftsanalyse fraglos übernimmt.

HOLZKAMP (vor allem HOLZKAMP 1970) entwickelt seine Konzeption von einer Analyse der Praxis und gesellschaftlichen
Funktion der herkömmlichen internationalen Psychologie her:
Die "bürgerliche" Psychologie bestünde inhaltlich-theore-
tisch aus einem Chaos an völlig unzusammenhängenden, eklek-

tizistisch zusammengewürfelten Einzelbefunden. Und dies sei
- zumindest teilweise - die Folge der Anbindung dieser Forschungspraxis an das einheitswissenschaftliche Methodenver-
ständnis. Diese Wissenschaftstheorie, die ohnehin immer nur
als nachträgliche Legitimation bereits faktisch eingetrete-
ner Änderungen in der Forschungspraxis möglich sei, habe dabei einen immer weiteren "Rückzug" von jeder Idee der Wahrheit und der Relevanz von Theorie angetreten und damit einerseits zwar die faktische Forschungspraxis immer besser beschrieben, andererseits jedoch auch den genannten chaotischen
Zustand mitverursacht. Es liege nun aber - bei allem Eklektizismus und aller ignoranten Bedeutungslosigkeit dieser Psychologie - der Verdacht nahe, daß diese Psychologie latente
Funktionen habe, und zwar: solchen Gruppen zu nützen, die
"der Schaffung gerechterer, humaner und vernünftiger menschlicher Lebensverhältnisse entgegen wirken". Dieser Praxis
ein Ende zu bereiten und eine Alternative zu geben ist HOLZ-
KAMPs Absicht: "Eine dialektisch-kritische Wissenschaftsauffassung, die Wissenschaft als Moment einer jeweils konkreten
Verfassung historisch-gesellschaftlicher Verhältnisse begreift,
die Frage nach dem Wozu wissenschaftlicher Forschung aus dem
Kontext dieser gesellschaftlichen Verhältnisse reflektiert
und so offenbar macht, daß Wissenschaft immer - ob sie sich
das nun eingesteht oder nicht - im Dienst politischer Kräfte
steht und sich zu entscheiden hat, welchen Kräften sie dienen und welchen sie sich verweigern will" (S. 8). Das Hauptproblem ist also die Lösung der Relevanzfrage; von daher soll
die Gesamt-Konzeption HOLZKAMPs nur in Umrissen dargestellt
werden und nur untersucht werden, wie er die Relevanzfrage
zu lösen denkt.

Zunächst versucht HOLZKAMP zu zeigen, wie in der Entwicklung
der analytisch-empirischen Wissenschaftsauffassung (vgl. Teil
I.) der wahre Charakter der Forschungspraxis immer deutlicher beschrieben wird und andererseits immer stärker der Anspruch aufgegeben werde, mit Theorie überhaupt noch etwas

über die Wirklichkeit (des "lebendigen Menschen")zu sagen.
Im Naiven Empirismus, der das Modell für die heutige,
faktisch empiristisch-betriebene Forschungspraxis abgebe,
werde Erkenntnis der wirklichen Zustände noch (unreflektiert)
für möglich gehalten. Dies werde im Logischen Empirismus aufgegeben, indem hier die Trennung von Aussagen und Wirklichkeit vorgenommen werde, mithin also "Theorie" neben die
naive Erfahrung tritt. In der Annahme eines Induktionsprin-
zips sei indessen der Anspruch, "verifizierend" zur Wahrheit
zu gelangen, weiter erhalten. Im Falsifikationismus fällt
auch der Gewißheitsanspruch: Erkenntnis ist nur noch "im
Lichte von Theorien" möglich, die Basissätze verlieren ihre
Eigenständigkeit und positives Wissen ist - wegen der ständigen Falsifikationsmöglichkeit - ausgeschlossen. Die Trennung werde am offenbarsten in der Annahme der TARSKIschen
Korrespondenztheorie der Wahrheit[28]. Im Konstruktivismus
schließlich verschwindet die Realität völlig vor dem Primat
der Theorie: "Die Daten sind nicht nur von der Theorie aus
interpretiert, sondern sie sind gemäß der Theorie konstruiert" (S. 20). Das Wissen des Forschers beschränkt sich auf
die von ihm hergestellte Wirklichkeit. Und wenn die Wirklichkeit sich der Realisation einmal nicht beugt, also: "be-
lastend exhauriert" werden muß, dann ist dies nur als blindes
Wirken unbekannter Kräfte interpretierbar. Da aber nicht entscheidbar ist, ob nun die Realisation qua Störbedingungen
oder qua anders beschaffener Realität scheiterte, mündet die
Theoriebildung in der Suche nach Eindeutigkeit durch den Forscher (mit der faktischen Folge: die Produktion eines eklektizistischen Chaos, da jeder nur immer sein privates Paradigma als Kriterium für Eindeutigkeit anlegt).

Dieser Rückzug der Wissenschaft aufs Private, die "Introjek-
tion" des Forschers auf die Auswahl von Problemen nach
"Interesse", die Abspaltung von Konstrukten und Variablen als
Gegenstand der Forschung von der Ganzheit der "tatsächlich
konkreten, historischen Individuen", die Reduzierung der

historisch-gesellschaftlichen Vielfalt des Menschen auf
seine "Organismus"-Eigenschaften und die Vernachlässigung
von sozialen und historischen Randbedingungen bei der Wahl
von Begriffen und bei der Analyse von Regelmäßigkeiten sind
die Folgen der im Konstruktivismus am deutlichsten gewordenen Resignation vor der Relevanzfrage.

Zur Lösung der Relevanzfrage greift HOLZKAMP auf eine alte
konstruktivistische Überlegung zurück: Die Begründung der
wissenschaftlichen Aktivitäten müsse auf das "tägliche Leben" des konkreten historischen Menschen bezogen und auf
Alltagsproblemstellungen letztlich zurückführbar sein[29].
Nun litten jedoch die vorliegenden Versuche, den wirklichen
Menschen, und nicht nur theoretische Konstrukte zum Gegenstand der Gesellschaftswissenschaft zu machen, unter einer
zu großen Unbestimmtheit (wenn nicht romantischen Naivität)
und seien somit ungeeignet, die Relevanzfrage zu lösen: das
"tägliche Leben" müsse von einer objektiven Theorie über die
geschichtliche Entwicklung der konkreten menschlichen Lebensverhältnisse "transzendiert" werden. Und die Theorie, die
dies zu leisten imstande wäre, sei die marxistische Gesellschaftstheorie, in der die Gegenwart als kapitalistischer
Klassenantagonismus erscheine. Und dies hat zur Folge: "Der
konkrete geschichtliche Mensch, auf den sich die gegenwärtige Psychologie allein beziehen kann, ist notwendigerweise der
Mensch in einer bestimmten, denen anderer Klassen antagonisti-
schen Klassenlage"(S. 121).

Von dieser Einsicht her könne nun eine "kritische" Psychologie ihren orientierenden und Relevanz gebenden Bezugsrahmen
finden. "Emanzipatorisch" werde die Psychologie (und die üb-
rige Gesellschaftswissenschaft) dann, wenn zur kritischen
Relevanz die Ermittlung von praktisch verwertbaren Ergebnissen komme und diese Ergebnisse wieder "aufklärerisch anderen
zugänglich" gemacht würden. Kritische Gesellschaftstheorie
könne sich dabei jedoch nicht auf "verbal-aufklärerische

Aktivitäten" beschränken, sondern könne "nur im Zusammenhang
mit konkreter gesellschaftlicher Praxis, in der durch aktiv
veränderndes Tun - etwa in solidarischem Handeln - bestehende organisatorische Strukturen problematisiert, Herrschafts-
verhältnisse, und sei es auch zunächst nur exemplarisch, auf-
gebrochen werden, etc., ihren Sinn und ihre Effektivität erhalten ...". Damit stellt HOLZKAMP alle theoretische Aktivi-
tät in einen direkten Bezug zur Praxis, und zwar Praxis gedacht als Praxis im Interesse der Überwindung der Klassen-
antagonismen.

HOLZKAMP sieht dabei - er hat eine lange "bürgerliche" Vergangenheit, die ihn vor allem voreiligen Aktivismus schützt -
deutlich, daß eine solche Praxis nur wirkungsvoll sein kann,
wenn sie theoretisch untermauert ist. Andererseits verliert
für ihn die "reine" Forschung - aus seiner konstruktivistischen Tradition verständlich - ihre (angebliche) Eigenständigkeit: ..." 'reine' Forschung oder 'Grundlagenforschung'
ist nur eine wenig präzise Bezeichnung für jene Art von be-
dingungskontrolliert-exemplarischer Forschungspraxis, deren
Ziele relativ langfristig konzipiert sind, deren Nutzbar-
machung im Dienste von auf irgendeine Weise effektiverer oder
vernünftigerer direkter Praxis also in weiter erstreckter
Zeitperspektive zu sehen ist".

Mit dieser Theorie-Praxis-Konzeption, die ganz offenkundig
das dialektische Postulat von der Einheit von Theorie und
Praxis bedienen soll, ist das H-O-Schema keineswegs angetas-
tet: "Rationale" und "informierte" Praxis (wie sie auch
HOLZKAMP fordert) unterstellt immer die Geltung allgemeiner
Gesetze und überprüft die Herstellbarkeit entsprechender
Randbedingungen, nichts anderes meint z.B. der Terminus "be-
dingungskontrolliert", den HOLZKAMP für sein Praxis-Konzept
anführt. Dennoch wird der Unterschied zur analytischen Theorie deutlich: Theoriebildung hat immer auf die Meta-Ziele
Bezug zu nehmen und Praxis soll gleichzeitig mit der theoretischen Erfassung das Untersuchungsfeld verändern.

Diese Ideen sind - außer bei HOLZKAMP - anderweitig unter der
Bezeichnung "Aktionsforschung" bekannt geworden und haben zu
einer Fülle - mittlerweile weitgehend gescheiterter - Projek-
te geführt. Aktionsforschung will mit der Verbundenheit von

Subjekt und Objekt in den Sozialwissenschaften ernst machen
und Forschung mit gesellschaftlicher Veränderung verbinden.
Neben allen theoretischen und praktischen Problemen bleibt
allerdings die (wissenschaftssoziologische) Frage, ob die
angestrebten Wirkungen bei einer derartigen Vermischung der
Aktivitäten nicht ausbleiben müssen. Alle Erfahrung zeigt
bislang deutlich, daß Aktionsforschung weder Forschung noch
Aktion ist; wobei unter Forschung materialer Wissensfortschritt und unter Aktion materielle (und damit: langfristige)
Veränderungen verstanden wird. Eine Unzahl theoretischer
kurzatmiger "Projektarbeit" sollte dies inzwischen gelehrt
haben.

HOLZKAMP entwickelt in diesem Zusammenhang seine ursprünglichen konstruktivistischen Ansätze weiter und versucht zu zeigen, daß nun das Relevanzproblem gelöst sei unter Beibehaltung der rationalen Gehalte der bisherigen Wissenschaft: eine
typisch dialektische Synthesis. Dabei löst HOLZKAMP auch das
Problem, daß Menschen einerseits eine "historisch bedingte"
Subjektivität aufweisen, andererseits aber auch ein Teil
der objektiv-materiellen Natur sind: Es ist zu ermitteln, was
an den "Gleichförmigkeiten" menschlichen Verhaltens das Ergebnis historisch-sozialbedingter Einschränkungen für die
Entfaltung von Bedürfnissen ist und was die (residualen) na-
turbedingten Regelhaftigkeiten sind: Man "sollte ...sich an
den naturhaften Grenzen der gesellschaftlichen Entwicklungs-
möglichkeiten des menschlichen Wesens schmerzhaft stoßen
müssen - und nicht diese Grenzen auf reaktionäre oder resig-
native Weise sozusagen freiwillig vorverlegen" (S. 129).
Beispielsweise, indem man nicht als naiv empiristischer Ge-
sellschaftswissenschaftler das für Organismusreaktionen (allein) hält, was in Wirklichkeit das Ergebnis historisch relativer und vergänglicher Repression ist. Kritische Psychologie wird damit - wie einst die marxistische Theorie an der
bürgerlichen Ökonomie - zur Ideologiekritik über den Nachweis
der bloß historischen Geltung von als überhistorisch geltend
dargestellten Sachverhalten.

Wie sachverständig und bemüht HOLZKAMP auch immer vorgeht:
Bei seiner Lösung des Relevanzproblems bleibt völlig unein-

sichtig (und letztgültig nicht begründbar), wieso HOLZKAMP
die marxistische Theorie für besonders ausgezeichnet hält,
seine Probleme zu lösen. Auch die marxistische Theorie ist
eine empirisch prüfbare Theorie, deren Geltung nicht apriorisch gesetzt werden kann (vgl. ALBERT und KEUTH 1973), und
für deren Begründung dann auch alle - hinreichend - bekannten Schwierigkeiten gelten, die bei Begründungen von Theorien
immer auftreten. Aus diesem Problem können auch die wirklich
beachtlichen Vorschläge zur Orientierung von Wissenschaft,
die HOLZKAMP macht, nicht hinausführen. Ganz abgesehen von
kleineren Unhaltbarkeiten: Auch HOLZKAMP erreicht die Lösung
des Relevanzproblems nur durch eine Setzung. Davon unberührt
bleibt die Überlegung, ob man nicht etwa die MARXsche Analyse für geeignet halten soll, die chaotische Orientierungs-
losigkeit eines Teils der empirischen Sozialwissenschaften
und deren damit verbundene wissenschaftliche Stagnation über
die Vorgabe dieses "Paradigmas" aufzulösen. Dies wären dann
aber konventionell gesetzte Kriterien und eine Einigung über
die Wertbasis und Wertrelevanz einer Wissenschaft im Sinne
MARXscher Theorie, die damit weiter als Theorie neben anderen gilt, aber - vielleicht aus Gründen ihres hohen Bewäh-
rungsgrades - als - gegenüber Alternativen - noch am geeigne-
sten erscheint. Dialektiker würden dies natürlich für völlig
unangemessen halten, denn sie halten ja eine Letztbegründung
des Marxismus für gegeben. Dennoch: warum sollte nicht auch
die MARXsche Theorie die genannte Funktion übernehmen können?

Letztlich beruht diese Einigung auf einem noch fundamentale-
ren Konsensus: Der Überzeugung, daß paradigma-freie Forschung
die Suche nach wahrer Theorie _faktisch_ verhindert und daß
das bloße Insistieren auf "Kritik" (in POPPERscher Manier)
nicht zu "Kritik in Permanenz", sondern zu dem bekannten
Eklektizismus führt[29]. Das gemeinsame Hintergrundinteresse
von HOLZKAMP und kritisch-rationaler Theorie ist der Fortschritt des Wissens; nur über die angenommenen _sozialen_ Bedingungen hierfür besteht Dissens. Und für die Aufwertung der

Paradigma-Idee hierzu gegen den (z.T. offen Herrschaftsinte-
ressen verfolgenden) Ansatz der Offenlassung der Relevanzfrage hat HOLZKAMP eine kaum zu überschätzende Arbeit geleistet. Als Fazit bleibt dennoch festzuhalten, daß die Konzeption HOLZKAMPs auf der apriorischen Setzung der marxistischen Theorie beruht, und daß damit auch seine Lösung des
Relevanzproblems den Dezisionismus nicht überwinden kann. Weder HABERMAS noch HOLZKAMP gelingt die Auszeichnung einer besonderen Wertbasis. Mit der offenkundigen Unausweichlichkeit
des forschungsleitenden Dezisionismus ist jedoch die Relevanzfrage nicht gelöst; eine Lösung kann jedoch weder ein
marxistischer Apriorismus noch der kritisch-rationale Anarchismus sein.

2.2.3 Die szientistisch-technokratische Version der
dialektischen Methodologie

In den "kritischen" Versionen der Dialektik hatte es zuweilen geschienen, als sei die dialektische Methodologie mit dem
herkömmlichen Methodendualismus identisch. Und in der Tat:
die ungeheuren Ansprüche,über ein Verfahren zu verfügen, das
die Vereinigung von Wesen und Erscheinung, sowie das Aufsteigen vom Abstrakten zum Konkreten, ganz zu schweigen von der
Erfassung der "Totalität" zu leisten imstande sei, gedeihen
dort am prächtigsten, wo sich theoretische Entwürfe fernab
jeglicher praktischer Bewährung entfalten können; in den
schöngeistigen Zirkeln einer von Reproduktionsproblemen frei-
gesetzten Intelligentsia. Andererseits hat die Dialektik - am
stärksten bei MARX selbst (wie z.B. HABERMAS mit Bedauern
vermerkt) - einen ausgesprochen starken pro-naturalistischen,
einheitswissenschaftlichen Aspekt: der soziale Bereich ist
Überbauerscheinung der materiellen Verhältnisse und alles
Geistige Teil einer einheitlichen materiellen Natur. Die Folge wäre, daß jede methodische Trennung der beiden Bereiche
einen onthologischen Unterschied zwischen "Geist" und Materie mystifizieren würde. Und dies wäre ein Idealismus, den

man als marxistischer Dialektiker ja gerade überwinden will.

Dieser pro-naturalistische Aspekt der Dialektik findet nun
- leicht erklärlicherweise - seine stärkste Ausprägung dort,
wo sich die von MARX über ENGELS und LENIN weitergeführte
Auseinandersetzung mit den "bürgerlichen" Wissenschaften[30]
nicht in der folgenlosen Beschwörung von Kommunikations-
aprioris, emanzipatorischem Interesse oder Psychoanalyse oder
spontaneistischer Mimesis erschöpfen, sondern (im Aufbau des
Sozialismus in der Praxis und Auseinandersetzung mit Revi-
sionismus und Einflüssen von außen) wo (Sozial-)Wissenschaft
als Teil der gesellschaftlichen Produktivkräfte unentbehrlich geworden ist. D.h. wo sich die Ergebnisse der (Sozial-)
Wissenschaft für den gesellschaftlichen Zweck der Festigung
des sozialistischen Aufbaus praktisch verwerten lassen. Für
die Sozialwissenschaften heißt das: wo soziologisches Wissen
zum (gesellschaftlich unentbehrlichen) "Lenkungswissen"
(andere könnten sagen: "Herrschaftswissen") geworden ist.

Die szientistisch-technokratischen Versionen der Dialektik,
wie sie (folglich) vor allem in der DDR und der UdSSR entwickelt und propagiert wurden, stehen damit zwar einerseits
in der Tradition der Abgrenzung zum "bürgerlichen Positivismus", wie er in der westlichen Soziologie gepflegt werde;
dann aber auch gegen die Resignation, den Skeptizismus und
(damit) Idealismus der Kritischen Theorie. Die Auseinandersetzung gegen den bürgerlichen Positivismus verläuft dabei
typischerweise zweigleisig: Einerseits wird darauf bestanden,
daß der "Positivismus" wegen seiner inhärenten Mängel (Beschränkung aufs Empirische, Offenhaltung der Wertfrage, Aufgabe des Rechtfertigungsdenkens, Leugnung von Aprioris, etc.)
natürlich - trotz aller vielleicht äußerlichen Erfolge - notwendig am Wesen aller Erkenntnis vorbeizielen müsse. Die
Dialektik beziehe bereits aus ihrer Einflechtung in den als
apriorisch gültig erkannten Globalrahmen des Historischen
Materialismus ihre Überlegenheit: wirkliche Erkenntnis sei

nur möglich, wenn man sich zum Historischen Materialismus
bekenne. Andererseits übernimmt die szientistische Version
der Dialektik das Instrumentarium der westlichen empirischen
Soziologie nicht nur bruchlos, sondern ersichtlicherweise
überdies von allen Zweifeln unbelastet, die z.B. in den
letzten Jahren in der westlichen Soziologie diskutiert worden sind und z.B. in eine umfangreiche methodische Grundlagenforschung eingemündet ist (vgl. z.B. die Untersuchungen
zur Reaktivität, die Versuche zur Axiomatisierung von Meß-
verfahren usw.). Die westlichen positivistischen Verfahren
wurden (fälschlicherweise) als zur Produktion von Herrschafts-
sprich: Lenkungswissen geeignet erkannt (denn: so leistungs-
fähig ist diese Methodik nicht). Und dies ist nur zu verständlich, weil diese Verfahren ja die Folge langer methodischer Bemühungen auf dem Hintergrund der Wertbasis: Wis-
senserweiterung und Gewinnung praxisfähiger Theorie, waren
und nur über eine faktisch richtige und informationshaltige
Theorie eine gesellschaftliche Verwertung denkbar ist.

Da sich der westliche "Positivismus" und die szientistisch-
technokratischen Versionen der Dialektik somit nur dadurch
unterscheiden, daß die Dialektik sich in einen übergeordne-
ten politischen Zusammenhang stellt, verwundert auch die
typische Art sozialistischer Soziologie nicht: Nach ritual-
haften Deklamationen für den Historischen Materialismus und
die große sozialistische Tradition (sowie einigen Pflicht-
übungen gegen die unzureichende westliche Soziologie) folgt
das, was in der westlichen Soziologie zunehmend weniger ernst
genommen wird: technokratische und eklektizitische "Fliegen-
beinzählerei" und Methodenfetischismus.

Die Einordnung der (Sozial-)Wissenschaft und der methodischen
Prinzipien in die szientistischen Versionen der Dialektik
seien noch etwas näher erläutert; und dies vor allem, um zu
zeigen, daß - trotz gegenteiliger Deklamationen - die Ver-
wertungsnotwendigkeit von Wissenschaft eben doch zu so etwas

zwingt wie "methodologischen Internationalismus". Vielleicht
(wenngleich nicht apriorisch sicher) ist dies auch identisch
mit einem Internationalismus der institutionalisierten Unterdrückung, hier durch die staats-kapitalistische Bürokratie,
dort durch die staats-sozialistische Bürokratie.

In der sozialistischen Sozialwissenschaft wird die Soziologie unter drei Aspekten gesehen: Einmal ist sie Teil des gesamten Wissenschaftssystems, das seinerseits - den verbalen
Prämissen des Historischen Materialismus getreu - ein notwendiger Bestandteil der "Brechung des ideologischen Scheins"
ist und auch solange nicht überflüssig ist, wie "die Er-
scheinungsform und das Wesen der Dinge (nicht) unmittelbar"
zusammenfallen (SANDKÜHLER 1975a). Wissenschaft (und damit:
Sozialwissenschaft) sei - im Rahmen der Dialektik freilich -
das wichtigste Instrument des Aufsteigens vom Empirisch-Un-
mittelbaren, Abstrakten zum Konkret-Allgemeinen; und Wissenschaft habe dabei von der lebendigen Anschauung zum abstrakten Denken und von diesem zur Praxis zu gehen; dies sei der
wahrhaft dialektische Weg der Erkenntnis der Wahrheit, der
Erkenntnis der objektiven Realität.

Zum zweiten ist Wissenschaft - und mit ihr alle Sozialwissenschaft - Teil des Aufbaus des Sozialismus, und dies einerseits unter dem Aspekt, daß Wissenschaft als eine der wichtigsten Produktivkräfte zur notwendigen Voraussetzung jeden
Fortschritts werde. Sie ist ein Bestandteil der für alle
Entfaltung der Produktivkräfte notwendigen Arbeitsteilung,
allerdings - und das sei die Besonderheit - nur, wenn sie
im Dienste des Sozialismus stehe. Damit werde Wissenschaft
gleichzeitig (und notwendigerweise) Bestandteil des Kampfes
um die Überwindung historisch überfälliger Sozialstrukturen.
Mithin gewinne die Wissenschaft als Produktivkraft ihre wahre
emanzipatorische Kraft erst aus der Parteilichkeit im Sinne
des Historischen Materialismus. Jede nicht-parteiliche (und
nicht-dialektische) Wissenschaft sei notwendig irrelevant

bzw. latent reaktionär und konterrevolutionär (KRÖBER und
LAITKO 1975, 111f.). Damit entlarve sich jede Programmatik
der Wertfreiheit als "ahistorisches Streben nach reiner Erkenntnis", das tatsächlich weder ahistorisch, sondern si-
tuationsgebunden-interesse-verhaftet, noch rein, sondern
ideologisch sei. Und da das Wissen um dieses nur der Historische Materialismus verleihe, könne man im Interesse der
wirklichen Wahrheit nicht an dessen Implikat der Parteilichkeit vorbei.

Drittens wird schließlich die sozialistische Sozialwissenschaft - unter dem weiten Mantel der verbalen Parteilichkeit - dann ganz offen als Instrument der Lenkung der Bevölkerung in Dienst genommen: Wenn in den sozialistischen
Staaten die historisch letzte Klasse zum Subjekt der Geschichte geworden ist, dann verliert die Anwendung der gleichen Verfahren, der gleichen Methoden und vielleicht auch
der gleichen Verwertungsabsicht (gesellschaftliche Steuerung
von Makroprozessen ohne direkte Gewalt), die doch die verab-
scheute bürgerliche Soziologie kennzeichnen, alle ihre Verab-
scheuungswürdigkeit. Die Einbettung der (auch äußerlich "positivistisch" betriebenen) Soziologie in den Kontext des
vollzogenen Sozialismus und den Rahmen des Historischen Materialismus sorgt dafür, daß das unter kapitalistischen Verhältnissen notwendig unterdrückte emenzipatorische Potential der (Sozial-) Wissenschaft endlich zu seinem Durchbruch
findet. So gesehen kann der "heimliche Positivismus" in der
sozialistischen Soziologie nur den verwundern, der geglaubt
hatte, im Sozialismus sei alle Entfremdung, Verdinglichung
und Ritualisierung beendet, die doch angeblich erst den
nomothetischen Begriff von Sozialwissenschaft als denkmög-
lich erscheinen läßt, und somit auch erst die einschlägigen
"positivistischen" Methoden einsetzbar werden läßt. Auch
diese - wiederum nur zu typisch dialektische - Besonderheit
in der dialektischen Methodologie wird natürlich wieder
trefflich für Kontroversen und gelehrte Repliken in der ein-

schlägigen Literatur sorgen. Für den Literaturbetrieb wäre
es ein Jammer, gäbe es die Dialektik nicht.

Damit lassen sich die methodischen Prinzipien der szientistisch
technokratischen Dialektik so umschreiben (vgl. HAHN 1974,
28ff.): Der Historische Materialismus ist der apriorisch gesetzte und unwiderlegbare allgemeine Rahmen jeder "marxi-
stisch-leninistischen Soziologie". Im Historischen Materialismus werden - wegen der Weite seiner Formulierung, aber
integrierende Orientierungen müssen ja leerformelhaft sein -
alle Probleme behandelt und gelöst, die methodisch relevant
seien: das Verhältnis von Teil und Ganzem, von Theorie und
Empirie, von Materiellem und Ideellem, von Theorie und Praxis. Die Soziologie habe dabei dann stabile, sich wieder-
holende Zusammenhänge, Gleichförmigkeiten, Regelmäßigkeiten,
Gesetzmäßigkeiten zum Gegenstand, die sich aus der sozialen
Komplexität des betreffenden Objektes ergeben und die dessen
Veränderung und Entwicklung bewirken. Dies habe zur Folge,
daß sich unterhalb des Rahmens des Historischen Materialismus, der selbst unantastbar bleibt, spezielle soziologische
Theorien von isolierten Teilbereichen bilden lassen. Und dies
hat dann zur Voraussetzung, daß auch spezielle sozialwissenschaftliche Methoden (z.B. Varianzanalyse, Interview, Inhaltsanalyse, Klumpen-Auswahl etc.) angewandt werden müssen.
Und dabei sei es natürlich selbstverständlich, daß alles
dies auch empirische Untersuchungen sein müssen; vor den
Fehlern und Unzulänglichkeiten des "bürgerlichen Positivismus" ist man nämlich unter dem Schutzmantel des Historischen
Materialismus gefeit.

Es kann so kaum verwundern, wenn in den Texten zur marxi-
stisch-leninistischen Wissenschaftstheorie zuweilen ganz offen die Lösungen der analytischen Wissenschaftstheorie -
wenngleich verbal verschleiert und nur sehr verschämt - aufgegriffen und als marxistisch ausgegeben werden[31]. Und
andererseits wird auch verständlich, warum die sozialistische

Soziologie sich gegen die Kritische Theorie wenden muß: Die
Kritische Theorie hatte ja sowohl die instrumentelle Vernunft insgesamt als Ursache des Verfalls der Humanität gedeutet, wie die Rolle des Proletariats als Subjekt geleug-
net und obendrein die Rückgewinnung der revolutionären Subjektivität nur durch den "Wahnsinn" bzw. die FREUDsche Psychoanalyse und einen aktivistischen Irrationalismus möglich
gesehen. Alles dies ist für den Ostblock-Sozialismus der
Ausfluß einer dekadenten westlichen Schickeria des Bildungsbürgertums, das von der Dialektik offenkundig nur den HE-
GELschen Idealismus für ihre Daseins- und Orientierungspro-
bleme genutzt habe. Als besonders niederträchtig empfindet
man dabei die HABERMASsche Denunziation von MARX: MARX werde
von HABERMAS unterstellt, er nehme an, daß die Entwicklung
der Produktivkräfte, insbesondere die Entwicklung der Wissenschaft eo ipso zur "Emanzipation" führe und daß dieser
Prozeß nur in den Produktionsverhältnissen eine (aufzubre-
chende) Grenze finde. MARX habe den Prozeß der menschlichen
Selbstbefreiung von allem Zwang einseitig auf die Kategorie
der "Arbeit" reduziert, wo es doch - so der junge HEGEL -
noch weitere Kategorien, insbes. die der Kommunikation und
Interaktion gebe. HABERMAS wird vorgeworfen, durch seinen
Dualismus von instrumentalem und kommunikativem Handeln (den
er in Nachfolge von ADORNO braucht) den Produktionsprozeß
von den gesellschaftlichen Prozessen abzuspalten und damit
eine der wichtigsten Thesen des dialektischen Materialismus
zu verletzen: die Priorität der materiellen Verhältnisse
vor aller Interaktion und Kommunikation. Die Kritische Theorie sei somit einem subjektivistischen Idealismus verfallen,
der sich für den Befreiungskampf der Menschen auf die "Selbstreflexion" und die Couch des Psychoanalytikers zurückziehe:
FREUD ersetzt den Klassenkampf (vgl. HAHN 1974, 22off.) und
moralisches Engagement das objektive ökonomische Interesse.
Und mit der spontaneistischen Radikalkritik an jeglicher
Institutionalisierung als Ausfluß der repressiven instrumentellen Vernunft denunziere die Kritische Theorie gleichzei-

tig die Idee, daß Institutionen eine anthropologische Notwendigkeit sind und im Sozialismus Teil der Verwirklichung
humaner Lebensverhältnisse (vgl. auch HEISELER 1974) sind.
Wissenschaft und Institutionen sind eben nicht systemfrei
repressiv - wie die Frankfurter behaupten - sondern gelangen
im Sozialismus zur vollen Entfaltung ihres emanzipatorischen
Potentials.

Die szientistisch-technokratischen Versionen der Dialektik
leisten mit dieser Kritik am Frankfurter Idealismus gewiß
einen wichtigen Beitrag zur Zurückgewinnung der für allen
wirklichen Fortschritt unentbehrlichen Rationalität, zur
Rückgewinnung der Einschätzung von Institutionen als prinzipiell nicht notwendig repressive und für die menschliche
Existenz unumgängliche Formen der Kooperation, und zur Überwindung des latenten Idealismus in mancher marxistisch auf-
gezäumten Kulturkritik. Man könnte es auch so sagen: die
technokratisch-szientistischen Versionen der Dialektik sind
die Folge der "Veralltäglichung des Charisma" der marxistischen Theorie und insbesondere deren subjektivistisch-eschatologischen Komponenten. Die romantischen, idealistischen
und antinaturalistischen Entwürfe der methodendualistischen
Dialektik (in der Kritischen Theorie) geben für den Übergang von Revolution in den sozialistischen Alltag nichts her.
Die Forderung, die Revolution in Permanenz zu halten, ergibt
sich unmittelbar daraus; ebenso wie die Affinitäten der
spontaneistischen Spätausläufer der Kritischen Theorie für
den Teil der Welt, der sich (angeblich) in diesem Zustand
der permanenten Revolution befindet: China.

Dennoch darf jedoch nicht vergessen werden, daß die Kritische Theorie nicht nur den Faschismus, sondern auch den
Stalin-Terror und die heutigen Parteidiktaturen des Ostens -
wenngleich mit falschen Mitteln - zu bekämpfen versucht. Die
Berufung auf einen nicht angreifbaren Historischen Materialismus befreit jedenfalls auch die sozialistische Soziologie

nicht von den Gefahren, denen die westliche Soziologie
ständig begegnet: zum Herrschaftsinstrument zu werden; und
dies, obgleich sie ein unverzichtbares emanzipatorisches
Potential birgt. Die Bemühungen um eine Diskussion der Wertbasis von Wissenschaft können jedenfalls nicht unter Berufung auf ein apriorisch gültiges Wissenssystem - den Historischen Materialismus etwa - beendet werden. Dies hieße, in
Dogmatismus die Augen davor verschließen, daß es endgültig
Rechtfertigungen nicht gibt und das Werk der Emanzipation
eine ständig neue und stets prekäre Aufgabe, auch in der
Diskussion der Wertbasis, ist.

2.2.4 Zur methodologischen Beurteilung der Dialektik

Obwohl bei der Darstellung der Einzelheiten der Dialektik
jeweils immer auch schon eine Beurteilung von der einheit-
wissenschaftlich-analytischen Position her erfolgte, und obwohl mehr die methodendualistischen Aspekte der Dialektik bereits in Teil 2.1.4 ausführlich behandelt wurden, sei abschließend eine zusammenfassende Beurteilung der Dialektik
als methodische Basis der Sozialwissenschaften angefügt. Dabei soll - das lernt man bei der Dialektik so unübertreff-
lich - einerseits das an der Dialektik aufgewiesen werden,
was füglicherweise auch einem sehr elementaren Diskussions-
stand in der sozialwissenschaftlichen Methodologie nicht
mehr standhalten kann. Dann soll aber auch der rationale
Kern entwickelt werden, den die Dialektik in eine (über einen naiven Kritischen Rationalismus) hinausentwickelte analytische, einheitswissenschaftliche Wissenschaftstheorie einbringen kann: in der Synthesis der Kritik beider Ansätze entfaltet sich der rationale Kern der Gegensätze zu einer qualitativ neuen Einheit.

Die methodologische Kritik (vgl. HELBERGER 1974; EBERLEIN,
1972) soll sich auf drei Aspekte der Dialektik beziehen:
die Diskussion der Grundprämissen, die Theoriekonzeption und

die dialektische Auffassung von Gesetzen. Die Kritik der
Grundprämissen umfaßt die drei wichtigsten Postulate: die
These der Universalität der Bewegung, die dialektische Auffassung von Widersprüchen und die Forderung nach Parteilichkeit (vgl. Kap. 2.2.1). Die These der Universalität der Bewegung hat zwei Aspekte: einmal ist sie eine apriorisch-
synthetische Aussage, daß sich alles immer in Bewegung befinde, und als solche ebensowenig begründbar, wie dies für
apriorisch-synthetische Sätze insgesamt zutrifft. Zweitens
könnte die Aussage eine durchaus legitime forschungsleitende
"metaphysische" Orientierung sein, die besagt, daß man bei
aller vorfindbaren Starrheit der Verhältnisse und scheinbaren Universalität von Regelmäßigkeiten immer nach ver-
steckt vorliegenden (latenten) Wandlungsprozessen und der
vielleicht bloß historisch relativen Existenz von Randbedingungen von (universalen) Gesetzen suchen soll. Dann wäre
die Dialektik ein methodologisches Programm (etwa im LAKA-
TOS-Sinn) und müßte sich gegen andere Programme hinsichtlich seiner theoretisch-empirischen Fruchtbarkeit behaupten.

Als eine solche forschungsleitende Empfehlung im Entdeckungszusammenhang kann gegen die These daher nichts eingewandt
werden, nur: sie wird dadurch noch keineswegs auch empirisch
begründet. Da aber die Dialektik auf der Universalität der
Bewegung als empirischen Tatbestand apriorisch besteht, gelten gegen diese These alle Vorbehalte, die gegen die Rechtfertigung synthetischer Urteile apriori vorzubringen sind.

Die Beurteilung des Konzepts des dialektischen Widerspruchs
erfordert einige Differenzierungen: es lassen sich (mindestens) vier unterschiedliche Bedeutungen des Begriffs ausmachen (vgl. HELBERGER 1974, 122ff., SCHNEIDER 1971, 673ff.).
Der echte logische Widerspruch (die logische Kontradiktion),
der scheinbare logische Widerspruch (z.B. in Form von unkla-
rer Sprechweise), empirisch vorfindbare Konflikte (z.B. Klas-
senantagonismen) und "reale Entwicklungsgesetze". Hinzu tritt

eine besonders gern benutzte Form des "Widerspruchs": die
Latenz von Konflikten bei aktueller Konfliktlosigkeit.

Die Zulassung logischer Widersprüche in einem Aussagesystem
wird - wenngleich im HEGELschen System zentral - von Dialek-
tikern nicht überall geteilt. Der Grund ist einfach: Kontradiktionen in der Wenn-Komponente eines Gesetzes implizieren
alles: "ex falso quod libet". Da aber die Dialektik sicherlich auch informationshaltige Aussagen liefern will, distan-
zieren sich solche Marxisten von einer Zulassung des logischen Widerspruchs in ihren Aussagen, die Dialektik nicht
bloß als Gedankenmusik, Psychotherapie oder Ästhetik verstehen, sondern als eine Regel für wissenschaftliche Arbeit.
Dennoch bleiben auch weiterhin Versuche, die logische Wider-
spruchslosigkeit von Aussagen als eine historisch relative
Notwendigkeit und als Ausdruck repressiver Denkbedingungen
zu postulieren. Diese Versuche verkennen dabei aber den ausschließlich formalen Charakter der Logik, der ihre univer-
selle Anwendbarkeit sichert: weil durch die logische Form
von Aussagen keinerlei inhaltliche Aussage determiniert ist,
kann die logische Form unter allen historischen Bedingungen
in Aussagesysteme eingehen.

Die anderen begrifflichen Fassungen des "Widerspruchs" erweisen sich als unproblematisch: scheinbare logische Widersprüche können durch Sprachpräzisierung eliminiert werden
(und Dialektik will ja nicht einfach heißen: Verbalnebel).
Konflikte als Realphänomene und über Konfliktprozesse ablau-
fende Wandlungen können selbstverständlich mit einheitswis-
senschaftlichem Vokabular beschrieben werden. Als Konflikt-,
Wandlungs- und Revolutionstheorien sind solche Prozesse
längst Teile der herkömmlichen Soziologie. Widersprüche als
latente Dispositionseigenschaften von (scheinbar integrier-
ten) Systemen können ebenfalls einheitssprachlich erfaßt werden. Dispositionsbegriffe gehören ja bekanntlich zum Reper-
toire der analytisch-nomologischen Methodologie. Und der Pro-

zeß des Übergangs aus der Disposition in einen manifesten
Zustand ist nichts als ein prinzipiell auch empirisch-nomologisch beschreibbarer Vorgang. Dispositionsbegriffe und
Prozeßverläufe zyklischer, konvergierender oder disruptiver
Art sind z.B. mit mathematischen Prozeßmodellen beschreibbar und sämtlich dann empirische Hypothesen (vgl.
Teil I.) Es ist nichts Metyphysisches daran, das die Entwicklung einer prinzipiell neuen Aussageform erforderlich
machen würde. Und das dialektische Konzept der "Negation der
Negation" ist ja auch nicht als ein logisches Gesetz gedacht,
sondern als ein Entwicklungsgesetz besonderer Art: daß sich
in der Höherentwicklung die rationalen Gehalte der Vorstufen
jeweils erhalten (vgl. Kap. 2.2.1). Auch dieses wäre dann
lediglich eine empirische Hypothese - die logische Triviali-
tät, daß die Negation der Negation eines Zustandes der Zustand ist, bleibt davon völlig unberührt.

Schließlich bleibt noch die These der Begründbarkeit einer
objektiven, auch in die Zukunft weisenden historischen Entwicklung, aus der andere Prämissen wie die der Totalität und
der Parteilichkeit erst abgeleitet werden können. Mit dem
Verfall des Rechtfertigungsdenkens ist eine solche These unhaltbar. Und es gibt kein Verfahren, das eine Moral, eine
Klasse, eine Theorie als vor anderen Moralen, Klassen, Theorien auszeichnen könnte. Ziele und Normen sind bekanntlich
nicht letztbegründbar, ihre Satzung ist ausschließlich eine
Frage der sozialen Prozesse ihrer Durchsetzung. Von daher
können auch die Konzepte der Parteilichkeit und der histo-
risch-moralischen Wahrheit von Theorien und Programmen in
keinem Fall objektiv begründet werden; man mag über gewisse
Dinge noch so sehr entrüstet sein: es gibt keine Norm, die
apriori eingesehen" werden kann (vgl. Kap. 2.2.2.3.1).

In Bezug auf die <u>Theoriekonzeption der Dialektik</u> seien wiederum drei Teilbereiche behandelt. Die Wahrheitskriterien
für Theorien, das Wertproblem und das Verhältnis von Theorie

und Praxis. Als eine ihrer wichtigsten Eigenarten beansprucht
die Dialektik ein Verfahren zu sein, das die (dem "Positivismus" angeblich unzugängliche) Unterscheidung von "Wesen
und Erscheinung" gestatte. Ganz abgesehen davon, daß die
Bedeutung des Begriffs "Wesen" meist viel zu unspezifisch
ist, um den Erfolg einer solchen Scheidung am Einzelfall
überhaupt entscheiden zu können, impliziert die bloße Unterscheidung von einem wesenhaften Kern der Dinge und deren
bloßer äußerlicher Manifestationsformen bereits Apriori-
sches - mithin Unhaltbares: Die Dinge tragen kein "Wesen"
fix in sich, sondern das,was als "wesentlich" gilt, sind
fest eingeübte sprachlich-begriffliche Konventionen einer
Sprachgemeinschaft, die grundsätzlich beliebig sind (vgl.
auch die Kritik an der Phänomenologie, Kap. 2.1.2.1). Hier
zeigt sich der begriffsrealistische Kern der Dialektik am
deutlichsten.

Sollte "Wesen" aber bloß heißen: die hinter der oberflächlichen Bewegung wirkende Kraft von Universalgesetzen, dann
kann Dialektik getrost als nomologische Wissenschaft betrieben werden: auch diese sucht ja bekanntlich nach immer wei-
tergehender Erklärung der "Varianz" von empirischen Vorgän-
gen (vgl. Kap. 2.2.1). Für die "Wesenserkenntnis" gelten damit die in den analytischen Theorien zugelassenen Geltungskriterien z.B. einer Kausalanalyse.

In der Dialektik werden gelegentlich neben der bloß empirischen Wahrheit von Aussagen noch als Geltungskriterien deren
moralische und politische Richtigkeit, die subjektiv-revo-
lutionäre Gewißheit, oder die Betroffenheit eines Publikums
durch bestimmte Aussagen genannt. Alles dies kann aber den
empirischen Wahrheitswert einer Aussage nicht berühren; nur
wenn unter "Wahrheit" die praktische Wirkung von Theorie als
Aussagesystem verstanden werden soll, kann man sagen, sie
seien unter diesen Bedingungen "wahr". Aber ob Theorien in
dieser Weise (psychologisch) wirken, muß natürlich seiner-

seits empirisch wahr sein (und kann z.B. Teil der Kommunika-
tionssoziologie sein).

Eng mit der These der notwendigen pragmatischen Wirksamkeit
für die Geltung von Theorien ist das Wertproblem verbunden.
Hier sei noch einmal zusammengefaßt: Natürlich treten Werte
auf allen Ebenen der Theoriebildung, -prüfung und -verwer-
tung auf; sie sind Teil der Basis der Methodik selbst und
für den Forschungsprozeß als soziale Veranstaltung unvermeidlich. Aus dieser Unvermeidlichkeit sind jedoch zwei
dialektische Folgerungen nicht ableitbar: erstens daß, wenn
schon Werte unvermeidlich sind, Wissenschaft sich zu objektiv
einsehbaren Zielen zu bekennen habe; eine Parteilichkeit ist
ja bekanntlich nicht begründbar. Davon unberührt bleibt, daß
nicht dennoch das Relevanzproblem diskutiert werden muß; es
ist nur nicht über eine Rechtfertigung endgültig lösbar. Die
zweite Folgerung ist, daß aus der Unvermeidlichkeit von Wertungen der empirische Wahrheitswert von Aussagen durch versteckte Wertungen bestimmt werde und somit deskriptive von
normativen Aussagen ununterscheidbar würden. Auch dies ist
nicht haltbar: Wertungen sind für den empirischen Wahrheitswert von Aussagen grundsätzlich irrelevant. Auch hier gilt,
jedoch die Problematik, daß der Wahrheitswert von Aussagen
ja nicht sicher zu ermitteln ist.

In der dialektischen Fassung von Wertung und Deskription
wird die dritte Besonderheit deutlich: Theorie hat nicht nur
informierende, sondern zugleich verändernde Funktionen und
muß in den Dienst der dialektischen Bewegung gestellt werden.
Hierzu kann auf das verwiesen werden, was gegen HOLZKAMP und
die Aktionsforschung vorzubringen ist: Einerseits verläuft
eine rationale Praxis immer nach dem H-O-Schema. Und wenn
das so ist, dann wird es zur Zweckmäßigkeitsfrage, ob die
Vermischung von Wissensgewinnung und Wissensanwendung in der
"Einheit von Theorie und Praxis" den gewünschten Erfolg hat.
Wenn Dialektik vor allem an der aktiven Veränderung interes-

siert ist, muß sie das beste Verfahren dazu wählen. Eine
Praxis nach dem H-O-Schema könnte dies sein.

Die dialektische Auffassung von Gesetzen ist schließlich
auch kurz kritisierbar; Dialektik wendet sich gegen alle
Versuche der Formulierung universaler Gesetze, weil prinzipiell alles veränderlich sei. Und die Darstellung von
in Wirklichkeit raum-zeitlich gebundenen Gesetzen sei nichts
als die (ideologische) Festschreibung und Legitimierung der
bestehenden Verhältnisse. Dazu ist einerseits zu sagen, daß
die bloße Formulierung von Gesetzen noch keine Zustände
selbst generiert. Dies kann selbstverständlich über die Mit-
teilung von Gesetzen an ein Publikum erfolgen; aber dies
wäre Teil einer empirischen Theorie etwa über "selbsterfüllen-
de Prophezeiungen". Keinesfalls kann die Stabilisierungswir-
kung von als universal gültig benannten Gesetzen apriorisch
behauptet werden. Andererseits ist erneut hinzuweisen, daß
die bloß raum-zeitliche Existenz von gewissen Randbedingungen nichts mit der Aufhebung universaler Gesetze zu tun hat
(vgl. vor allem Kap. 2.1.3.2 und 2.1.4.2).

Es zeigt sich damit, daß die Dialektik in ihren wichtigsten
Grundthesen entweder empirische Vermutungen als apriorisch
gültig unterstellt, nicht begründbare Versuche der Rechtfertigung von Zielzuständen unternimmt oder logisch unzuläs-
sige Annahmen macht. Damit entfällt auch nach Prüfung dieses
Ansatzes jede Veranlassung, verschiedene Typen von Wissenschaften zu entwerfen, da es für das Ziel: "Erkenntnis der
Realität" einen immer wieder aufscheinenden methodologischen
Kern gibt: das einheitswissenschaftliche Konzept der analytischen Wissenschaftstheorie. Dennoch sei nicht verschwiegen,
daß die Dialektik in die einheitswissenschaftliche Methoden-
diskussion einige für die Sozialwissenschaft eminent bedeutsame Probleme eingebracht hat: Das Subjekt-Objekt-Verhältnis,
die Idee der Totalität und die Frage nach der Relevanz von
Wissenschaft als soziale Veranstaltung.

In der Problematisierung des Subjekt-Objekt-Verhältnisses
hat die Dialektik daran erinnert, daß Sozialwissenschaft
als Wissenschaft Teil ihres Gegenstandsbereichs selbst ist,
latente und manifeste Folgen für den Objektbereich hat, daß
es sich bei den Objekten um Menschen handelt, die über die
Theorien über sie reflektieren können, und daß Teile der von
der Sozialwissenschaft untersuchten Realität die Folge von
intentionalem Handeln und nicht Ergebnis einer "blinden
Kausalität"ist. Alles dies hat sich auch in der analytischen
Wissenschaftstheorie niedergeschlagen: in der Reaktivitäts-
problematik, bei der Analyse von sozialwissenschaftlichen
Prognoseproblemen, bei Fragen der symbolischen Vermittlung
äußerer Handlungsabläufe, in der Wissens- und Wissenschafts-
soziologie[32]. Die Dialektik hat hierzu wichtige Anregungen
gegeben; eine eigene Methode wird sie dadurch jedoch nicht.

Die Betonung der Beachtung von "Totalität" durch die Dialektik könnte zwar einerseits als (unhaltbarer) Verweis auf die
Existenz von gewissen Emergenzen verstanden und mit der Kritik am "Holismus" (vgl. Kap. 2.1.3.2) abgetan werden, andererseits meint aber der dialektische Begriff der Totalität
mehr: Die immer notwendige Erweiterung des theoretischen
Rahmen über den jeweiligen Spezialaspekt eines isolierten
Problems auf eine sehr allgemeine Theorie, die historisch-
genetische Verlängerung der Erklärung von Ereignissen und
der Überprüfung von Theorien und die Analyse latenter Funktionen, nichtintendierter Folgen und evolutionärer Abläufe
(vgl. von den BERGHE 1967; OPP 1973, 118f.). So gesehen muß
man die Forderung der Beachtung von "Totalität" als unerläß-
lichen Bestandteil einer an Wissenszuwachs interessierten
Theorie werten.

Die Forderung nach Parteilichkeit kann schließlich auch umge-
deutet werden als Forderung nach Wiederaufnahme der Relevanz-
diskussion, die sich angesichts der (ständig mehr) nicht-par-
tialisierbaren und nicht-reversiblen Folgen des Subsystems

Wissenschaft in komplexen Gesellschaften wieder dringender
stellt. Freilich ist diese Frage nicht mehr im Sinne einer
Rechtfertigung lösbar. Das unterdessen gewonnene Wissen um
die Beziehung zwischen menschlichen Bedürfnissen und den
gesellschaftlichen Bedingungen einer humanen Welt läßt es
aber möglicherweise zu, diese Frage rationaler und ohne
bloße Deklamationen zu diskutieren. Die einseitige Abspaltung der Relevanzfrage - und sei es aus Gründen der vermuteten sozialen Bedingungen des Wissenszuwachses (wie bei POP-
PER) - kann jedenfalls nicht mehr ohne weiteres hingenommen
werden. Dies sollte die Diskussion um die Proliferation von
Theorieprogrammen, um das Paradigma-Konzept und die Wertbasis gelehrt haben; weil bei expliziter Offenlassung der Relevanzfrage privatisierte Relevanzen forschungsleitend werden und sich als Folge die bekannte Aufsplitterung und
Fruchtlosigkeit der sozialwissenschaftlichen Forschung einstellt, wie sie z.B. HOLZKAMP zu Recht beklagt. Innerhalb
dieses "Paradigmas" einer konventionellen Wertbasis wäre
natürlich Kritik auf allen Ebenen, mit unterschiedlichen
Graden der Verfestigung der Konventionen gefordert, damit
die Relevanzsetzung nicht in Dogmatismus mündet. Dies ist jedoch alles keine irgendwie rechtfertigbare Forderung, sondern Dezision aufgrund des gesetzten Interesses nach Humanisierung und nach Maßgabe des bisherigen empirischen Wissens
bezüglich der Zusammenhänge von Wertrelevanz und Wissen-
schaftsentwicklung. Dieses Wissen und diese Empfehlung wäre
dabei indessen genauso fallibel wie z.B. POPPERs Forderung
nach Kritik als Organon des Wissenschaftsfortschritts. Soziologische und sozialpsychologische Theorie informiert jedoch deutlich darüber, daß POPPERs Lösung wahrscheinlich
nicht sehr geeignet ist, die Welt mit objektiven Ideen an-
zureichern. Das Ziel - Wissensfortschritt ohne Gewißheit -
bleibt das gleiche; nur die sozialen Veranstaltungen verändern sich und müssen ständig veränderbar bleiben, je nach
dem Entwicklungsstand der Wissenschaften über die Wissenschaft. Und das heutige empirische Wissen um die Bedingungen

der Humanisierung der Welt umschließt vor allem auch die
Kenntnis um die Aspekte der Unterdrückung der Bedürfnisse
von Individuen durch die Verweigerung der Entfaltung von
Lebenschancen. Das theoretisch-empirische Potential der Gesellschaftstheorie von MARX ist dabei unhintergehbar. Eine
bloß auf Systemerhalt gerichtete Theorie wird hier unzureichend sein, weil das Individuum den Systembedürfnissen untergeordnet bleibt. Dies ist andererseits aber auch der Hinweis
darauf, daß nicht das Primat der weiteren Ausdifferenzierung von Sozialsystemen die Wertbasis für die - im gesetzten
Interesse der Emanzipation betriebene - einheitswissenschaftliche Sozialwissenschaft sein kann, sondern das Primat
der Auflösung bloß apathischer Loyalität zur Gesellschaft.
Faktische Demokratisierung und Wissenschaftsfortschritt
über eine einheitswissenschaftliche Methodologie schließen
einander - anders als gewisse Propheten der reinen Kritik
glauben machen wollen - keineswegs aus.

(1) Die Darstellung stützt sich vor allem auf folgende
Quellen: SCHLEIFSTEIN (1973); MARX (1924, 1953); POPPER
(1963); KISS (1971, 1972); KOFLER (1971, 1972); KERNIG
(1973).

(2) Dies wird neuerdings immer wieder abgestritten, obwohl
die Zulassung logischer Widersprüche zu einem der konstitu-
ierenden Bestandteile der HEGELschen Rekonstruktion des
Rationalismus gehört und so auch in die MARXsche Version der
Dialektik eingeht; vgl. z.B. CORNFORTH (197o).

(3) Die Entwicklungsgeschichte des "Geistes" ist bis heute
eines der wichtigsten Paradigmen für Entwicklungsprozesse im
sozialen Bereich: Evolutionstheorien und Modernisierungstheorien deuten die Entwicklung menschlicher Gesellschaft
von einfacher Homogenität unbewußter Kollektive zur Komplexität von Sozialsystemen und Selbstbewußtwerdung der Mitglieder differenzierter Gesellschaften. Einschlägige Sozialisa-
tionstheorie wiederholt den Vorgang analog im Entwicklungs-
prozeß des Kindes. Und die gängigen Schichtungstheorien verweisen auf die unbewußte Kollektivität in den Unterschichten
und die selbstbewußte Individualität in den Mittelschichten.
Die HEGELsche Theorie und deren Fortführung im MARXschen
System kann so als eine Auflösung dieser gängigen Dichoto-
mien gedeutet werden; insbesondere als Auflösung der impliziten Behauptung: der Individualisierungsprozeß müsse in
seiner formalen und juristischen Regulierung verharren (wie
dies in den neueren Evolutionstheorien etwa bei LUHMANN behauptet wird). Die HEGELsche Idee bleibt - bei aller empirischer Fragwürdigkeit seines Entwurfs - eine wichtige Alter-
nativhypothese zu diesen Versuchen, die "bürgerliche Gesellschaft" als evolutionär unaufgebbar darzustellen: möglicherweise wird in der selbstbewußt gewordenen Subjektivität voll-
sozialisierten Individuen ein Bedürfnis nach Identität induziert, das dann in eine gesellschaftliche Auflösung der individualisierenden Komplexität (unter Beibehaltung der Subjektivität) drängt. Aber dieses wäre natürlich eine empirische Hypothese und keine apriorische Weisheit. Nicht zuletzt
weist die Popularität der Dialektik unter Intellektuellen
auf einen engen Zusammenhang zwischen Selbstbewußtsein und
Identitätsbedürfnis hin, das nicht durch ständig vergrößerte
Ausdifferenzierung und Rollentrennung gelöst werden kann,
sondern durch Zurücknahme von Differenzierung in faktischer
Partizipation und Demokratie. Bürgerinitiativen, Beteili-
gungsansprüche und die bekannten Neigungen zu gewissen Re-
partikularisierungen in den differenziertesten Sozialsystemen der Gegenwart weisen auf die auch empirische Triftigkeit
dieser Vermutungen hin; vgl. z.B. hierzu GRONEMEYER (1973).

(4) Hier scheint auch der logische Widerspruch gemeint zu
sein. Das ist nicht der Fall. Die metaphorische Ausdrucks-
weise der Dialektiker legt dies zwar nahe, aber es ist wohl
gemeint, daß entweder ein Sozialsystem beide Dispositionseigenschaften gleichzeitig hat, die jedoch an unterschiedliche

Auftretungsbedingungen geknüpft sind. Oder aber es handelt
sich bloß um eine versteckte dimensionale Differenzierung
des Systems; z.B.: Integration bezüglich der Rate der formalen Partizipation und Des-Integration bezüglich der politischen Grundüberzeugungen.

(5) Es sei hier auf eine Besonderheit verwiesen: was als
Methode der Dialektik angegeben wird, sind offenbar nichts
anderes als objektsprachliche Hypothesen, hier: über eine
stufenförmige Evolutionstheorie auf der Grundlage der Entstehung und Überwindung sozialer Spannungen. Und das o.a.
HEGEL-Zitat zeigt, daß seine empirische Hypothese nicht eben
das höchste Niveau einer naturwissenschaftlichen Theorie hat.
Auch der spezielle Inhalt der MARXschen Version einer solchen Theorie des sozialen Wandels ändert nichts daran, daß
eine bestimmte inhaltliche Hypothese für die Begründung einer
metatheoretischen Methodik bedeutungslos ist. Eine Methode
ist ein formales Verfahren und kann nur über Kriterien begründet werden, die mit den objektsprachlichen Theorien prinzipiell nichts zu tun haben müssen. Beispielsweise kann die
MARXsche Theorie natürlich prinzipiell mit dem einheitswissenschaftlichen Verfahren auf ihren Wahrheitsgehalt geprüft
werden. Die Logik der Kausalanalyse (bzw. der Funktionsanalyse) schließt ja bekanntlich nicht die Analyse von sozialen
Konflikten und Entwicklungsprozessen aus. Und logische Widersprüche will die Dialektik - anders als POPPER meint - ja
nicht zulassen. Inwiefern die empirischen Hypothesen der
Universalität von Bewegung und Widerspruch eine neuartige
Methode konstituieren, muß somit unerfindlich bleiben, wenn
man nicht den Ausdruck "Methode" soweit verwässern will, daß
darunter Vorgehen und Inhalt und Absicht und Wirkung bei der
wissenschaftlichen Arbeit gleichzeitig fallen sollen.

(6) Dieses "Gesetz" wird in der MARX-ENGELschen Dialektik
auch für alle Naturereignisse postuliert. Abgesehen davon,
daß es sich erneut um eine (äußerst problematische) empirische Hypothese handelt: Eine Unterscheidung von Quantität
und Qualität für ein Relationengebilde (von empirischen Objekten) hängt ausschließlich von der Art der über das Relationengebilde definierten Relation ab und davon, ob die
Axiome erfüllt sind, bei deren Vorliegen man von "Quantität"
(metrisches Meßniveau) oder "Qualität" (z.B. nominales Meßniveau) sprechen kann. Und dies ist nicht zuletzt eine empirische Frage. Von daher kann man natürlich auch eine linear-
metrische Entwicklung von sozialen Systemen nicht schon
apriori ausschließen.

(7) Auch dieses Gesetz erscheint damit als empirische Ver-
mutung. In der HEGELschen Logik wird darunter jedoch die
Aufhebung des logischen Gesetzes der doppelten Negation ver-
standen: daß die Negation eines negierten Satzes mit dem
Satz äquivalent ist: ($\neg\,(\neg p) \Longleftrightarrow p \Longleftrightarrow\!\!\!\!/\;\; w$). Diese
Version der Dialektik besteht darauf, daß die Negierung eines

negierten Zustandes etwas anderes sei als der Ausgangszustand. Die Aufhebung des logischen Gesetzes kann ernsthaft
jedoch nicht versucht werden, weil es zum Zusammenbruch jeder Möglichkeit eines nicht-chaotischen Wissens führte. Wenn
man die Wertbasis "Wissenszuwachs ist wünschenswert" akzeptiert (als Norm), dann schließt dies die Beachtung der logischen Regeln ein, insbesondere weil dies ja nichts für die
inhaltlichen Aussagen vorentscheidet (anders als z.B. ADORNO
und HABERMAS vermeinen). Dennoch kann aus der HEGEL-MARXschen
Idee ein rationaler Kern herausgelesen werden, der in ihrer
Metaphorik verschwindet: sie meinen vielleicht, daß ein Zustand eines Systemteils von einem anderen System als "ab-
weichend" oder "unnormal" gemeldet wird (negiert wird), und
daß dieses Systemteil dann Maßnahmen zur Bekämpfung dieses
Zustandes ergreift, die ihrerseits die Störung beseitigen
("die Negation negieren"). Damit wäre die Negation nichts
als selbstregulativer Feedback-Prozeß, der ohne die fragwürdige Metaphorik der Dialektik natürlich auch kausal-analytisch erfaßt werden kann; vgl. hierzu: von WRIGHT (1974,
144); zur Kritik an der HEGEL-MARXschen Konzeption des logischen Widerspruchs vgl. POPPER (1963).

(8) KISS (1972, 179). Die typologische Version von "Wesen"
hatte sich schon bei der Besprechung der Phänomenologie als
problematisch erwiesen: Typen und Bezeichnungen sind nur
Vorstufen von Theorie und für sich gesehen völlig informationslos (vgl. Kap. 2.1.2.1; auch den DRAYschen Begriff des
"Konzepts", Kap. 2.1.4.2). Die zweite Version von "Wesen"
ist ebenfalls relativ einfach interpretierbar: "Wesen" heißt
offenkundig "erklärte Varianz" und "Erscheinung" heißt "un-
erklärte bzw. Fehler-Varianz". Damit wäre das Instrumentarium der nomologischen Analyse (Experiment und Varianzanalyse) der beste Weg, über den die Dialektik immer größere
Anteile von Varianz erklären könnte, bzw. "den Zufall einschränken" könnte.

(9) Die ganze Weisheit der Dialektik ist beispielhaft in
folgendem Spruch aufgehoben: "Das Wesen des Menschen besteht
in der Totalität seiner Beziehungen zur Natur und zu seiner
sozialen Umwelt. Durch den dialektischen Prozeß der gesellschaftlichen Entwicklung entfaltet sich also das Wesen der
menschlichen Gattung als Totalität der wahren Bestimmungen
des Menschen, im allgemeinen Wesen, das in sich das Besondere (Individuelle) aufgehoben hat", KISS (1972, 180).

(10) Vgl. im Einzelnen: WELLMER (1969); KAMPER (1974b);
RADNITZKY (1970); kritisch zur Kritischen Theorie: ROHRMOSER
(1973). Was die Dialektik für sich beansprucht, gilt für
die Kritische Theorie erst recht: "Ihrem ganzen Wesen nach
sperrt sich diese Philosophie gegen jeden Versuch, sie zu
systematisieren, ihr bündige Informationen zu entlocken",
dieser Satz von SCHMIDT über ADORNOs Philosophie trifft auf
die kritische Theorie insgesamt zu; und hier sei dann auch
eine Definition genannt, wie sie für die kritische Theorie

typisch ist: der dialektische Vernunftsbegriff "stellt gegenüber den Weisen analytischer Vernunft kein völlig anderes, höheres, gar intuitiv gewonnenes Wissen dar, sondern
ist die Reflexion auf die Endlichkeit der Bestimmungen, die
sich als unendliche und ewige aufspreizen"; SCHMIDT (1969,
654, 671).

(11) Diese Verbindung von Theorie und Therapie, von Erkenntnis und Veränderung in einem ist typisch für Dialektik und
Kritische Theorie. Kritische Theorie gilt so als "Moment
einer experimentellen historischen Praxis, deren Erfolgs-
kriterium die gelingende Emanzipation selbst ist" (WELLMER,
1969, 42). Es sei hier nur darauf verwiesen, daß das analytische Verständnis von Theorie und Praxis die Verfolgung von
"Emanzipation" nicht ausschließt. Sie ist nur davon über-
zeugt, daß die Kenntnis empirisch wahrer Theorie hierfür
eine Voraussetzung ist. Und wenn die Psychoanalyse die von
HABERMAS behaupteten Wirkungen haben soll, dann muß sie auf
einer abgesicherten Theorie beruhen; die Erfahrungen mit der
herkömmlichen Psychiatrie sprechen kaum dafür, daß diese Bedingung erfüllt ist. Es steckt bei HABERMAS wohl die Idee
dahinter, die die Kritische Theorie so unvergleichlich
macht: in der Vision einer herrschaftsfreien Kommunikation
scheint die mimetische Ich-Losigkeit auf, an die schon
ADORNO sich so gern erinnerte.

(12) Ebenso könnte man eine andere Disposition als apriori
gesetzt postulieren; z.B.: "... mit dem ersten Begehren ist
die Intention zur allgemeinen und unbeschnittenen Herrschaft
unmißverständlich angesprochen". HABERMAS meint vielleicht,
daß ohne irgendeine Regulierung von Zusammenleben, die nicht
völlig auf Gewalt beruht, menschliche Sozialsysteme nicht
überlebensfähig seien. Dies wäre aber eine makrosoziologi-
sche Hypothese, deren Wahrheit (oder Falschheit) nicht für
eine entsprechende Zielsetzung besagt. Ziele und Normen sind
nur setzbar, nicht begründbar, wenngleich empirisches Wissen
bei solchen Setzungen helfen mag (z.B. zur Analyse von Ziel-
unvereinbarkeiten).

(13) HABERMAS führt die Frage der Begründbarkeit der Wertbasis "Emanzipation" dann auch weiter und verbindet seine
intuitionistische Lösung über die anthropologische Disposi-
tionseigenschaft "Sprachvermögen" schließlich mit einer Theorie der Begründung der Wahrheit von deskriptiven Aussagen:
die Konsensustheorie der Wahrheit. Dies wird in Kap. 2.2.2.3
wieder aufgegriffen.

(14) Diese Arbeiten finden sich in dem von ADORNO (1969)
herausgegebenen Sammelband, zusammen mit einer - umfängli-
chen - Einleitung von ADORNO, einem Resümeé von DAHRENDORF,
einem weiteren Beitrag von PILOT und einem "kleinen, ver-
wunderten Nachwort zu einer großen Einleitung" von ALBERT.

(15) ADORNO (1969, 11); alle folgenden Zitate sind aus
ADORNOs Einleitung (Seitenzahlen in Klammern im Text).

(16) Man beachte hier bereits: HABERMAS meint mit Totalität
(u.a.) die Wertbasis von Wissenschaft und deren Beziehung
zu einem Telos der Geschichte. Der postulierte Methodendualismus ergibt sich vor allem daraus, und nicht primär aus den
historischen Argumenten des Methodendualismus (vgl. Kap.
2.1.1).
Die Wahl der Terminologie sei also deshalb nicht gleichgültig, weil schon die Begriffe das Ergebnis der Analyse determinieren. Wegen der Bedeutung dieses Aspektes sei der Kritik schon vorweggegriffen (bzw. schon Bekanntes wiederholt):
Theorien sind Satzsysteme, deren Bewährung unabhängig von
der sprachlichen Benennung der Terme ist und nur durch die
Richtigkeit von theoretischer Hypothese und operationaler
Korrespondenzregel bestimmt ist. Begriffe sind prognostisch-
empirisch informationslos. Davon unberührt bleibt die pragmatische Wirkung bestimmter Begriffe. Aber dies ist eine
andere - für die empirische Gültigkeit einer Theorie irrele-
vante - logische Ebene. Nur wenn Theorie auch orientieren
und unmittelbar aktivieren soll, dann wird die Begriffsprag-
matik wichtig. Und genau dies meint die dialektische "Einheit von Theorie und Praxis".

(17) Ein Aspekt, den HABERMAS hier anspricht, ist durch die
Entwicklung des verfeinerten Falsifikationismus und der
Sinnkriterien unterdessen gegenstandslos geworden: "... daß
ein Gedanke, auch ohne der strengen Falsifikation wenigstens
indirekt fähig zu sein, wissenschaftliche Legitimation behalten kann" (S. 161), wird in den neueren Fassungen der
analytischen Wissenschaftstheorie durchaus zugestanden; die
radikale Metaphysikkritik ist dort längst aufgegeben.

(18) HABERMAS zitiert hier WITTGENSTEIN: "Wir fühlen, daß
selbst wenn alle möglichen wissenschaftlichen Fragen beantwortet sind, unsere Lebensprobleme noch gar nicht berührt
sind" (S. 171). So ist es.

(19) Auch hier sei auf den Hintergrund des Argumentes verwiesen: HABERMAS faßt die Lösung "praktischer Fragen" offenkundig als ein funktionales Erfordernis von Sozialsystemen
auf, das nur über als objektiv geltende Normen und Ziele erfüllt werden kann. Dies ist eine empirische Hypothese über
die Art der Schaffung von Orientierung bei Menschen, nämlich:
durch "letzte Realitäten". Diese Hypothese kann richtig sein;
dennoch werden mit der Richtigkeit dieser (funktionalistischen) Hypothese keine Normen (und erst recht keine bestimmten Normen) objektiviert. Da HABERMAS aber gerade das meint:
Objektivierung eines Telos, muß er ein Verfahren suchen, das
dies leistet; in der Konsensustheorie und im emanzipatorischen
Erkenntnisinteresse glaubt er es aufgespürt zu haben (vgl.
Kap. 2.2.2.1 und 2.2.2.3).

(2o) An dieser Stelle werden die Anklänge an die KUHNsche
Paradigma-Idee deutlich: Basissätze und Theorien bilden je
unüberbrückbare Sinninseln . HABERMAS bezieht die Selbstverständlichkeiten jedoch nicht (nur) auf die inhaltliche Theorie, sondern auch die Meta-Regeln der Einigung. Inwiefern
jedoch "technische" Meta-Regeln objektsprachliche Aussagen
determinieren sollen, bleibt völlig offen.

(21) Hier verweist ALBERT auf den Begriffs-Essentialismus
bei HABERMAS: Begriffe haben außerhalb von Satzsystemen
keinerlei eigenständige Bedeutung, und können sich so auch
außerhalb von theoretischen Kontexten nicht als "angemessen"
oder nicht erweisen (wie HABERMAS wieder und wieder behauptet).

(22) HABERMAS leugnet somit die epistemologische Unabhängigkeit von Tatsachen und Theorien über Tatsachen. Für ihn
konstituieren sich Tatsachen in den Theorien. Tatsachen sind
dann real, wenn Theorien als real geltend durchgesetzt werden können. Hieraus wird natürlich der starke pragmatische
Aspekt von Theorien bei HABERMAS unmittelbar verständlich:
wenn Tatsachen nichts als Konventionen sind, dann soll man
diese Konventionen auch so schließen, daß sie das gute Leben
befördern; denn eine Widerständigkeit der Realität gibt es
ja nicht, die mich in der Beliebigkeit der Konventionsfin-
dung einschränken würde. Die Konvention muß nur herrschafts-
frei geschlossen sein, dann kommt bereits das Wahre, das
mit dem Vernünftigen identisch ist, zum Vorschein. HABERMAS
verlagert die alte dialektische Sehnsucht nach Einheit von
Denken und Sein, von instrumenteller und praktischer Vernunft, in den idealen (d.h.: herrschaftsfreien) Kommunika-
tionsakt.

(23) HABERMAS sieht richtig, daß sein Konzept auf der Ablehnung der Korrespondenztheorie der Wahrheit beruht, wonach
es Tatsachen gibt und Aussagen über Tatsachen, die mitein-
ander korrespondieren können (in der einstelligen Relation
"wahr/nicht wahr"), und es kein Verfahren gibt, das Wahrheits-
prädikat einer Aussage mit Gewißheit zuzuweisen. Seine Überlegungen müssen ihn also zu einer Wiederaufnahme einer subjektiven Wahrheitstheorie führen (vgl. Kap. 2.2.2.3.1).

(24) Hier klingt der Bezug an, den POPPER bei der Basissatz-
einigung anlegt: die Konvention erfolgt nach methodischen
Regeln, die - da es formale Konventionen sind - auch "mona-
disch" möglich ist; ich allein kann einen Basissatz akzeptieren und bei Beachtung der (jeweils geltenden Regeln) mit
dem Konsensus anderer (kompetenter) Beurteiler rechnen.

(25) Man beachte, daß diese Kriterien des Diskurses strukturelle Eigenschaften sind, also: von den Absichten, Defekten
und Menschlichkeiten der Teilnehmer unabhängig sind.

(26) Es sei noch auf eines verwiesen: In den Kriterien der
Kompetenz, Vernünftigkeit etc. bis hin zur idealen Sprechsituation scheint HABERMAS davon auszugehen, daß sich in
einem Diskurs die Aussagen durchsetzen, die das beinhalten,
was "der Fall" ist. Der Diskurs wäre so ein Verfahren der
Befreiung des Erkennenden von Täuschungen. Nun ist dies aber
- seit der Kritik am naiven Empirismus - kein Kriterium für
die Wahrheit von Aussagen. Für die Ermittlung der Wahrheit
von Aussagen kann es kein sicheres Verfahren geben. Aussagen
sind auch dann wahr, wenn niemand davon weiß (vgl. POPPERs
Konzeption der "objektiven Ideen"; s. Teil I.). Im übrigen
wird allerdings POPPER auch inkonsequent, wenn er meint,
die Institutionalisierung von "Kritik" könnte irgendwie begründet sein. Die TARSKIsche Theorie schließt jeden Rekurs
auf eine soziale Veranstaltung der Wahrheitsermittlung aus;
dies sieht z.B. MÜNCH nicht, obwohl er sonst so vehement
gegen HABERMAS zu Felde zieht; vgl. MÜNCH (1973, 175ff.).

(27) Vgl. HABERMAS (1973b, 64f.); auch LUHMANN muß nämlich
letztlich eine diskursiv-letztbegründbare Geltung von Normen bei Personen zur Erklärung der Integration komplexer
Sozialsysteme annehmen: die Auflösung des Glaubens in die
Legitimität (von Herrschaft z.B.) in komplexen Gesellschaften erfolgt nämlich nicht ersatzlos, sondern wird durch
einen - wenngleich abstrakteren - Glauben in die Legitimität
von (formaler) Legalität ersetzt. "Vertrauen" beruht immer
auf der Annahme von Letztbegründbarem; wie dem auch immer
empirisch sei (denn sowohl bei LUHMANN wie bei HABERMAS handelt es sich um - wenngleich metaphorische - empirische
Hypothesen): eine meta-theoretische Letztbegründung ist unmöglich; vgl. LUHMANN (1972); HABERMAS (1973b, 134ff.).

(28) Auch sei daran erinnert, daß POPPER in seiner Begründung des Kritizismus inkonsequent wird: das TARSKI-Krite-
rium ist rein semantisch konzipiert und hat keinerlei pragmatische Bedeutung: "Kritik" bleibt allemal eine Setzung
auf der Ebene der Wertbasis; sie ist eine soziale Veranstaltung und damit der "Welt 2" nach POPPER zugehörig. Sie ist
keine "objektive Idee".

(29) Ähnliche Überlegungen - die Unvermeidbarkeit von Wertungen einerseits und die auch theoretische Unfruchtbarkeit
aller Versuche, "Wertfreiheit" in Aussagen anzustreben (als
wissenschaftssoziologische empirische Regelmäßigkeit) -
waren der Hintergrund des sog. Neo-Normativismus, wie ihn
z.B. WEISSER vertritt: Wertungen müssen deklariert werden,
nachdem man sich über eingehende "Selbstbesinnung" über die
Vertretbarkeit der Wertungen klar geworden sei. Die Wertungen sind in die inhaltliche Arbeit bekenntnismäßig einzu-
bringen. Für WEISSER hat die bekenntnismäßige Einführung von
Werten als "Lösung" des Relevanzproblems vor allem Bedeutung,
wenn Sozialwissenschaften die Politik beraten sollen: dies
können sie nur dann in relevanter Weise, wenn die Hintergrund-
bewertungen offen lägen. Der Neo-Normativismus ist somit ein

Versuch der Lösung des Relevanzproblems bei vollem Bewußtsein, daß es sich immer nur um Dezisionen handeln kann, vgl.
LOMPE (1966). Zur Kritik an dieser Auffassung vgl. ALBERT
(1972).

(3o) Vgl. hierzu vor allem SCHLEIFSTEIN (1973), LENIN (1973),
ENGELS (o.J.), HAHN (1968), SANDKÜHLER (1975b), KOSING
(1968), EICHHORN I (1969).

(31) Vgl. z.B. ganz deutlich bei CORNFORTH (197o, 8off.),
der in einer Kritik an POPPER die Prinzipien der Dialektik
so erläutert, daß sie vom Kritischen Rationalismus nicht
mehr unterscheidbar sind.

(32) Vgl. für eine Verbindung zwischen Marxismus und dem
Symbolischen Interaktionismus (der ja prinzipiell in einen
einheitswissenschaftlichen Ansatz einbringbar ist, vgl.
Kap. 2.1.2.2): LICHTMAN (197o).

Literaturverzeichnis

ABEL, Theodore, 1949: The Operation Called "Verstehen",
    American Journal of Sociology 54, 211-218

ADORNO, Theodor W., 1966: Negative Dialektik, Frankfurt a.M.

ADORNO, Theodor W. et al., 1969: Der Positivismusstreit in
    der deutschen Soziologie, Neuwied/Berlin

ALBERT, Hans, 1972: Sozialwissenschaft und politische Pra-
    xis, in: Ders., Konstruktion und Kritik, Hamburg,
    94-123

APEL, Karl-Otto, 1973: Die Kommunikationsgemeinschaft als
    transzendentale Voraussetzung der Sozialwissenschaf-
    ten, in: Ders., Transformation der Philosophie,
    Band II, Frankfurt a.M., 220-263

APEL, Karl-Otto, 1975: Das Kommunikationsapriori und die
    Begründung der Geisteswissenschaften, in: Roland
    SIMON-SCHAEFER und Walter Ch. ZIMMERLI (Hrsg.),
    Wissenschaftstheorie der Geisteswissenschaften,
    Hamburg, 23-55

ARBEITSGRUPPE BIELEFELDER SOZIOLOGEN, (Hrsg.), 1973: All-
    tagswissen, Interaktion und gesellschaftliche Wirk-
    lichkeit, 2 Bände, Reinbek

BAIER, Horst, 1966: Soziologie und Geschichte. Überlegungen
    zur Kontroverse zwischen dialektischer und neoposi-
    tivistischer Soziologie, Archiv für Rechts- und
    Sozialphilosophie 52, 67-89

BELLAH, Robert N., 1964: Durkheim and History, in: Werner J.
    CAHNMAN und Alvin BOSKOFF (Hrsg.), Sociology and
    History, Glencoe, Ill., 85-1o3

BERGER, Peter L., 1971: Einladung zur Soziologie, München

BERGER, Peter L. und Thomas LUCKMANN, 1970: Die gesellschaft-
    liche Konstruktion der Wirklichkeit, Frankfurt a.M.

BERGHE, Pierre van den, 1967: Dialectic and Functionalism,
    in: N.J. DEMERATH und Richard A. PETERSON (Hrsg.),
    System, Change, and Conflict, New York/London,
    293-3o6

BERGMANN, Gustav, 1968: Purpose, Function and Scientific Ex-
    planation, in: May BRODBECK (Hrsg.), Readings in the
    Philosophy of the Social Sciences, New York/London,
    211-223

BERTALANFFY, Ludwig von, 1967: General Systems Theory, in: N.J. DEMERATH und Richard A. PETERSON (Hrsg.), System, Change, and Conflict, New York/London, 115-129

BOCK, Kenneth, 1963: Evolution, Function, and Change, American Sociological Review 28, 229-237

BOCK, Kenneth E., 1964: Theories of Progress and Evolution, in: Werner J. CAHNMAN und Alvin BOSKOFF (Hrsg.), Sociology and History, Glencoe, I11., 21-41

BOHNEN, Alfred, 1975: Individualismus und Gesellschaftstheorie. Eine Betrachtung zu zwei rivalisierenden soziologischen Erkenntnisprogrammen, Tübingen

BRODBECK, May, 1968: Meaning and Action, in: Dies. (Hrsg.), Readings in the Philosophy of the Social Sciences, New York/London, 58-78

BRUNER, Jerome, S. Jaqueline J. GOODNOW und George A. AUSTIN, 1965: A Study of Thinking, New York/London

CAHNMAN, Werner J. und Alvin BOSKOFF, 1964: Sociology and History: Reunion and Rapprochement, in: Werner J. CAHNMAN und Alvin BOSKOFF (Hrsg.), Sociology and History, Glencoe, Ill., 1-18

CAHNMAN, Werner J., 1964: Max Weber and the Methodological Controversies in the Social Sciences, in: Werner J. CAHNMAN und Alvin BOSKOFF (Hrsg.), Sociology and History, Glencoe, Ill., 1o3-127

CANCIAN, Francesca M., 1968: Varieties of Functional Analysis, in: International Encyclopedia of the Social Sciences, Band 6, New York u.a., 29-43

CARLSSON, Gösta, 1972: Betrachtungen zum Funktionalismus, in: Ernst TOPITSCH (Hrsg.), Logik der Sozialwissenschaften, 8. Aufl., Köln/Berlin, 236-261

CICOUREL, Aaron, 1970: Methode und Messung in der Soziologie, Frankfurt a.M.

CICOUREL, Aaron, 1973: Basisregeln und normative Regeln im Prozeß des Aushandelns von Status und Rolle, in: Arbeitsgruppe Bielefelder Soziologen (Hrsg.), Alltagswissen, Interaktion und gesellschaftliche Wirklichkeit, Band 1, Reinbek, 147-188

COHEN, Albert K., 1968: Abweichung und Kontrolle, München

CORNFORTH, Maurice, 1970: Marxistische Wissenschaft und antimarxistisches Dogma, Frankfurt a.M.

COSER, Lewis A., 1956: The Functions of Social Conflict, London

DAHRENDORF, Ralf, 1974: Pfade aus Utopia, 3. Aufl., München

DAVIS, Kingsley, 1959: The Myth of Functional Analysis as a Special Method in Sociology and Anthropology, American Sociological Review 24, 757-772

DEMERATH, N.J. und Richard A. PETERSON (Hrsg.), 1967: System, Change and Conflict, New York/London

DRAY, William H., 1957: Laws and Explanation in History, Oxford

DRAY, William H., 1968: "Explaining What" in History, in: May BRODBECK (Hrsg.), Readings in the Philosophy of the Social Sciences, New York/London, 343-348

DRAY, William H., 1975: Historische Erklärungen von Handlungen, in: Bernhard GIESEN und Michael SCHMID (Hrsg.), Theorie, Handeln und Geschichte, Hamburg, 261-283

DREITZEL, Hans Peter, 1967: Nachwort: Über die historische Methode in der Soziologie, in: Ders., (Hrsg.), Sozialer Wandel, 2. Aufl., Neuwied/Berlin, 439-465

DREITZEL, Hans Peter, 1972: Theorielose Geschichte und geschichtslose Soziologie, in: Hans-Ulrich WEHLER (Hrsg.), Geschichte und Soziologie, Köln/Berlin, 37-52

DÖBERT, Rainer, 1973: Systemtheorie und die Entwicklung religiöser Deutungssysteme, Frankfurt a.M.

DÖBERT, Rainer und Gertrud NUNNER-WINKLER, 1973: Konflikt- und Rückzugspotentiale in spätkapitalistischen Gesellschaften, Zeitschrift für Soziologie 2, 3o1-325

DURKHEIM, Emile, 1961: Die Regeln der soziologischen Methode, Neuwied/Berlin

EBERLEIN, Gerald L., 1972: Dialektische Wissenschaftstheorie aus analytischer Sicht, in: Günther DLUGOS, Gerald L. EBERLEIN und Horst STEINMANN (Hrsg.), Wissenschaftstheorie der Betriebswirtschaftslehre, Düsseldorf, 99-118

EDER, Klaus, 1973: Evolution und Geschichte, in: Franz MACIEJEWSKI (Hrsg.), Theorie der Gesellschaft oder Sozialtechnologie, Suppl. 1, Frankfurt a.M.

EISERMANN, Gottfried, 1974: Soziologie und Geschichte, in:
René KÖNIG (Hrsg.), Handbuch der empirischen Sozial-
forschung, Band 4: Komplexe Forschungsansätze,
Stuttgart, 340-4o4

ELEY, Lothar, 1972: Grundzüge einer transzendental-phänome-
nologischen Propädeutik, Freiburg

EICHHORN I, Wolfgang et al. (Hrsg.), 1969: Wörterbuch der
marxistisch-lenistischen Soziologie, Berlin

ENGELS, Friedrich, o.J.: Die Entwicklung des Sozialismus von
der Utopie zur Wissenschaft, Frankfurt a.M.

ETZIONI, Amitai, 1968: Basic Human Needs, Alienation, and
Inauthenticity, American Sociological Review 33,
87o-885

FALK, Gunter und Heinz STEINERT, 1973: Über den Soziologen
als Konstrukteur von Wirklichkeit, das Wesen der
sozialen Realität, die Definition sozialer Situationen und die Strategien ihrer Bewältigung, in:
Heinz STEINERT (Hrsg.), Symbolische Interaktion,
Stuttgart, 19-45

FALLDING, Harold, 1963: Functional Analysis in Sociology,
American Sociological Review 28, 5-13

GALLIE, W.B., 1959: Explanations in History and the Genetic
Sciences, in: Patrick GARDINER (Hrsg.), Theories
of History, New York, 386-4o2

GARDINER, Patrick (Hrsg.), 1959: Theories of History,
New York

GELLNER, Ernest, 1968: Holism Versus Individualism, in:
May BRODBECK (Hrsg.), Readings in the Philosophy of
the Social Sciences, New York/London, 254-268

GERHARDT, Uta, 1971: Rollenanalyse als kritische Soziologie,
Neuwied/Berlin

GIESEN, Bernhard und Michael SCHMID (Hrsg.), 1975: Theorie,
Handeln und Geschichte, Hamburg

GOUDGE, T.A., 1958: Causal Explanation in Natural History,
The British Journal für the Philosophy of Sciences 9,
194-2o2

GRIMM, Klaus, 1974: Niklas Luhmanns" soziologische Aufklärung" oder Das Elend der aprioristischen Soziologie,
Hamburg

GRONEMEYER, Reimer, 1973: Integration durch Partizipation?
    Frankfurt a.M.

GROSS, Llewellyn, 1960: System-Construction in Sociology,
    Behavioral Science 5, 281-290

GOULDNER, Alvin W., 1959: Reciprocity and Autonomy in Func-
    tional Theory, in: Llewellyn GROSS (Hrsg.), Sympo-
    sium on Sociological Theory, New York, 241-270

GOULDNER, Alvin W., 1974: Die westliche Soziologie in der
    Krise, Band 1, Reinbek

HABERMAS, Jürgen, 1968: Erkenntnis und Interesse, in: Ders.,
    Technik und Wissenschaft als 'Ideologie', Frankfurt
    a.M., 146-168

HABERMAS, Jürgen, 1971a: Theorie und Praxis, 4. Aufl.,
    Frankfurt a.M.

HABERMAS, Jürgen, 1971b: Zur Logik der Sozialwissenschaften,
    Frankfurt a.M. (auch als HABERMAS 1970 zitiert)

HABERMAS, Jürgen, 1971c: Vorbereitende Bemerkungen zu einer
    Theorie der kommunikativen Kompetenz, in: Ders. und
    Niklas LUHMANN, Theorie der Gesellschaft oder So-
    zialtechnologie, Frankfurt a.M., 1o1-141

HABERMAS, Jürgen, 1971d: Theorie der Gesellschaft oder So-
    zialtechnologie? Eine Auseinandersetzung mit Niklas
    LUHMANN, in: Jürgen HABERMAS & Niklas LUHMANN,
    Theorie der Gesellschaft oder Sozialtechnologie,
    Frankfurt a.M., 142-290

HABERMAS, Jürgen, 1973a: Erkenntnis und Interesse, Neuaus-
    gabe, Frankfurt a.M.

HABERMAS, Jürgen, 1973b: Legitimationsprobleme im Spätkapi-
    talismus, Frankfurt a.M.

HAGEN, Everett E., 1961: Analytical Models in the Study
    of Social Systems, American Journal of Sociology
    67, 144-151

HAHN, Erich, 1968: Historischer Materialismus und marxisti-
    sche Soziologie, Berlin

HAHN, Erich, 1974: Theoretische Probleme der marxistischen
    Soziologie, Köln

HALL, A.D. und R.E. FAGEN, 1968: Definition of System, in:
    Walter BUCKLEY (Hrsg.), Modern Systems Research for
    the Behavioral Scientist, Chicago, 81-92

HEISELER, Johannes H. von et al. (Hrsg.), 1974: Die "Frankfurter Schule" im Lichte des Marxismus, Frankfurt a.M.

HELBERGER, Christof, 1974: Marxismus als Methode, Frankfurt a.M.

HEMPEL, Carl G., 1968: The Logic of Functional Analysis, in: May BRODBECK (Hrsg.), Readings in the Philosophy of the Social Sciences, London/New York, 179-210

HEMPEL, Carl G., 1970: Erklärung in Naturwissenschaft und Geschichte, in: Lorenz KRÜGER (Hrsg.), Erkenntnisprobleme der Naturwissenschaften, Köln/Berlin, 215-238

HOLZKAMP, Klaus, 1970: Wissenschaftstheoretische Voraussetzungen kritisch-emanzipatorischer Psychologie, Zeitschrift für Sozialpsychologie 1, 5-21, 1o9-141

HOLZKAMP, Klaus, 1972: Kritische Psychologie, Frankfurt a.M.

HOMANS, George C., 1964: Bringing Men Back In, American Sociological Review 29, 8o8-818

HONDRICH, Karl-Otto, 1973: Systemtheorie als Instrument der Gesellschaftsanalyse, in: Franz MACIEJEWSKI (Hrsg.), Theorie der Gesellschaft oder Sozialtechnologie, Suppl. 1, Frankfurt a.M.

HORKHEIMER, Max, 1974: Zur Kritik der instrumentellen Vernunft, Frankfurt a.M.

HORKHEIMER, Max und Theodor W. ADORNO, 1969: Dialektik der Aufklärung, Frankfurt a.M.

HUMMELL, Hans J., 1973: Für eine Struktursoziologie auf individualistischer Grundlage, in: Karl-Dieter OPP und Hans J. HUMMELL, Soziales Verhalten und soziale Systeme, Frankfurt a.M., 135-177

KAMPER, Dietmar, 1974a: Art. Marxistische Wissenschaftstheorie, in: Heinrich ROMBACH (Hrsg.), Wissenschaftstheorie 1, Freiburg

KAMPER, Dietmar, 1974b: Kritische Theorie der Gesellschaft, in: Heinrich ROMBACH (Hrsg.), Wissenschaftstheorie 1, Freiburg

KERNIG, G.D., 1973: Marxismus im Systemvergleich, Grundbegriffe 1, Frankfurt a.M./New York

KISS, Gabor, 1971: Marxismus als Soziologie, Reinbek

KISS, Gabor, 1972: Einführung in die soziologischen Theorien I, Opladen

KÖNIG, Eckard, 1972: Wertfreiheit und Rechtfertigung von Normen im Positivismusstreit, Zeitschrift für Soziologie 1, 225-239

KOFLER, Leo, 1971: Die Wissenschaft von der Gesellschaft, Frankfurt a.M.

KOFLER, Leo, 1972: Geschichte und Dialektik. Zur Methodenlehre der dialektischen Geschichtsbetrachtung, Darmstadt/Neuwied

KOSING, Alfred, et al., 1968: Die Wissenschaft von der Wissenschaft. Philosophische Probleme der Wissenschaftstheorie, Berlin

KRAFT, Victor, 1965: Geschichtsforschung als strenge Wissenschaft, in: Ernst TOPITSCH (Hrsg.), Logik der Sozialwissenschaften, Köln/Berlin, 72-82

KRÖBER, G. und H. LAITKO, 1975: Der marxistisch-leninistische Wissenschaftsbegriff und das System der Wissenschaftstheorie, in: Hans-Jörg SANDKÜHLER (Hrsg.), Materialistische Wissenschaftstheorie. Studien zur Einführung in ihren Forschungsbereich, Frankfurt a.M.

LANGENHEDER, Werner, 1975: Theorie menschlicher Entscheidungshandlungen, Stuttgart

LENIN, W.I., 1973. Materialismus und Empiriokritizismus, in: Ders., Werke, 14, Berlin, 9-366

LENK, Kurt, 1968: Dialektik bei Marx. Erinnerung an den Ursprung der kritischen Gesellschaftstheorie, Soziale Welt 19, 279-289

LICHTMAN, Richard, 1970: Symbolic Interactionism and Social Reality: Some Marxist Queries, Berkeley Journal of Sociology 15, 75-94

LIPP, Wolfgang, 1970: Apparat und Gewalt. Über Herbert Marcuse, Soziale Welt 20, 257-273

LOCKWOOD, David, 1971: Soziale Integration und Systemintegration, in: Wolfgang ZAPF (Hrsg.), Theorien des sozialen Wandels, 3. Aufl., Köln/Berlin, 124-137

LOMPE, Klaus, 1966: Wissenschaftliche Beratung der Politik, Göttingen

LUHMANN, Niklas, 1970: Soziologie als Theorie sozialer
        Systeme, in: ders., Soziologische Aufklärung,
        Band 1, Opladen, 113-136

LUHMANN, Niklas, 1971: Sinn als Grundbegriff der Soziologie,
        in: Jürgen HABERMAS & Niklas LUHMANN, Theorie als
        Gesellschaft oder Sozialtechnologie, Frankfurt a.M.,
        25-100

LUHMANN, Niklas, 1972: Postives Recht und Ideologie, in:
        Ders., Soziologische Aufklärung, 3. Aufl., Band 1,
        Opladen, 178-2o3

MARCUSE, Herbert, 1967: Der eindimensionale Mensch, Neuwied/
        Berlin

MANN, Michael, 1970: The Social Cohesion of Liberal Demo-
        cracy, American Sociological Review 35, 423-439

MANIS, Jerome G. und Bernard N. MELTZER (Hrsg.), 1972:
        Symbolic Interaction. A Reader in Social Psychology,
        2. Aufl., Boston

MARX, Karl, 1924: Zur Kritik der politischen Ökonomie,
        Berlin

MARX, Karl, 1953: Die Frühschriften, hrsg. von Siegfried
        LANDSHUT, Stuttgart

MAYHEW, Leon, 1968: Ascription in Modern Societies,
        Sociological Inquiry 38, 1o5-120

McRAE, Donald G., 1957: Some Sociological Prospects, in:
        Transactions of the Third World Congress of Socio-
        logy, VIII, London

MERTON, Robert K., 1967: Manifest and Latent Functions, in:
        Robert K. MERTON, Social Theory and Social Structure,
        11. Aufl., New York/London, 19-84

MÜNCH, Richard, 1973: Gesellschaftstheorie und Ideologie-
        kritik, Hamburg

MÜNCH, Richard, 1974: Evolutionäre Strukturmerkmale komple-
        xer sozialer Systeme. Am Beispiel des Wissenschafts-
        systems, Kölner Zeitschrift für Soziologie und
        Sozialpsychologie 26, 681-714

NAGEL, Ernest, 1968: The Subjective Nature of Social Subject
        Matter, in: May BRODBECK (Hrsg.), Readings in the
        Philosophy of the Social Sciences, New York/London,
        34-44

OPP, Karl-Dieter, 1973: Anspruch und Wirklichkeit der "Kritischen Theorie". Eine Analyse von Jürgen Habermas' "Technik und Wissenschaft als 'Ideologie'", in: Karl-Dieter OPP und Hans J. HUMMELL, Kritik der Soziologie, Band 1, Frankfurt a.M.

OPP, Karl-Dieter und Hans J. HUMMELL, 1973: Soziales Verhalten und Soziale Systeme, Frankfurt a.M.

PARSONS, Talcott, 1961: Some Considerations on the Theory of Social Change, Rural Sociology 26, 223

PARSONS, Talcott, 1964: Evolutionary Universals in Society, American Sociological Review 29, 339-357

PARSONS, Talcott, 1965: An Outline of the Social System, in: Ders. et al. (Hrsg.), Theories of Society, New York, 30-79

PARSONS, Talcott, 1967: Sociological Theory and Modern Society, New York/London

POPPER, Karl R., 1963: What is Dialectic?, in: Ders., Conjectures and Refutations. The Growth of Scientific Knowledge, London, 312-335

POPPER, Karl R., 1974: Das Elend des Historizismus, 4. Aufl., Tübingen

PRINGLE, J.W.S., 1968: On the Parallel Between Learning and Evolution, in: Walter BUCKLEY (Hrsg.), Modern Systems Research for the Behavioral Scientist, Chicago, 259-280

RADNITZKY, Gerard, 1972: Contemorary Schools of Metascience, 2. Aufl., Göteborg/New York

RAPOPORT, Anatol, 1967: Mathematical, Evolutionary, and Psychological Approaches to the Study of Total Societies, in: Samuel Z. KLAUSNER (Hrsg.), The Study of Total Societies, New York, 114-143

REX, John, 1970: Grundprobleme der soziologischen Theorie, Freiburg

RITSERT, Jürgen und Egon BECKER, 1971: Grundzüge sozialwissenschaftlich-statistischer Argumentation, Opladen

ROMBACH, Heinrich, 1974a: Die Rolle des Methodenstreits in den Wissenschaften, in: Heinrich ROMBACH (Hrsg.), Wissenschaftstheorie 1. Probleme und Positionen der Wissenschaftstheorie, Freiburg/Basel/Wien, 21-24

ROMBACH, Heinrich, 1974b: Phänomenologische Wissenschafts-
begründung, in: Heinrich ROMBACH (Hrsg.), Wissenschaftstheorie 1. Probleme und Positionen der Wissenschaftstheorie, Freiburg/Basel/Wien, 5o

ROHRMOSER, Günter, 1973: Das Elend der kritischen Theorie,
3. Aufl., Freiburg

ROSE, Arnold M., (Hrsg.), 1962: Human Behavior and Social
Processes, Boston

SACK, Fritz, 1968: Neue Perspektiven in der Kriminalsoziologie, in: René KÖNIG und Fritz SACK (Hrsg.),
Kriminalsoziologie, Frankfurt a.M., 431-475

SANDKÜHLER, Hans-Jörg, 1975a: Materialistische Dialektik -
Wissenschaft - Wissenschaftstheorie, in: Ders.
(Hrsg.), Materialistische Wissenschaftstheorie.
Studien zur Einführung in ihren Forschungsbereich,
Frankfurt a.M.

SANDKÜHLER, Hans-Jörg (Hrsg.), 1975b: Materialistische Wissenschaftstheorie. Studien zur Einführung in ihren
Forschungsbereich, Frankfurt a.M.

SCHMIDT, Alfred, 1969: Adorno - ein Philosoph des realen
Humanismus, Neue Rundschau 80, 654

SCHLICK, Moritz, 1965: Über den Begriff der Ganzheit, in:
Ernst TOPITSCH (Hrsg.), Logik der Sozialwissenschaften, Köln/Berlin, 213-224

SCHLEIFSTEIN, Josef, 1973: Einführung in das Studium von
Marx, Engels und Lenin, 2. Aufl., München

SCHNEIDER, Louis, 1971: Dialectic in Sociology, American
Sociological Review 36, 667-678

SCHUR, Edwin M., 1971: Labeling Deviant Behavior, New York
u.a.

SCHÜTZ, Alfred, 1971a: Einige Grundbegriffe der Phänomenologie, in: Ders., Gesammelte Aufsätze, Band 1: Das
Problem der sozialen Wirklichkeit, Den Haag

SCHÜTZ, Alfred, 1971b: Phänomenologie und die Sozialwissenschaften, in: Ders., Gesammelte Aufsätze, Band 1:
Das Problem der sozialen Wirklichkeit, Den Haag

SCHÜTZ, Alfred, 1971c: Wissenschaftliche Interpretation und
Alltagsverständnis menschlichen Handelns, in: Ders.,
Gesammelte Aufsätze, Band 1, Den Haag

SIEGRIST, Johannes, 1970: Das Consensus-Modell, Stuttgart

SKLAIR, Leslie, 1970: The Sociology of Progress, London

SOHN-RETHEL, Alfred, 1970: Geistige und körperliche Arbeit.
        Zur Theorie der gesellschaftlichen Synthesis,
        Frankfurt a.M.

STEGMÜLLER, Wolfgang, 1969: Probleme und Resultate der Wis-
        senschaftstheorie und Analytischen Philosophie.
        Band I: Wissenschaftliche Erklärung und Begründung,
        Berlin/Heidelberg/New York

STEINERT, Heinz (Hrsg.), 1973: Symbolische Interaktion,
        Stuttgart

TOPITSCH, Ernst, 1966: Geschichtswissenschaft und Soziologie,
        in: Ders., Sozialphilosophie zwischen Ideologie und
        Wissenschaft, 2. Aufl., Neuwied/Berlin, 93-1o5

TOULMIN, Stephen, 1975: Gründe und Ursachen, in: Bernhard
        GIESEN und Michael SCHMID (Hrsg.), Theorie, Handeln
        und Geschichte, Hamburg, 284-3o9

TURNER, Jonathan H., 1974: The Structure of Sociological
        Theory, Homewood, Ill.

VANBERG, Viktor, 1975: Die zwei Soziologien. Individualismus
        und Kollektivismus in der Sozialtheorie, Tübingen

WATKINS, J.W.N., 1955: Methodological Individualism: A Reply,
        Philosophy of Science 22, 58-62

WEBB, Eugene et al., 1966: Unobtrusive Measures. Nonreactive
        Research in the Social Sciences, Chicago

WEBER, Max, 1968: Die "Objektivität" sozialwissenschaftlicher
        und sozialpolitischer Erkenntnis, in: Ders., Methodo-
        logische Schriften, Frankfurt a.M., 1-64

WEHLER, Hans Ulrich, 1972: Einleitung, in: Ders., (Hrsg.),
        Geschichte und Soziologie, Köln/Berlin, 11-31

WELLMER, Albrecht, 1969: Kritische Gesellschaftstheorie und
        Positivismus, 2. Aufl., Frankfurt a.M.

WEINGARTNER, Rudolph H., 1968: The Quarrel About Historical
        Explanation, in: May BRODBECK (Hrsg.), Readings in
        the Social Sciences, New York/London, 349-362

WILSON, Thomas P., 1973: Theorien der Interaktion und Modelle soziologischer Erklärung, in: Arbeitsgruppe Bielefelder Soziologen (Hrsg.), Alltagswissen, Interaktion und gesellschaftliche Wirklichkeit, Band 1, Reinbek, 54-79

WINCH, Peter, 1966: Die Idee der Sozialwissenschaft und ihr Verhältnis zur Philosophie, Frankfurt a.M.

WRIGHT, Georg Hendrik von, 1974: Erklären und Verstehen, Frankfurt a.M.

ZELENY, Jindrich, 1969: Zum Wissenschaftsbegriff des dialektischen Materialismus, in: Alfred SCHMIDT (Hrsg.), Beiträge zur marxistischen Erkenntnistheorie, Frankfurt a.M., 73-86

Nachtrag

ALBERT, Hans und Herbert KEUTH (Hrsg.) 1973: Kritik der kritischen Psychologie, Hamburg

Register

AGIL-Schema funktionaler Erfordernisse (PARSONS) 18, 30
Aktionsforschung 213, 228
Alltagsleben/ -welt 83, 91ff., 95, 98, 196 (s.a. Lebenswelt)
Alltagssprache 82, 131
Apriorismus, apriorische Annahmen 9, 45, 47ff., 88,1o6, 123,
    129, 175, 179, 186, 2o8, 215f., 225
Argument, gültige 32

Basissatzproblem 115, 194ff., 199ff.
Bedingung
    -, hinreichende 32
    -, notwendige 32
Bedürfnisse, individuelle 16f., 52, 115
Begriffsnominalismus 91
Begründungszusammenhang 85, 92, 139, 2o3f.
Behaviorismus 129, 133
Beobachtung(s)
    -, Neutralität der B. 71
    - teilnehmende 91, 98,1o2
    -, theorien 134
Bestätigung von Theorien 72, 73
Bewegung, Universalität der 163, 167, 169, 225
Bewußtsein, "reines" 89

covering-law-Schema der Erklärung 14off.

Datenerhebung 71
Dezisionismus 193ff., 199, 2o4
Dialektik, dialektische Methodologie
    -, HEGELsche 165ff.
    -, in der "kritischen Gesellschaftstheorie" s. "Kri-
        tische Theorie" 176ff.
    -, MARXsche 167ff.
    -, Negative 179ff.
    -, szientistisch-technokratische Version 217ff.
Differenzierung (s.a. Integration und Differenzierung)
    26, 30, 36, 43ff., 64, 149
Diskurs (herrschaftsfreier) 63, 2o7
Dispositionen, Dispositionseigenschaften 31, 37, 50, 98ff.,
    134, 141, 226
    -, von Systemen 12, 50, 51, 226
Dogmatismus 198

Eigenständigkeit der Soziologie 14, 27, 31, 34, 53f., 83, 86
Einheiten sozialer Systeme 36
"Einklammerung" 89
Emergenz, emergente Entitäten 9, 13, 36, 46, 52, 76, 123,
    130
Empirismus
    -, Logischer 78, 211
    -, Naiver 88

Entdeckungszusammenhang 85, 92, 139, 2o3f., 225
Entelechetischer Fehlschluß 24, 47
Entelechie-Annahme des frühen Funktionalismus 23f.
Entscheidungstheorie 149
Erfordernisse, funktionale s. Requisiten, funktionale
Erkenntnis
    - -apriori 87f.
    - -interesse
    - -, emanzipatorisches 186f., 200, 2o8
    - -, praktisches 186
    - -, technisches 186, 199f.
Erklärung(s)
    -, elliptische 141
    -, (historisch-)genetische 120, 143ff.
    -, Handlungs- 68, 125ff.
    -, historische 140ff.
    -, Motiv- 148
    -, narrative 143ff.
    -, Pseudo- 136
    -, rationale 143, 147ff.
    -, -skizzen 141f.
    -, teleologische 13, 42, 82, 122, 124, 136
   --, entelechetisch 13
   --, über Motive und Intentionen 13, 124ff.
    -, unvollständige 141
Essentialismus, methodologischer 76, 97
Ethik 188
Ethnomethodologie 97f.
Evolution(s) 30
    - -theorie 41, 43f., 61, 120
    - und Differenzierung 43f.
    - von Systemen 36, 42
Evolutionsanalyse, Logik der 35ff.
Evolutionismus 13, 24, 26, 62, 112
evolutionistische Deutung des Funktionalismus 30
Experiment 72f., 75f.

Falsifikationismus 211
Finalismus 12
Folgen, unbeabsichtigte absichtsvollen Handelns 13, 21, 27,
    62, 66, 69f., 231
Forschungs
    -objekte 66, 70ff.
   --, Teilnahmeverhalten 71
   --, Verhalten in Untersuchungssituationen 71
    - prozeß, sozialwissenschaftlicher 70ff.
   --, Dilemma 71
   --, soziale Bedingungen 71ff.
"Fremdseelisches" 133, 135, 156
funktional
    -, a- 19
    -, dys- 19
    -, eu- 19
Funktionalanalyse s. Funktionalismus

funktionale Äquivalente 11, 25, 28, 32f., 37f., 47f., 52,
     132
funktionale Bedeutung 12, 18
funktionale Einheit der Gesellschaft 22
funktionale Unentbehrlichkeit 24
funktionaler Universalismus 23f.
Funktionalismus/Funktionalanalyse
     -, Äquivalenz- (vs. Kausal-) 60
     -, als Systemanalyse 50
     -, DURKHEIMscher 27
     -, empirischer und prognostischer Gehalt 33, 38ff., 45
     -, heuristische Kraft 17, 47, 50
     -, Hintergrundannahmen 22ff., 47ff.
     -, historisch-wissenssoziologischer Hintergrund 26ff.
     -, Integrationsannahme 27, 47ff.
     -, Interdependenzannahme 26, 47ff.
     -, logische Struktur 31ff.
     -, Objektbereich 34, 37, 46
     -, PARSONSscher 29f.
     -, Postulate des frühen 22ff.
     -, und Dialektik 25, 50, 52
Funktionen
     -, latente 21, 27, 62, 231
     -, manifeste 21, 62
Funktionsbegriff 14, 17ff., 55f.

Ganzheit 76, 123f., 129 (s.a. Emergenz, Holismus, Totalität)
Gedankenexperiment 73
Geschichte, Entstehung als Wissenschaft 1o9f.
Geschichtswissenschaft 1o4ff.
     -, als Orientierungswissenschaften 113
"Gesetz der Negation der Negation" 171f., 227
"Gesetz des Umschlagens von Quantität in Qualität" 171
Gesetze und Quasigesetze 119
Gesetzesartigkeit 66
Gründe vs. Ursachen 118
Gültigkeit (Gelten) von Meßergebnissen
     -, externe 71

Handeln (soziales)/Handlung
     -, intentionale(s) 68, 71, 82, 97, 100ff., 1o7f., 119,
       159, 170
     --, als Reiz-Reaktions-Verhalten 1o3
Handlungssequenzen, -abläufe 15, 67
Handlungstheorie 73f., 1o3, 115, 117ff., 124ff., 128f.,
     135ff., 149ff.
     -, kognitive 119, 124
     -, rationalistische 135, 151
Hermeneutik 2off., 60, 74, 78, 93, 1o5, 116ff., 130
     -, Anwendungs- 116
     -, Forschungs- 116f.
hermeneutische Explikation von Sinn 20, 192
Hintergrundkonsens 94
Hintergrundtheorien 69, 116

historisch orientierte Soziologie 120
Historismus 93, 111f., 131
    -, vs. Evolutionismus 112
Historizismus 75ff., 155, 159
    -, anti-naturalistische Doktrinen 75
    -, pro-naturalistische Doktrinen 76ff.
HOBBESsche Frage 26
Homöostase 27f., 30, 40, 48f.
Holismus 9, 31, 46, 76, 110f., 123, 143, 231

ideale Gegenstände 90
Idealisierung 98, 100
Idealismus 22, 29, 112, 216
"Identität" sozialer Systeme 19f., 39, 47ff., 51
Identitätsphilosophie 165, 180
Ideologiekritik 198
idiographisch 81
Immunisierungsstrategien 61
Individualismus (methodologischer), individualistisch 17,
    21f., 31, 52f., 65, 70
Instabilität eines Systems 35
Institutionalisierungen 15f., 67ff.
Intention, Intentionalität 18, 21, 47, 65, 68, 82, 88, 1o1ff.,
    1o6f., 122, 128, 159, 2o6
Integration 15, 23, 27f., 30, 47ff., 64, 2o9
    - und Differenzierung 45
    - und Konflikt 48ff.
    - System- vs. soziale 50
Interaktions-Apriori 88
interkultureller/interepochaler Vergleich 47, 115, 120
interpretative Soziologie 98
Intersubjektivität
    -, transzendentale 91
    -, lebensweltliche 91f., 96
instrumentelle Vernunft 176, 178ff., 182, 185, 2o2f., 222
Instrumententheorien (s.a. Beobachtungstheorien) 152
Interessen
    -, legitime 2o8
    -, verallgemeinerungsfähige 2o8
Interpretationen, symbolische 29, 97f.

"kausale Relevanz" (für Systemteile) 41ff., 47, 63
Kausalität als Sinnstiftung 58ff.
Kollektivismus (methodologischer), kollektivistisch 27, 30f.
    45, 52, 54, 124
Kommunikations
    --apriori 82, 130f., 133f., 154, 156, 2o8
    --gemeinschaft 88, 130, 133f., 138, 154, 156, 2o8
Kompetenz (kommunikative) 63, 2o5ff.
Komplexität 14, 40, 42ff., 56ff., 64, 70, 76
    -, Reduktion von 38, 56ff., 64, 85, 141
Konflikte (Beitrag zum Systemerhalt) 48ff.
Konfliktfunktionalismus 49
Konsensustheorie der Wahrheit 2o5, 2o8

Konstitution 87, 89ff.
Konstruktion (soziale) der Wirklichkeit 16, 27, 59, 65ff.,
    69, 73f., 82, 97
Konstruktivismus 85, 211, 212
Kontrolle, soziale 16, 36, 123
Konventionalismus 59ff., 63 2o5
Korrespondenzregeln 51, 98, 146
Korrespondenztheorie der Wahrheit 199, 2o1f., 2o5, 211
"Kritische Psychologie" 2o9ff.
    -, Theorie-Praxis-Konzeption 212ff.
    -, Lösung des Relevanzproblems 212ff.
Kritische Theorie 176ff., 222ff.
Kulturanthropologie, angelsächsische 22ff., 27f.
kulturelles System (bei PARSONS) 29

label-approach 1o1, 1o3
Lebenswelt 91, 92, 95, 96, 98, 137, 183 (s.a. Alltagswelt)
Lernen, Lernprozesse 15, 67, 72, 1o2
Lern-, Verhaltenstheorie 69, 95, 97, 1o3, 119, 128
Letztbegründung 2o8, 215, 227

Materialismus
    -, Dialektischer 84
    -, Historischer 217ff.
Medien, generalisierte des Austauschs 30, 61
Mentalismus, mentalistische Konzepte 121ff.
Meta-Sprache 131
Methodendualismus
    -, These des 81ff.
    --, Erkenntnisverfahren 82
    --, Erkenntnisvoraussetzungen 81ff.
    --, Erkenntnisziele 83
Motiv, Motivation 13, 18, 21, 29, 45, 61, 71, 98, 122, 124

Neonormativismus 240f.
Noema, Noesis 90, 94
nomothetisch 81
normatives Paradigma 98f., 1o3
Normalzustand, normales Funktionieren eines Systems 17ff.,
    32, 35, 39, 46, 48f.
Normen, soziale 15, 29, 31, 36, 50, 68, 99

Objektivationen 67ff., 159
operationale Definition, Operationalisierung 18f., 39, 48,
    51, 69, 98, 129, 134, 156
Organismus-Analogie 11, 14, 26f., 63, 76
Orientierungswissenschaften 113ff.

Parallelhypothesen (psycho-physischer Parallelismus) 134
Parteilichkeit der Wissenschaft 174f., 2o3, 219
Partizipationsapriori des Mentalismus 130, 133
Persönlichkeitssystem (bei PARSONS) 29
Phänomenologie 60, 84ff.
    -, klassische 87ff.

phänomenologische Methode 89ff.
Positivismusstreit 188ff., 2o8
Prädikationen, stabile 97f., 1o1
Prognose 72, 76, 140
    -, Global- 77
Psychoanalyse 183, 187, 199f.
Pygmalion-Effekte 73

Qualität und Quantität 152 (s.a. "Gesetze des Umschlagens
    von Quantität in Qualität")
Quantitative Verfahren, Quantifizierung 35, 76,1o2, 1o8

Reaktivität bei Forschungskontakten 71, 74, 76
Rationalismus
    -, HEGELscher 165
    -, Kritischer 30, 114, 215, 224
Realisation 211
Rechtfertigungsproblematik 193ff., 2o4, 2o8
Reduktion
    -, eidetische 89
    -, individualistische 52
    -, phänomenologische 89f.
Reduktionismus 25, 53, 83, 91
relationale Eigenschaften von Personen 36f., 44, 70
Relationen sozialer Systeme 35ff., 51
Relativismus 110f., 131, 159, 160
Relevanzproblematik 83, 93, 1o7, 114, 175, 212ff., 230ff.
    (s.a. Wertrelevanz)
Repräsentativuntersuchungen 72
Requisiten, funktionale 18f., 24f., 29f., 34, 37, 39, 47, 50,
    52, 62f., 70, 120
    -, nach ABERLE u.a. 18f.
    -, nach BALES 18
    -, nach PARSONS 18, 29f.
Reziprozität 51
Rollenspiel, -steuerung 100
Rückkopplungsprozesse 36
Rückverbundenheit von Forscher und Objekt 70ff., 76

SAPIR-WHORF-Hypothese 111, 131
Segregation 36
Selbstregulation, selbstregulative Systeme 11, 36, 40ff., 57,
    62f.
self-destroying-prophecy 72
"Sinn" (als Kategorie funktionalistischer Analysen) 20f., 38,
    51, 55ff., 60
Sinndeutung 30
"Sinnerhaltung" sozialer Systeme 20
Sinnhaftigkeit sozialen Handelns 68, 74, 128f., 158
Sinnproblematik 16, 20f., 56ff., 67f., 76, 84f., 92, 194
Sinnverständnis als Voraussetzung der Theoriebildung 71, 73
Situationsdefinitionen 36, 68, 71, 98, 1o1
Solidarität
    -, mechanische 23, 156

Solipsismus 131
Sozialforschung, empirische 72
Sozialisation 16, 98
Sozialsystem (bei PARSONS) 29
Sozialtechnologie 76f.
Sprachspiele 93, 98, 130f.
Sprechsituation, ideale 2o7
Stabilität (eines Systems) 35ff., 48
Statik (von Systemen) 35
Strukturbegriff 14ff., 54f.
strukturell
    -, dis- 16
    -, eu- 16
Subkulturforschung 28
Syllogismus, praktischer 125f., 136ff.
Symbolischer Interaktionismus 97ff.
    -, methodologische Folgerungen 99, 1o1f.
System
    - -bedürfnisse 25, 27, 52
    - -begriff 35
    - -erfordernisse 12, 18 (s.a. Requisiten)
    -, geschlossenes 35
    - -gleichgewicht 11, 17, 19, 40, 48, 62
    - -theorie 46, 54, 115, 120
    --, allgemeine 17
    --, "funktional-strukturelle" 51, 54, 61, 149, 150
    - -variablen 35ff., 47f.
    - -zweck 13 (s.a. Teleologie)

Tatbestand, soziologischer 22, 27, 66f., 70
Tautologisierung 9, 13, 38
Teleologie 12f., 24, 27, 34, 79, 122, 125
    -, formale 122
    -, materiale 122, 125
    -, System- 122f. (s.a. Erklärung, teleologische)
Theorie
    -, empirisch gehaltvolle 34, 45, 61, 97
Theorie-Praxis-Verhältnis 66, 83f., 139, 193ff., 212ff.
Theorieverständnis
    -, empirisch-semantisches 132
    -, pragmatisches 82f., 92f., 132f., 139f., 181, 193f., 2o2, 229
Tiefenstruktur, -grammatik 92, 95f., 98, 130
Totalität 9, 74ff., 123, 172f., 190ff., 196f., 231
Traditionen 15
transzendentaler Bezugsrahmen 86
Typologien 93

Überleben (eines Systems) 10ff., 17ff., 34, 39, 42, 45, 54, 57, 63f.
Umwelt (eines Systems) 14, 35, 40ff., 47
Ungleichheit (soziale) 64, 114
Universalsprache
    -, These der Unangemessenheit der U. 93, 130ff.

Utilitarismus 26f., 29

Verdinglichung 67, 189f., 192
"Verfestigungen", strukturelle 15, 97
Verstehen 68f., 64ff., 100, 1o5, 1o8, 112, 118, 121, 134ff.,
    148, 150f.
    -, als Handlungserklärung 135ff., 148
Verwertungszusammenhang 80, 1o6, 139, 2o2, 2o3f.
Vitalismus 13
vitalistischer Fehlschluß 13

Wahrheits
    - -kriterium, pragmatisches 83, 133, 196
    - -theorie
    - -, objektive 2o5
    (s.a. Konsensustheorie, Korrespondenztheorie)
Welthorizont 88f.
Wert
    - -basis 188, 191, 200, 2o2f., 2o8
    - -freiheit 198, 220
    - -relevanz 133, 2o3f., 232
    - -urteilsproblem 194f., 198
Wesen und Erscheinung 95, 173f., 189, 228
Widerspruch, dialektischer 170, 225f.
Wissenschaftsfortschritt 187, 232f.
Wissenssoziologie, klassische deutsche 111, 155

Zeit (als Variable) 35, 38
Zustandsmatrix (von Systemen) 41